U0180779

含铁矿物低温还原的磁场强化机制

金永丽　著

北　京
冶 金 工 业 出 版 社
2022

内容提要

本书是作者在铁矿磁场强化还原领域的理论研究成果的总结。全书共分 7 章。首先从反应效率、物相组成、组织形貌等方面介绍了铁氧化物逐级还原过程中磁场的影响，其次从热力学、动力学、晶体结构等方面对磁场在铁氧化物固相反应中产生的作用进行了阐述，最后介绍了白云鄂博贫铁矿中矿质氧化物和共伴生元素的反应行为和赋存状态。

本书可供电磁冶金、直接还原、矿物分离与提取等领域的科研技术人员阅读，也可供高等院校相关专业的师生参考。

图书在版编目（CIP）数据

含铁矿物低温还原的磁场强化机制／金永丽著．—北京：冶金工业出版社，2022.4

ISBN 978-7-5024-9128-4

Ⅰ.①含…　Ⅱ.①金…　Ⅲ.①磁场—应用—炼铁—研究　Ⅳ.①TF5

中国版本图书馆 CIP 数据核字（2022）第 061362 号

含铁矿物低温还原的磁场强化机制

出版发行　冶金工业出版社　　**电　　话**　（010）64027926

地　　址　北京市东城区嵩祝院北巷 39 号　　**邮　　编**　100009

网　　址　www.mip1953.com　　**电子信箱**　service@mip1953.com

责任编辑　杜婷婷　美术编辑　燕展疆　版式设计　郑小利

责任校对　李　娜　责任印制　李玉山

三河市双峰印刷装订有限公司印刷

2022 年 4 月第 1 版，2022 年 4 月第 1 次印刷

710mm×1000mm　1/16；12.25 印张；235 千字；185 页

定价 73.00 元

投稿电话　**（010）64027932**　**投稿信箱**　**tougao@cnmip.com.cn**

营销中心电话　**（010）64044283**

冶金工业出版社天猫旗舰店　**yjgycbs.tmall.com**

（本书如有印装质量问题，本社营销中心负责退换）

前　言

随着世界上高品位铁矿资源日趋枯竭，天然富矿、块矿越来越少，国际矿价飞速上涨，优质、低价的铁矿资源供应问题已成为限制中国钢铁企业发展的瓶颈。因此，低品位、难选冶、复合共伴生矿产资源的利用是解决我国铁矿石资源短缺问题的重要途径。与传统选冶流程相比，直接还原工艺具有原料适应性强、直接使用粉料、生产流程短的优势，是实现低品位、复合共伴生资源高效分离与富集的有效方法之一。我国提出“2030 年前达到碳峰值，2060 年前实现碳中和”的目标，钢铁行业作为二氧化碳排放大户，面临着碳减排的迫切需求，其重点在于探索新的炼铁生产工艺。电磁冶金技术与直接还原工艺的耦合，有效地改善了低品位铁矿物低温固态还原效率低、能耗高的问题，作为低温快速还原理论的有益补充，对于丰富电磁冶金理论，实现冶金资源综合利用，具有重要的科学意义和广阔的应用前景。

在不断实践和研究的基础上，本书作者提出了稳恒磁场强化含铁矿物固态还原的新思路，并在国家自然科学基金、内蒙古自治区自然科学基金、包头市昆区科技计划等项目的资助下，对含铁矿物固态还原开展了相关研究工作，进而总结成本书。本书共分 7 章，主要包括以下内容：

(1) 开展稳恒磁场下铁氧化物固相还原的实验研究，从反应效率、物相组成、组织形貌等方面，对铁氧化物逐级还原过程中磁场的影响进行定性评价；

(2) 利用经典热力学模型和气固反应动力学模型，进行铁氧化物固相反应的磁热力学和磁动力学分析，探索磁场对化学反应平衡的影响，揭示磁场对气相传质及界面化学反应过程的作用机理；

(3) 从铁原子晶核源、形核热力学、扩散动力学、晶体结构等方面进行理论计算和实验研究，探明磁场作用下金属铁的析出行为，确定磁场对新相形核的作用机制；

(4) 对于矿质氧化物和共生元素的反应行为及赋存状态进行研究，分析磁场作用下 CaO、SiO_2 对还原的影响，探索铁氧化物还原效率、限速环节、矿物颗粒表面形态演变与矿物组成的关系，明晰磁场下磷和铌的反应行为、形貌变化及渣金中的分配比，确定形貌变化特征与磷、铌、铁分离效果之间的联系；

(5) 对低品位白云鄂博矿固态还原进行实验研究，阐明对于低品位难选冶铁矿石，磁场是强化还原的有效手段。

感谢项目支持单位和课题组成员，感谢我的导师——上海大学张捷宇教授、内蒙古科技大学赵增武教授，对本书提出的宝贵意见和在本书出版过程中给予的大力支持和帮助。

由于作者水平所限，书中难免有不妥之处，恳请广大读者批评指正。

作　者
2021 年 12 月

目　　录

1 低品位共伴生矿产资源磁场强化还原的提出

1.1 概述

低品位、复合共伴生矿产资源的利用是解决我国铁矿资源安全稳定供给的根本。白云鄂博铁铌稀土多金属共伴生矿是典型的低品位难选冶矿，传统选冶工艺流程下资源综合利用水平很低。直接还原技术在低品位、复合共伴生矿产资源利用与直接使用粉矿进行冶炼方面具有竞争力。目前，有关铁矿直接还原技术已有大量的研究和初具规模的工业生产，但在处理低品位的难选冶铁矿石和选冶流程中产生的固体废弃物时，仍存在很多技术和理论问题。例如，常规冶金条件下，低温固相还原反应速率低，反应时间长，还原不彻底；高温铁与共生元素分离效果差。因此，铁矿的低温快速还原是解决问题的重要途径之一。为了实现在较低温度下铁矿的快速还原，通常采用预氧化处理、配加添加剂、机械活化、微波等技术手段，这些技术常受限于矿物类型、添加剂用量、实验条件、设备大型化等条件的影响，在工业上难以得到广泛应用。磁场作为一种过程强化手段，以其独特的方向性、非接触性，显著的磁化能量和磁化力效果，对化学反应、材料制备过程等都有明显的影响。在过去近一个世纪里，利用电磁理论进行过程强化与调控的科学研究已经获得了长足的发展和进步。

基于此，作者认为磁场对含铁矿物固态还原必定会产生重要影响，并开展了磁场下含铁矿物固态还原的热力学和动力学行为等一系列研究，希望能在较低温度下实现铁氧化物的快速还原，从而为铁与其共伴生元素分离富集提供一条新路径。该方法的提出，对提高白云鄂博矿的利用效率具有重要的理论价值和现实意义，同时对钒钛磁铁矿、鲕状赤铁矿、含铁工业固体废弃物等资源的综合利用提供借鉴。

1.2 我国铁矿资源的利用现状和发展趋势

铁矿是我国战略性矿产资源，是经济快速发展和社会主义现代化建设的基石与保障，对国家资源安全、国防建设和新兴战略产业的发展具有重大意义。作为全球最大的钢铁生产国与铁矿石进口国，铁矿资源的稳定生产和高效利用将对我国钢铁工业的发展产生重要影响。

1.2.1 我国铁矿资源特点及利用现状

我国铁矿资源储量丰富，但是品位低、矿物种类多（元素多以共伴生形式存在）、结构复杂、利用难度大、利用率低，其具体表现如下。

（1）总体储量大。美国地质调查局（USGS）的数据（见图 1.1）显示，至 2020 年，世界铁矿石探明储量已高达 1800 亿吨，其中，含铁量储量在 840 亿吨左右，占全球铁矿石原矿储量的 46.67%。

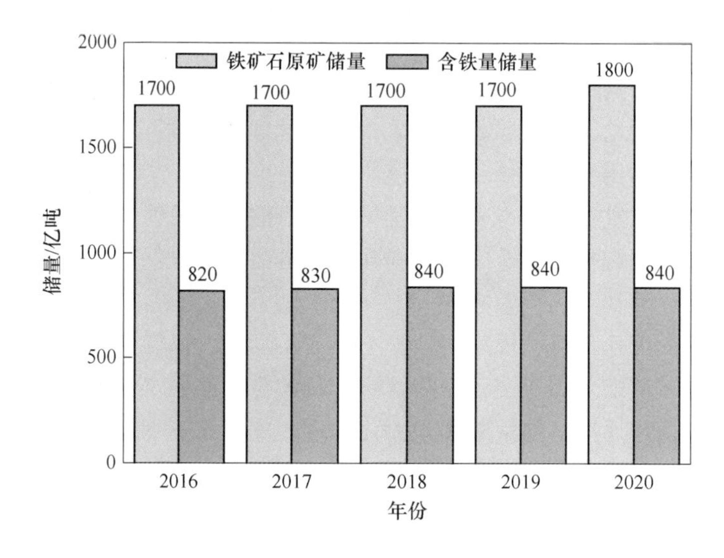

图 1.1 2016—2020 年全球铁矿石储量统计

全球铁矿石资源分布较不均衡，主要集中在澳大利亚、俄罗斯、巴西、中国等地，这四个国家占比超过 70%。其中，澳大利亚拥有力拓、必和力拓、FMG，巴西拥有淡水河谷，这四座矿山是全球最大的铁矿石矿山。从储量来看，根据“Mineral Commodity Summaries 2021”报告，澳大利亚拥有最多的铁矿石储量，2020 年达到 500 亿吨；其次是巴西，为 340 亿吨；俄罗斯以 250 亿吨排名第三；中国则以 200 亿吨排名第四。从铁矿石储量占比来看，2020 年澳大利亚铁矿石储量占全球比重达到 28.5%、巴西为 19.4%、俄罗斯为 14.2%、中国为 11.4%，四个国家合计占全球的比重达到 73.5%，如图 1.2 所示。

由于铁矿石品位不同，世界铁元素的分布情况与铁矿石基础储量的分布情况并不一致。如果按照铁元素的储量计算，世界铁矿资源最丰富的国家仍是澳大利亚、巴西和俄罗斯，上述国家含铁量储量占比均在 40%以上，见表 1.1。

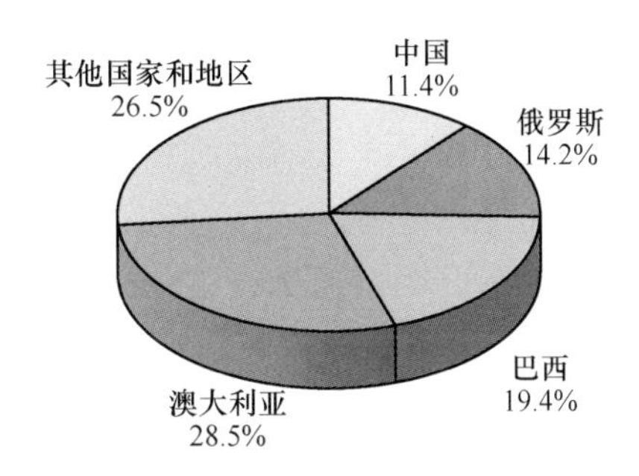

图 1.2　2020 年全球铁矿石储量地区分布

表 1.1　2020 年全球铁矿石储量区域分布

国家和地区	铁矿石储量/亿吨	含铁量储量/亿吨	含铁量储量占比/%
美国	30	10.0	33.33
澳大利亚	500	240.0	48.00
巴西	340	150.0	44.12
加拿大	60	23.0	38.33
中国	200	69.0	34.50
印度	55	34.0	61.82
伊朗	27	15.0	55.56
哈萨克斯坦	25	9.0	36.00
俄罗斯	250	140.0	56.00
南非	10	6.4	64.00
瑞士	13	6.0	46.15
乌克兰	65	23.0	35.38
其他国家和地区	180	95.0	52.78
全球	1805	840.4	—

（2）品位低。Wood Mackenzie 矿业咨询公司指出，在全球的铁矿石生产国中，质量最好的铁矿石产于澳大利亚、巴西和南非等国，铁矿石平均品位约63.5%。中国铁矿石平均品位大致为 25%，2017 年中国铁矿石平均入选品位

为 27.7%。目前，低品位铁矿约占国内铁矿资源的 97%，需要经过细磨深选生产精粉矿，导致国内铁矿生产成本高，效率低，各种需要选矿处理的贫矿所占比例如图 1.3 所示。

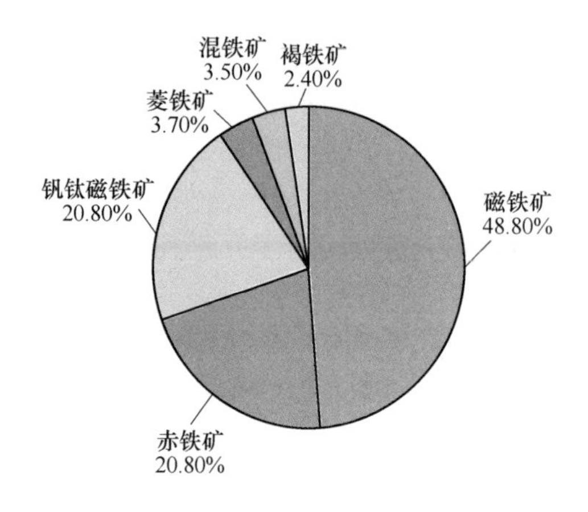

图 1.3 各种需要选矿处理的贫矿所占比例

(3) 嵌布细密、有价矿物分散、结构复杂、难选冶，共生矿占矿产资源的 80%。中国最为著名的共伴生矿包括白云鄂博铁铌稀土矿、攀枝花钒钛磁铁矿及金川多种金属镍矿等。例如，白云鄂博矿是世界罕见的低品位、多金属共生矿床，除稀土、铌、钍等储量丰富外，还富含钛、锰、金、氟、磷、钾等，已查明含有 71 种化学元素、170 多种矿物，它们与铁伴生，具有极高的综合利用价值，其工艺矿物学特征概括为四大特点——多、贫、细、杂，见表 1.2。目前，白云鄂博矿稀土工业储量 4300 万吨，是世界稀土工业总储量的 41%，占全国稀土储量的 90% 以上；铌工业储量 157.81 万吨，储量居世界第二，占全国铌储量的 72%。

(4) 综合利用水平低。在勘探、开采和选冶过程中，矿产资源综合利用主要包括对共伴生矿产资源的开发利用，对主矿物、低品位矿物和难采选（冶）矿物的充分利用；对矿石使用中产生的废弃物的资源化利用，以及对社会沉积的废旧资源等的再利用。目前，我国共伴生矿产资源综合利用率不足 20%，矿产资源总回收率约 30%，国外先进水平均在 50% 以上。下面以白云鄂博矿为例说明我国共伴生矿产资源综合利用情况。白云鄂博矿利用的研究从 20 世纪 60 年代持续至今，总体思路为：以选矿为前提，得到铁精矿、铌精矿、稀土精矿等；以选矿得到的精矿为原料，冶炼钢铁、铌铁合金及稀土产品等。目前，以白云鄂博矿为原料的生产流程中，采取“弱磁-强磁-浮选-反浮选”选矿工艺，先实现铁、稀土、铌等共伴生元素的分离，随后再连接传统的“高炉-转炉”钢铁生产流程与稀土、铌提取流程，现有生产工艺流程如图 1.4 所示。

表 1.2 白云鄂博矿矿物主要组成与结构特点

矿床类型	矿石类型	主要矿物组成		矿石结构	主、共生元素品位（质量分数）/%				伴生物	可用元素赋存形态			
		矿石矿物	脉石矿物		TFe	RE	Nb_2O_5	F		RE	Nb	Th	K
沉积变质后期热液叠加铁矿	萤石白云石、钠辉石、钠闪石、黑云母型铌稀土铁矿石	赤铁矿、磁铁矿、氟碳铈矿、独居石、铌铁矿、易解石等	萤石、钠辉石、钠闪石、重晶石、白云石、石英、金云母、黑云母等	粒状集合体、块状、条带状	34.7	5.6	0.132	6.7	$BaSO_4$、Th、P、K、S	稀土元素主要赋存于氟碳铈矿和独居石中，分布率为73.14%~96.05%，其他分布在铁矿物、萤石和其他矿物中	铌主要赋存于铌铁矿、铌铁金红石、黄绿石、铌易解石、铌钙矿等矿物中，分布率为52.5%~80.5%，其他呈分散状分布在铁矿物和其他矿物中	方钍石、铁钍石	主要赋存于富钾板岩、黑云母、金云母、钠闪石中

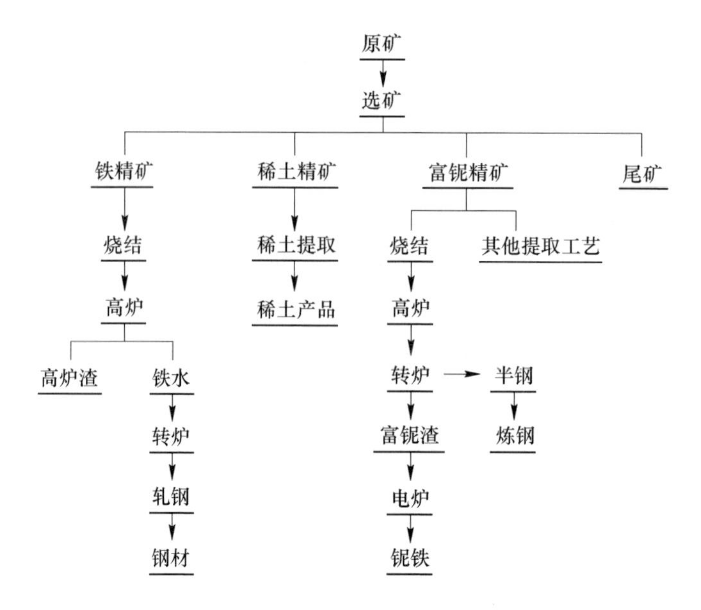

图 1.4 白云鄂博矿生产工艺流程图

现有工艺流程充分体现了“以铁为主，综合回收稀土矿物”的指导思想，实现了钢铁的规模化生产与稀土的产业化利用。但是，由于白云鄂博矿品位低、矿物组成复杂、共伴生元素多等独有的矿相结构，使得元素的分离提取技术难度和复杂性增大，给选矿及冶炼工作带来了很大的困难和问题。

（1）采用传统的高炉-转炉生产工艺处理白云鄂博铁精矿，通常需要配加品位较高的外购矿，才能满足钢铁生产。

（2）其他共生元素铌、稀土等选出率较低，在现有工艺中铌精矿品位仅为2.84%，铌回收率40.14%，稀土矿的选出率不到50%，这使得后续的提取工艺流程复杂、产率低、能耗高、终端产品附加值低，导致稀土的综合利用率只有10%，铌与钍还未被利用。

（3）未选出的稀土、铌、钍、磷、钾、萤石等资源则主要进入尾矿、冶金渣等各类选冶废弃物中。至今，包头钢铁集团有限公司（以下简称包钢）每年随铁矿石开采下来的氧化铌超过 1 万吨，高炉渣中约含有 4% REO 和 0.04% ThO_2，由于品位低，大部分堆存废弃，无法回收利用，造成了资源的严重流失。包钢尾矿坝内就堆积着选冶流程中产生的这些废弃物，占地面积约为 $12km^2$，基本没有防渗漏和防飞扬设施，对周围环境和人民生活造成很大的危害，其中大量放射性元素、废水和废渣对黄河及周边地区造成的严重环境污染问题，已不容忽视。进入 21 世纪以来，在整个矿冶产业中，尾矿综合利用的重要性愈加突出，表现为两个方面：其一，作为铁矿石进口大国，我国对国外矿产资源的依赖度一直呈上升趋势，资源短缺造成国家在资源供应方面的战略安全问题也愈加突出，尾矿的资源化利用越来越受到重视；其二，尾矿堆存所带来的经济、环境和社会问题日益严重，促使政府、企业提高了对尾矿综合利用的重视程度。可见，合理调配资源，实现铁矿资源的综合利用是非常必要的。

1.2.2 我国铁矿资源供需现状

随着我国钢铁产能的持续增长，国内铁矿石原矿产量也在大幅快速增长。铁矿石原矿产量从2005年的4.2亿吨快速增长至2010年的10.8亿吨，至2014年，原矿产量已经超过了15亿吨，每年增幅超过1亿吨，如图1.5所示。

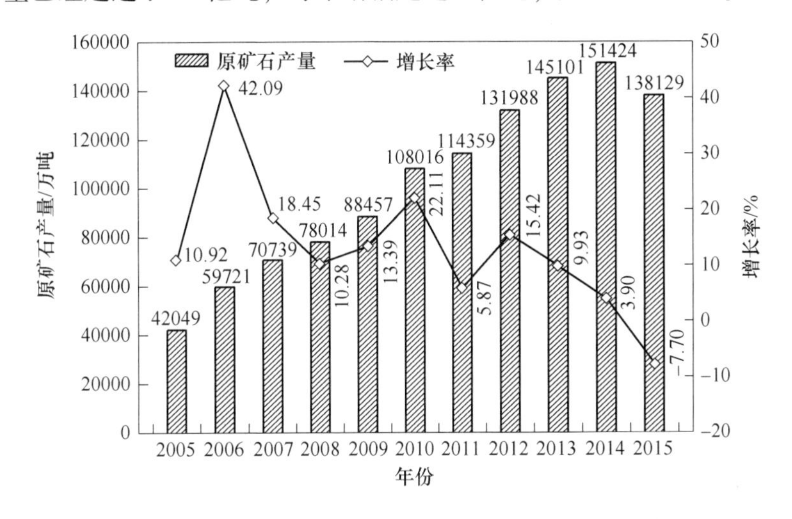

图1.5 2005—2015年中国铁矿石原矿产量变化情况

受产能增速下降和环保影响，2015年后中国铁矿石原矿产量有所减少。随着我国环保政策的持续加强，污染严重的铁矿石开采企业受到重创，到2018年中国铁矿石原矿产量下降至76337.42万吨，同比下降37.9%，见表1.3。随着铁矿石开采企业逐渐整改完成，中国铁矿石原矿产量逐渐回升，到2020年中国铁矿石原矿产量回升至86671.70万吨，2021年1—3月中国铁矿石原矿产量为23454.90万吨。但是随着易采铁矿石储量的逐渐耗尽，未来我国铁矿石原矿产量将会下降。

表1.3 2016—2020年中国铁矿石原矿产量变化情况

年份	2016	2017	2018	2019	2020
铁矿石原矿产量/万吨	128089.28	122937.34	76337.42	84435.62	86671.70

目前，我国铁矿石原矿的生产不能满足国内迅速增长的钢铁产能需求。在钢

铁产能规模稳定增长下，国内铁矿石供应与需求的矛盾愈演愈烈，战略矿产需求一直处于历史高位。2003 年我国铁矿石进口量为 1.48 亿吨、2011 年为 6.90 亿吨、2013 年为 8.19 亿吨、2014 年为 9.33 亿吨，到 2015 年已高达 9.5 亿吨，增长迅猛。由于国内铁矿石资源的特点，导致在我国还有相当数量的铁矿石资源没有能够有效利用，特别是那些采用传统的选矿技术不能利用的复杂难选铁矿石，这使得中国铁矿石进口依存度呈逐年上升的趋势，对进口铁矿石的依存度从 2003 年的 36%猛升到 2015 年的 82.5%，如图 1.6 所示。

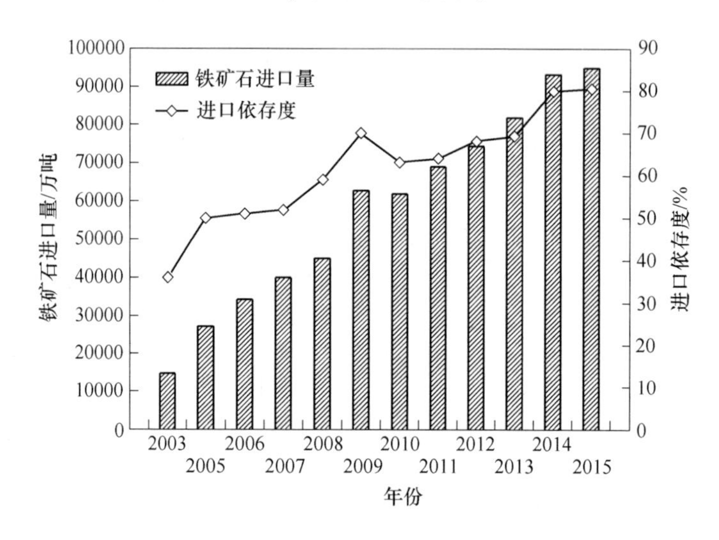

图 1.6　中国铁矿石进口量与进口依存度的关系

根据中国海关数据显示，2019 年中国铁矿砂及其精矿进口数量 10.7 亿吨，2020 年为 11.7 亿吨，同比增长 9.5%。近年来，中国进口铁矿石供应来源更加集中于澳大利亚、巴西两国，2017 年从两国进口量占比达到 83.5%，其中仅从澳大利亚进口矿石占比高达 62.2%。我国铁矿石呈现对外依存度居高不下、进口较集中的现状，使我国钢铁产业的主要原料供给受到了日益严重的威胁。

2016 年 4 月，环境保护部、国家发展和改革委员会、工业和信息化部发布《关于支持钢铁煤炭行业化解过剩产能实现脱困发展的意见》，意见明确要求严格控制新增产能用地用矿；提出通过盘活土地资源、完善矿业权管理制度等方式，化解钢铁煤炭行业过剩产能，实现脱困发展。因此，在未来发展中，应当进一步加强铁矿资源的全面节约与高效利用，积极研发先进技术和科学的采选冶工艺，最大限度地综合开发共伴生、低品位和难利用资源，在现有基础上合理提高矿山的开采回采率、选矿及冶炼回收率，综合回收或有效利用采选冶过程中产出的尾矿、废渣、废石等废弃物。特别是在低品位、复合共伴生矿、难选冶矿利用方面，加大技术投入，在降低成本、循环利用、提高附加值等领域加强探索，盘活铁矿资源，提高资源的利用效率，降低对进口铁矿石的依存度，优化我国钢铁产业结构。

1.3 低品位、复合共伴生铁矿石直接还原的技术优势

复合共伴生铁矿石中除铁与氧之外还伴生着其他繁多的元素，如白云鄂博矿中铌、稀土、磷、钾，高磷铁矿中磷，攀枝花钒钛磁铁矿中钒、钛等，这些元素通常以氧化物或复杂化合物形态存在。要实现这类铁矿资源的综合、高效、绿色利用，必须突破传统的以选矿始而以冶炼终的研究思路，在冶炼环节改变目前“以铁为主”的原则。例如，李东英院士提出的“第二流程”方法，即将铁矿石原矿直接加入高炉，在现有技术的基础上综合回收利用矿石中的各种有用元素。但是高炉炼铁是一个深度还原的过程，除铁还原外，硅、锰、铌等元素也还原进入铁水。如包钢冶炼含铌铁精矿时，约70%的铌进入铁水。

直接还原炼铁技术是以气体燃料、固体燃料为能源，在铁矿石（或含铁团块）软化温度下还原得到金属铁的方法。表1.4给出了820℃时氧化物直接还原的平衡气氛。由表1.4可知，在低温状态下，化学活性较低的铁能够还原，而化学活性较高的元素不能或较少被还原，可以有效构建复杂共生矿共伴生元素选择性还原的热力学条件。

表1.4 氧化物还原平衡气氛（820℃）

氧化物	p_{CO}/p_{CO_2}	p_{H_2}/p_{H_2O}	氧化物	p_{CO}/p_{CO_2}	p_{H_2}/p_{H_2O}
SiO_2	1×10^5	1×10^3	ZnO	2×10^2	1×10^2
V_2O_4	1×10^6	1×10^5	K_2O	7	7
Nb_2O_5	5×10^4	5×10^4	P_2O_5	5	5
Cr_2O_3	3×10^4	3×10^4	PbO	2×10^{-4}	2×10^{-4}
Na_2O	8×10^3	8×10^3	Cu_2O	2×10^{-6}	2×10^{-5}

所以，直接还原工艺成为实现低品位、复合共伴生资源高效分离与富集的有效方法之一，在我国处理难选冶铁矿应用前景十分广阔。近年来，在使用直接还原工艺处理低品位难选冶铁矿石方面，我国冶金工作者开展了一系列的研究工作，取得了一定的成绩。

孙永升等以鲕状赤铁矿为研究对象，进行了直接还原-磁选工艺研究，提出直接还原最优工艺参数为温度1350℃、时间50min，铁矿与煤的配比3∶2，碱度0.25，此时，还原矿金属化率可达97%，然后再经过三段磁选、一段细筛分级，Fe的总回收率为80.13%。段东平等在实验室进行了以普通品位铁矿为原料的转底炉试验，结果表明1300℃时还原产品的金属化率为90%~95%，且形成粒状珠

铁的反应温度不能低于1350℃，随后将还原产品先筛分后磁选，金属铁的回收率可达80%以上。

许斌等选用多种低品位难选铁矿石开展了煤基直接还原研究，提出了煤基直接还原-渣铁分离-还原铁粉冷固成型的工艺流程，将品位约为50%的铁矿在1050℃反应3h，可以得到铁品位、金属化率和铁回收率分别在91%、92%和87%以上的直接还原产品。高温下铁橄榄石相的生成会影响铁矿石的深度还原，这是更高温度下降低铁矿石还原度的主要原因。

周继程对某地高磷鲕状赤铁矿进行了煤基直接还原的研究，结果表明，通过内配碳高温自还原技术处理高磷鲕状赤铁矿在理论上是可行的，内配碳比在1.0、碱度在1.2~1.6、还原温度在1200~1300℃，铁的收得率可达85%以上，脱磷率可达80%以上。

梅贤恭等利用广西某地的难选贫赤铁矿石进行了煤基直接还原的研究，原矿石品位为38.90%，矿石中铁矿物以针铁矿为主，脉石矿物以三水铝石、高岭石和胶质二氧化硅为主，结果表明，还原过程中生成的铁橄榄石和铁尖晶石充当了成核剂，同时铁橄榄石和铁尖晶石表面形成的金属铁层将还原剂同它们隔开，使得还原更加困难，还原过程中存在碱性氧化物效应，即强碱性氧化物（如Na_2O、CaO、MgO）能从铁橄榄石和铁尖晶石中置换出FeO以提高FeO的活度，使得贫铁矿的还原条件大为改善。

白国华对难选冶铁矿石直接还原过程中的渣铁分离机理进行了研究，提出当温度超过1100℃时，铁矿石中低熔点组分可能发生熔融，同时铁颗粒长大、渣铁相互包裹量增大是造成铁精矿品位降低的主要原因；并提出在1050℃温度下，通过添加还原催化剂进行还原反应可以获得更高的铁精矿品位和回收率。

高鹏、丁银贵等对白云鄂博矿进行了深度还原磁选分离和转底炉还原的研究，在还原温度1225℃下，获得金属化率93%左右的还原产物，提出金属铁颗粒的成核及长大决定整个还原过程速度，该过程可分为还原成核、深度还原、铁颗粒粗化三个阶段；研究表明其他元素的还原特性，还原温度对不同矿物的还原特性及富集迁移规律有重要的影响。

由此可见，直接还原是处理低品位、难选冶共伴生铁矿资源的有效技术。但是采用该还原技术处理共伴生铁矿，如白云鄂博矿时，若想实现铁与其他元素的有效分离和富集，希望在还原过程中铁氧化物尽可能全部还原生成金属铁，而稀土、铌、磷等伴生元素以氧化物的形态保留在脉石相中。然后通过后续的磁选或高温熔分，将金属铁与脉石（渣）进行分离，同时要促使金属铁与其他非铁相嵌布松散、粒度分布差异较大以保证分离效果。但是，与铁精矿相比较，低品位铁矿石的直接还原不仅包括铁氧化物（$Fe_2O_3 \rightarrow Fe_3O_4 \rightarrow FeO \rightarrow Fe$）的逐级还原相变，同时还存在与其他矿物之间更复杂的固相反应，如铁酸钙、铁橄榄石、铁尖晶石的生成及其他伴生元素发生的还原反应等，反应效率普遍较低。对于这类铁矿石而言，通常采用提高还原温度、延长反应时间等方法来获得较高的金属化率。大量研究表明，直接还原温度在1300℃左右，金属化率可达90%以上，金属铁颗粒能够粗化长大。但在此温度下处理白云鄂博矿矿石就会产生几个方面的影响。

（1）减小了铁和铌、磷、锰等共生元素选择性还原的热力学控制范围，降低了其他有价元素在脉石相中的富集程度。根据Ellingham图可知，在白云鄂博矿矿石直接还原过程中，矿石中的稀土、钍、钛等矿物不能被还原，将完全保持氧化状态，铌、锰、磷及硫等矿物可能被还原为低价氧化物或者单质，从而进入金属铁中。

（2）高温加剧铁橄榄石、铁尖晶石的生成，铁橄榄石和铁尖晶石的熔点仅为1178℃、1177℃，当温度升高到一定程度后，将产生软化和熔化，导致还原动力学条件严重恶化，进而使得还原变得困难。

（3）铁矿石中低熔点组分可能发生软融，加剧了渣铁相互包裹，为后续渣铁分离加大难度。

根据热力学计算可知，碳热还原磷酸钙的反应开始于1150℃，二氧化硅参加时则降低至1050℃；铌矿物碳热还原发生的温度范围为1034~1124℃。如果在1000℃以下进行白云鄂博矿矿石固态还原，则稀土氧化物，铌、锰氧化物，磷等基本不发生还原，理论上可以实现铁与其他共生元素的有效分离。但还原温度较低时，铁矿物还原慢，短时间内还原物料的金属化率较低，这就需要寻求一种途径实现在较低温度下铁矿石的快速还原。

1.4 强化低温固态还原的研究与应用现状

为了实现在较低温度下铁矿石的快速还原，通常采用预氧化处理、配加添加剂、机械活化、微波等技术措施。

铁矿石经预氧化处理后，其产物的物相组成和结构形态将发生变化，能在一定程度上减小还原过程中矿物的烧结倾向，降低还原温度和提高产品金属化率，但是预氧化处理的实际作用效果，取决于铁矿石的类型、化学组成、原始孔隙率、还原剂性质等。David在温度800~1200℃范围内，研究了CO还原风化程度不高的澳大利亚天然海滨砂钛铁矿石及其预氧化衍生物的反应动力学，发现预氧化可以改善还原产品的金属化率，但反应速率在反应初期不但没有改善，还略有降低。中南大学郭宇峰等对攀枝花钛铁矿石进行预氧化对其固态还原过程中的作用进行研究，发现预氧化能降低未预氧化矿石的还原反应活化能，从而加快还原反应速率。

从国内外有关添加剂对铁矿石固态还原影响的研究来看，研究最多的主要是碱金属添加剂。随着加入量的增加，碱金属添加剂不但能加快还原反应速率，降低还原温度，而且还具有促进金属铁晶粒生长的作用。张临峰等利用失重法研究了碱金属盐对气基还原铁矿石的催化效果，认为添加剂可削弱 Fe—O 键的结合强度，增强 H—O 键的结合力，使还原反应更容易进行。由于碱金属添加剂的使用存在着用量大、成本高、侵蚀窑衬及破坏炉料强度等问题，因此至今还没有得到实际应用。

机械活化处理是在机械力作用下，使固体物料发生物理化学变化，如产生晶格缺陷、晶粒间界、晶格应变等，这些变化可增大其反应活性，从而降低化学反应温度和提高化学反应速率。近年来一些学者研究了铁矿石机械活化处理对其固态还原反应的影响。研究结果表明，铁矿石经机械活化处理后，其还原反应可在较低温度甚至室温下完成，但是实验条件苛刻，要求铁矿石的颗粒粒度在 10μm 以下，甚至达到纳米级别，一般的磨矿设备难以实现，工业应用难度较大。钢铁研究总院的赵沛等在低温下对氢气还原氧化铁过程动力学进行了深入研究，认为氧化铁的还原过程依然遵循从高价到低价的逐级还原顺序，但研究发现低于 570℃时，用氢气和一氧化碳等还原性气体还原铁矿石时，产物中存在浮氏体，揭示了氧化铁在低温（低于 570℃）非平衡条件下逐步还原的动力学规律。

微波加热具有场强高温、高频高温、穿透力强、热惯性小、选择性加热等特点，在加热过程中能改变物质化学活性，降低反应活化能，从而促进化学反应快速充分地进行。Kelly 等将微波加热技术应用于钛铁矿的还原过程，发现微波能加快钛铁矿的还原反应过程，显著缩短反应时间。有关铁矿石微波还原的研究，应该说刚刚起步就显示出了优越性，但这项技术的发展和应用，取决于微波加热设备的工业化和大型化的发展状况；从目前的微波加热设备研发情况来看，此项技术工业应用难度较大。

1.5 磁场对化学反应的影响

磁场作为一种能量场，通过改变物质的物理和化学性质，可以达到提高生产效率、改善产品质量的目的，其应用涉及强磁场材料科学、钢的电磁冶金及轻金属电磁冶金等领域。根据量子力学理论的阐述，化学变化的发生与化学粒子的电子自旋状态直接相关。磁现象作为一种普遍存在的物理现象，其产生的根本原因是电子的运动，当化学反应物质处于磁场中时，其电子的轨道运动将发生改变，也正是由于这一改变的发生引起了物质一系列的物理和化学变化，进而影响了化学反应的进行。

磁场对化学反应的影响是近几十年物理化学研究的重要成就之一，外磁场对化学反应的影响研究取得了长足的进步。目前，关于磁场影响化学反应的研究已经由最初的聚合有机反应和光有机化学反应领域拓展到电化学反应、化学镀、化学热处理等材料加工领域，以及烧结等冶金提取和分离过程。

Salikhov 等探究了磁同位素效应和磁场效应对化学反应的影响，提出了磁场能对聚合物的产量和结构产生影响这样的观点，对比研究了磁场和非磁场下的苯乙烯乳液聚合，磁场的存在使得产物的分子量和产量都有所提高。Ushakova 等在 1000G（0.1T）的磁场中对苯乙烯低温下的光诱导分散聚合反应进行了研究，得到的苯乙烯产量提高了 20%。

磁场下的电化学反应一直以来都是国内外研究人员的重点研究对象。Hirnta 等对磁场下的银电镀沉积形貌进行了实验研究，研究发现强磁场的施加可以显著改变银的枝晶生长状况，并且提出这种状况的出现是洛伦兹力作用的结果。Andreas 等通过对稳恒磁场下的电化学反应研究发现，微电磁流体效应对电化学反应有较明显的影响，磁场与电流产生洛伦兹力会导致电解质中反应物传输速率的加快。钟云波等的研究结果也表明，在磁场中进行电沉积实验时，所得到的沉积薄膜形貌会发生一些意想不到的变化。

Kozuka 等对磁场下溶液中发生的金属置换反应进行了研究，发现磁场下的置换反应受微观电磁流体效应、自然对流及磁对流影响，通过磁场能够获得好的表面形态和高的化学反应速率，并且微观电磁流体效应由物质化学性质决定。Taniguchi 等则通过理论和实验方法，研究了高频磁场对钢水内部脱氧反应及反应产物去除速度的影响。Takeo 等通过钢包精炼脱硫的实验研究发现固定交流磁场的搅拌可以改变渣金界面状态从而加快脱硫速度，而无磁场时多数晶体聚合在一起。研究表明强静磁场对 Zn-Bi 合金中 Bi 液滴的形核与长大过程影响显著，磁场强度大于 17.4T 时，Bi 液滴以纯扩散方式长大；小于 17.4T 时，则以碰撞、凝并方式长大。

在焙烧、浸出含砷难处理金矿时，磁场强化了浸出，提高了氰化物浸出率。在对 MgO-C 耐火材料渣蚀性能研究中，电磁场的存在提高了 Fe^{2+}、Fe^{3+}、Mn^{2+} 的扩散系数及这些离子与镁砂中 Mg^{2+} 的置换能力。在渗氮处理过程中发现磁场可以提高钢中的渗氮速度，且渗层厚度和表面硬度显著增加。

在只有固相存在的冶金过程中，磁场对过程调控，如对固态原子的形核、扩散等方面的相关研究工作，主要集中于强磁场处理下的固态相变，特别是铁基合金的相变过程。目前，在非磁性合金材料的相变过程中也开展了大量研究工作。Ludtka 等提出在 30T 强磁场下 1045 钢在不同冷却速率下，γ 相分解过程中相变温度增加 70~90℃。Zhang 等发现，在 12T 强磁场下，中碳钢 γ 相分解时磁场导致相变温度升高，相变时间缩短。Chio 等提出，外加强磁场作用将增加钢中 α 相的共析 C 含量、临界温度（A_{e1} 和 A_{e3}）及 C 的固溶度。Ohtsuka 等研究发现，磁场能促进贝氏体相变发生，提高贝氏体相变初始温度。

可见，对不同体系发生的反应，是可以通过磁场来进行调控的。磁场不仅能改变化学反应的速率，而且能够影响化学反应的产率，甚至通过选择合适的反应条件，还能控制反应途径，改变反应产物的构成，决定某些反应的发生与否等。

关于磁场对化学反应影响机理方面的研究，主要集中在有机磁化学和水溶液体系等方面。有机磁化学方面的机理目前主要有：自由基对机理，三垂态-三重态机理，三重态-偶极子对机理和三重态机理等。磁场对水溶液体系化学反应影响机理的研究认为，磁场对水系统作用的机制与共振原理有关，即溶液系统中的分子、离子及其缔合物等在一定的能级下进行着不断的振动；当该系统受到最佳频率场的作用时，就可能发生共振，同时产生的能量能够使键变形，并改变系统的结构与特性。目前，未见磁场对于高温固态还原反应影响机理方面的报道。

磁场对于无机晶体材料、金属材料制备过程影响的研究，主要集中于溶液体系和凝固过程中。一般认为磁场对无机晶体材料、金属材料生长的影响机理主要有两种：一种是磁流体力学（MHD）机理，对熔融态的导电物质而言，磁场条件下熔体的流动产生感应电流，而外加磁场又对这种感应电流有洛伦兹力的作用，从而促使或者抑制熔体的流动，同时伴随着电磁热、电磁搅拌、电磁压力三种基本的物理现象，这在冶炼、成型、凝固等工艺中已广泛应用；另一种机制是对生长物质的磁化作用，对非导电物质或者固体而言，磁场作用下其受到磁化力。目前，从能量角度分析磁场对反应调控机理的相关报道较少。

由此可见，磁场技术已经成为调控化学反应速率的有效手段，通过磁场对低品位、共伴生铁矿石低温选择性还原反应形成有效控制，在理论上也是可行的。但是，目前此类研究大多局限于磁场下溶液、熔盐或者液态金属中的化学反应动力学，对于磁场下的高温反应特别是固态反应的研究非常有限并且缺乏系统的研究理论。同时，与磁场效应相关的理论探讨，目前仍处在提出理论、实验论证的阶段，虽然已经积累了大量的研究数据，但要获得一种普遍适应的磁场效应的化学理论来解释和指导更进一步的化学研究，还需深入系统地开展相关研究。

综上所述，针对含铁矿物直接还原过程中存在的问题，实现在较低温度下铁氧化物的快速还原。本书首次提出了低温磁场强化还原技术，开展了铁氧化物低温磁场强化还原热力学分析及动力学行为、还原产物显微结构变化规律及金属铁形核生长特征、矿物组成的影响作用及铁与其他共生元素的选择性还原规律等方面的基础研究。通过这些研究，揭示了含铁矿物低温固态还原过程中磁场作用机理，掌握控制强化还原技术的关键因素，为低品位、复合共伴生资源的综合利用开辟了一条新途径，丰富和充实了磁场技术在冶金提取和分离过程中的应用。

参考文献

[1] 马金平. 矿产资源综合回收与利用 [J]. 中国矿业, 2010, 19 (9): 57-60.

[2] 袁迎菊, 才庆祥, 赵畅, 等. 矿产资源价值研究 [J]. 金属矿山, 2009, 38 (2): 18-22.

[3] USGS. Mineral commodity summaries 2016 [R]. Virginia: USGS, 2016.

[4] Wood M. Global iron ore resources - current status & market outlook [R]. Edinburgh: Wood Mackenzie, 2014.

[5] 张亚明, 王雪峰, 李文超. 铁矿资源综合利用效益评价体系研究 [J]. 中国国土资源经济, 2019, 377 (4): 43-48.

[6] 王海军, 薛亚洲. 我国矿产资源节约与综合利用现状分析 [J]. 矿产保护与利用, 2017 (2): 1-5, 12.

[7] 王瑜. 矿产资源综合利用手册 [M]. 北京: 科学出版社, 2000.

[8] 崔振民, 吴伟宏, 姜琳, 等. 浅析我国矿产资源综合利用 [J]. 中国矿业, 2013, 22 (2): 40-43.

[9] 张去非. 白云鄂博矿床铌资源矿物学基本特征的分析 [J]. 有色金属, 2005 (2): 58-60.

[10] 吕宪俊, 陈炳辰. 包头铌资源中铌的赋存状态研究 [J]. 稀有金属, 1996, 2 (1): 12-14.

[11] 罗明志, 杨枝, 郭国林. 白云鄂博铁矿石中稀土的赋存状态研究 [J]. 中国稀土学报, 2007 (S1): 42-43.

[12] 张亮, 杨卉芃, 冯安, 等. 全球铁矿资源开发利用现状及供需分析 [J]. 矿产保护与利用, 2016 (6): 57-63.

[13] 林东鲁, 李春龙, 邬虎林. 白云鄂博特殊矿采选冶工艺攻关与技术进步 [M]. 北京: 冶金工业出版社, 2007.

[14] 肖国望. 白云鄂博矿产资源综合利用的前景 [J]. 包钢技术, 2003, 29 (5): 2-5.

[15] 李尚诣, 周渝生, 杜华云, 等. 铌资源开发应用技术 [M]. 北京: 冶金工业出版社, 1992.

[16] 王静, 王晓铁. 白云鄂博矿稀土资源综合利用及清洁生产工艺 [J]. 稀土, 2006, 27 (1): 103-105.

[17] 程建忠, 车丽萍. 中国稀土资源开采现状及发展趋势 [J]. 稀土, 2010, 31 (2): 65-69, 85.

[18] 程建忠, 侯运炳, 车丽萍. 白云鄂博矿床稀土资源的合理开发及综合利用 [J]. 稀土, 2007, 28 (1): 70-74.

[19] 徐光宪, 师昌绪. 关于保护白云鄂博矿钍和稀土资源避免黄河和包头受放射性污染的紧急呼吁 [J]. 中国科学院院刊, 2005, 20 (6): 448-450.

[20] 中国国土资源经济研究. 铁矿资源全面节约和高效利用新空间 [N]. 中国国土资源报 (第5版), 2017.

[21] 重点冶金矿山统计年报 2005—2015 [N]. 中国冶金矿山企业协会, 2016.

[22] 李才全. 白云鄂博矿综合利用第二流程 [J]. 矿产综合利用, 1981, 2 (1): 13-15.

[23] 黄希祜. 钢铁冶金原理 [M]. 北京：冶金工业出版社，2005.
[24] 周渝生，钱晖，张友平，等. 现有主要炼铁工艺的优缺点和研发方向 [J]. 钢铁，2009，44 (2)：1-10.
[25] Harada T, Tanaka H. Future steelmaking model by direct reduction technologies [J]. ISIJ International, 2011, 51 (8)：1301-1307.
[26] Wang Q. Reduction kinetics of iron ore-coal pellet during fast heating [J]. Ironmaking and Steelmaking, 1998, 25 (6)：443-448.
[27] 范晓慧，邱冠周，姜涛，等. 我国直接还原铁生产的现状与发展前景 [J]. 炼铁，2002 (3)：53-55.
[28] 孙毅. 难选铁矿粉直接还原及非高炉一步炼铁实验研究 [D]. 西安：西安建筑科技大学，2012.
[29] 孙泰鹏. 非高炉炼铁工艺的发展及评述 [J]. 沈阳工程学院学报（自然科学版），2007，3 (1)：90-92.
[30] Luengen H B, Muelheims K, Steff R. 铁矿石直接还原与熔融还原的发展现状 [J]. 上海宝钢工程技术，2001 (4)：27-42.
[31] 刘国根，王淀左，邱冠周. 国内外直接还原现状及发展 [J]. 矿产综合利用，2001，2 (2)：11-17.
[32] Feinman J. Direct reduction and smelting processes [J]. Iron and Steel Engineer, 1999 (7)：75- 77.
[33] Hillisch W, Zirngast J. Status of FINMET plant operation at BHP DRI, Australia [J]. Steel Times International, 2001 (3)：21-22.
[34] Bonestell J E. Circored trinidad plant-status report [A]. Iron and Steel Scrap and Scrap Substitute Gorham Conference, Atlanta, GA, 2000：80-89.
[35] 孙永升，李淑菲，史广全. 某鲕状赤铁矿深度还原试验研究 [J]. 金属矿山，2016 (5)：80-83.
[36] 许斌，庄剑鸣，白国华，等. 低品位铁矿煤基直接还原的研究 [J]. 矿产综合利用，2001 (6)：20-23.
[37] 周继程. 高磷鲕状赤铁矿煤基直接还原法提铁脱磷技术研究 [D]. 武汉：武汉科技大学，2007.
[38] 梅贤恭. 难选贫铁矿煤基直接还原过程中固相反应特征 [J]. 中国有色金属学报，1995 (6)：42-46.
[39] 白国华，庄剑鸣，王龙千，等. 低品位难选铁矿在直接还原过程中渣铁分离的研究 [J]. 烧结球团，2006 (4)：27-28.
[40] 高鹏，韩跃新，李艳军. 白云鄂博氧化矿深度还原-磁选试验研究 [J]. 东北大学学报，2010，31 (6)：886-889.
[41] 韩跃新，高鹏，李艳军. 白云鄂博氧化矿直接还原综合利用前景 [J]. 金属矿山，2009，38 (5)：1-6.
[42] Gao P, Han Y X, Li Y J, et al. Fundmental research in comprehensive utilization of Bayan Obo ore by direct reduction [J]. Advanced Materials Research, 2010, 92 (1)：111-116.

[43] 丁银贵．转底炉直接还原处理白云鄂博复合铁矿基础研究［D］．北京：北京科技大学，2012.

[44] Ding Y G, Wang J S, Wang G, et al. Innoative methodology for separating of rare earh and iron foem Bayna Obo complex iron ore［J］. ISIJ International, 2012, 52（10）：1771-1777.

[45] David G, Jones. 钛铁矿的气态还原动力学［J］. 许文照，译．钒钛，1986（2）：39-50.

[46] 郭宇峰．预氧化在攀枝花钛铁矿固态还原过程中的作用［J］．北京科技大学学报，2010，32（4）：55-59.

[47] 张临峰．碱金属盐对气基还原铁矿石的催化规律研究［J］．钢铁钒钛，2008，29（1）：22-26.

[48] 赵沛，郭培民，张殿伟．机械力促进低温快速反应的研究［J］．钢铁钒钛，2007，28（2）：1-5.

[49] 赵沛，郭培民．采用低温还原铁矿粉生产铁产品的制备方法［P］．中国：200410000815. 6.

[50] Kelly R M, Rowson N A. Mierowave reduction of oxidized ilmenite concentrates［J］. Minerals Engineering, 1995（8）：1427-1438.

[51] 张廷安，杨欢，魏世承，等．电磁技术在冶金中的应用［J］．材料导报，2000，14（10）：23-25.

[52] 卢巧焕．化学反应中的磁场和自旋效应［J］．世界科学，1987（7）：12-14.

[53] 蒋秉植，杨健美．磁场效应影响化学反应研究的概况及前景［J］．化学进展，1992（2）：15-36.

[54] 黄卡玛，刘永清，唐敬贤，等．电磁波对化学反应的非热作用及其在电磁生物非热效应机理研究中的意义［J］．微波学报，1996，12（2）：126-132.

[55] 杨四新，黄继华．磁场烧结在材料制备中的应用［J］．材料导报，2002，16（2）：19-21.

[56] Tsurekawa S, Okamoto K, Kawahara K, et al. The control of grain boundary segregation and segregation-induced brittleness in iron by the application of a magnetic field［J］. Journal of Materials Seienee, 2005, 40（4）：895-901.

[57] 王文丽．强磁场下不同磁性组元的扩散行为研究［D］．沈阳：东北大学，2012.

[58] Agarwala V S, DeLuceia J J. Effects of a magnetic field on hydrogen evolution reaction and its diffusion in iron and steel［C］. Report：NADC-81029-60. 1981：20.

[59] Salikhov K M, Molin Y N, Sagdeev R Z, et al. Spin polarization and magnetic effects in radical reactions［M］. Akadémiai Kiadó, 1984.

[60] Simionescu C I, Chiriac A P, Chiriac M V. Polymerization in a magnetic field：1. Influence of esteric chain length on the synthesis of various poly（methacrylate）s［J］. Polymer, 1993, 34（18）：3917-3920.

[61] Rintoul I, Wandrey C. Magnetic field effects on the free radical solution polymerization of acrylamide［J］. Polymer, 2007, 48（7）：1903-1914.

[62] Ushakova M A, Chernyshev A V, Taraban M B, et al. Observation of magnetic field effect on polymer yield in photoinduced dispersion polymerization of styrene［J］. European Polymer Journal, 2003, 39（12）：2301-2306.

[63] Ryoichi A. Recent progress in magneto-electrochemistry [C]. The 5th International Symposium on Electromagnetic Processing of Materials, 2006, 799-804.

[64] Hirnta N, Hara S, Sakka Y. In-situ microscopic observations fo magnetic field effects on the growth fo silver dendrites [J]. Materials Transactiond, 2007, 48 (11): 2888-2892.

[65] Andreas B, Ispas A, Mutschke G. Magnetio field effects on electrochemical metal depositions [J]. Science and Technology of Advanced Materials, 2008, 9 (2): 1-6.

[66] Zhong Y B, Ren Z M, Lei Z S. Effect of high static magnetic field on NiFe membrane electro-deposiyion [C]. The 5th International Symposium on Electromagnetic Processing of Materials, 2006, 814-820.

[67] Kozuka T. Metal substitution reaction under intense magnetic field [C]. The 4th International Symposium on Electromagnetic Processing of Materials, 2003, 28-34.

[68] Taniguchi S. New advance mentin electromagnetic processing of materials [J]. CAMP-ISIJ, 2000, 13 (2): 74-76.

[69] Takeo I. Promotion of desulphurization in ladle through slag emulsification by stirring with stationary AC electromagnetic field [J]. Journal of the Iron and Steel Institute of Japan, 2003, 43 (6): 828-835.

[70] 郑天详. 磁场作用下 Zn-Bi 难混溶合金凝固组织演变规律的研究 [D]. 上海: 上海大学, 2016.

[71] 邱廷省, 熊淑华, 夏青. 含砷难处理金矿的磁场强化氰化浸出试验研究 [J]. 金属矿山, 2004 (12): 32-34.

[72] 李享成, 王堂玺, 姜晓, 等. 电磁场对 MgO-C 耐火材料抗熔渣侵蚀性的影响 [J]. 硅酸盐学报, 2011, 39 (3): 452-457.

[73] Shigarev A S, Dmitrieva L P. Nitriding in magnetic field [J]. Metal Science and Heat Treatment, 1978, 20 (3-4): 213-217.

[74] Ludtka G M, Jaramillo R A, Kisner R A, et al. In situ evidence of enhanced transform at ion kinetics in a medium carbon steel due to a high magnetic field [J]. Scripta Mater., 2004, 51: 171.

[75] Zhang Y D, Esling C, Lecomte J S, et al. Grain boundary characteristics and texture formation in a medium carb on steel during its austenitic decomposition in a high magnetic field [J]. Acta Mater., 2005, 53: 5213.

[76] Chio J K, Ohtsuka H, Xu Y, et al. Effects of a strong magnetic field on the phase stability of plain carbon steels [J]. Scr. Mater., 2000, 43: 221.

[77] Ohtsuka H. Effects of strong magnetic fields on bainitic transformation [J]. Curr. Opin. Solid State Mater. Sci., 2004, 8: 279.

[78] 朱传征. 磁化学及其进展 [J]. 科学, 1995, 47 (2): 32-35.

[79] 陆模文, 胡文祥. 有机磁合成化学研究进展 [J]. 有机化学, 1997 (17): 289-294.

[80] 王国全. 磁化学研究进展及其应用 [J]. 化工进展, 1998 (1): 30-33.

[81] 李国栋. 当代磁学及其若干新进展 [J]. 科学通报, 2000, 45 (1): 673-677.

2 磁场作用下铁氧化物还原的热力学分析

2.1 铁氧化物的结构与性质

铁氧化物在还原性气体（如CO、H_2）作用下的低温失氧过程，是典型的气固反应。固相反应的近代观点认为，原子发生位移是固相内发生化学变化或者结构变化的前提。材料的宏观磁性也与其原子状态密切相关，是由组成材料的原子中电子的磁矩引起的。根据固体中电子与外部磁场的交互作用，将材料分为抗磁性（磁化率$\chi \approx -1 \times 10^{-6}$）、顺磁性（$\chi \approx 1 \times 10^{-3} \sim 1 \times 10^{-6}$）和铁磁性（$\chi \approx 1 \times 10^{-1} \sim 1 \times 10^{5}$）物质。物质的磁性与温度关系很大，当超过某一定的温度（居里温度或奈尔温度）时，磁性会减弱。温度高于居里温度点的铁磁性物质和亚铁磁性物质，温度高于奈尔温度的反铁磁性物质，磁化率随温度变化遵循居里-外斯定律，即$\chi = \dfrac{C}{T - \theta_P}$，其中$\theta_P$称为顺磁居里温度，单位为K。因此，研究铁氧化物在固态还原时产生的主要化合物的状况和性质，对分析磁化还原过程有重要的意义。

铁是一种较活泼的金属元素，以多种价态与氧化合，不同条件下铁氧化物状况可用铁-氧系相图表示，通过状态图可以了解在不同温度时铁氧化物的状态。在标准压力（101.325kPa）下，400～1800℃温度范围内，采用Factsage7.1软件计算了20%～32%氧质量分数范围内Fe-O二元系相图，如图2.1所示。图2.1中横坐标是氧在体系中的质量分数，纵坐标是体系温度，各关键点坐标及物理含义见表2.1。

表2.1 Fe-O二元系相图中关键点说明

符号	温度/℃	氧质量分数/%	物理意义
D	1394	22.83	γ-Fe→δ-Fe相变温度
F	912	23.15	α-Fe→γ-Fe相变温度
G	570	23.50	浮氏体最低稳定温度及相应氧质量分数
H	1423	25.60	浮氏体最高氧含量及分解温度
I	1597	27.64	磁铁矿熔点及相应氧质量分数
K	1457	28.36	赤铁矿分解温度，磁铁矿最高氧质量分数
L		30.04	赤铁矿氧质量分数

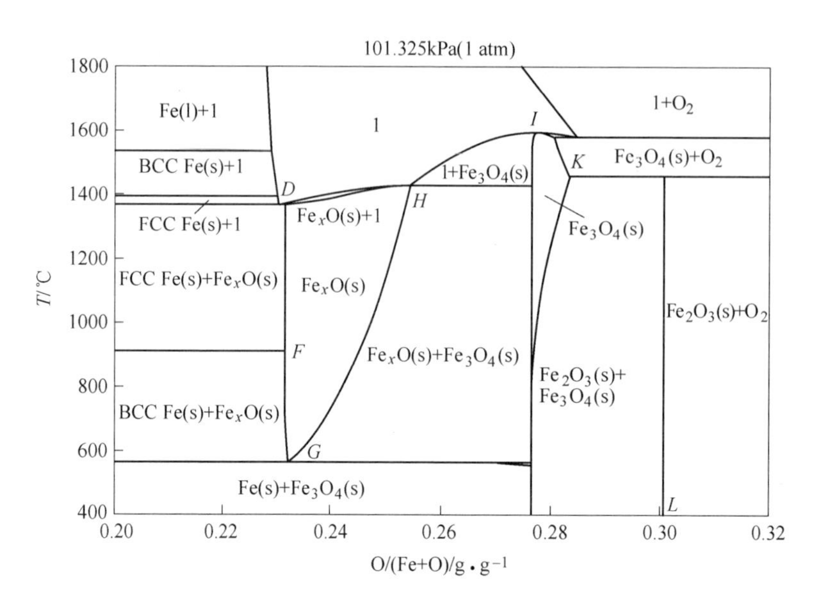

图 2.1 Fe-O 二元系相图

1—氧化物熔体

由图 2.1 和表 2.1 可见，纯铁的熔点为 1536℃，其有两个二级相变点，912℃时由 α-Fe 转变为 γ-Fe，1394℃时 γ-Fe 再转变为 δ-Fe。α-Fe 是体心立方晶格，晶格参数为 0.2863nm，原子半径 0.1241nm，配位数 8，致密度 0.68，C 的最大溶解度为 0.0218%，居里温度为 1043K，具有铁磁性结构，有效玻尔磁子数 $n_B=2.23$。γ-Fe 是面心立方晶格，晶格参数 0.3591nm，原子半径 0.1288nm，配位数 12，致密度 0.74，C 的最大溶解度为 2.11%，是反铁磁性的材料。δ-Fe 是体心立方晶格，晶格参数为 0.4409nm。铁的相变曲线及相应的晶型结构变化如图 2.2 所示。

在标准压力（101.325kPa）下，铁几乎不能溶解氧，但会与氧气形成浮氏体 Fe_xO、Fe_3O_4、Fe_2O_3 三个稳定的化合物，三者之间的相互转变与温度（T）有关。T<570℃以下，随含氧量的增加，铁和氧气依次生成 Fe_3O_4 和 Fe_2O_3，没有浮氏体的生成。T=570℃，α-Fe+Fe_xO、α-Fe+Fe_3O_4 两相区与 Fe_xO+Fe_3O_4 两相区平衡交叉于 G 点，此为浮氏体稳定存在的最低温度，相应的氧含量为 23.5%。而在此温度以下的范围内，浮氏体会分解为铁及 Fe_3O_4。570℃<T<1423℃的范围内，浮氏体可以稳定存在，随着温度的升高，浮氏体中固溶较多的氧，HG 曲线为其含氧量的上限。Fe_xO 冷却后可沿 HG 曲线析出 Fe_3O_4，说明 Fe_xO 溶解的氧是 Fe_3O_4 形式。

浮氏体具有面心立方结构，晶格参数在 4.306~4.312nm 范围内波动。在面

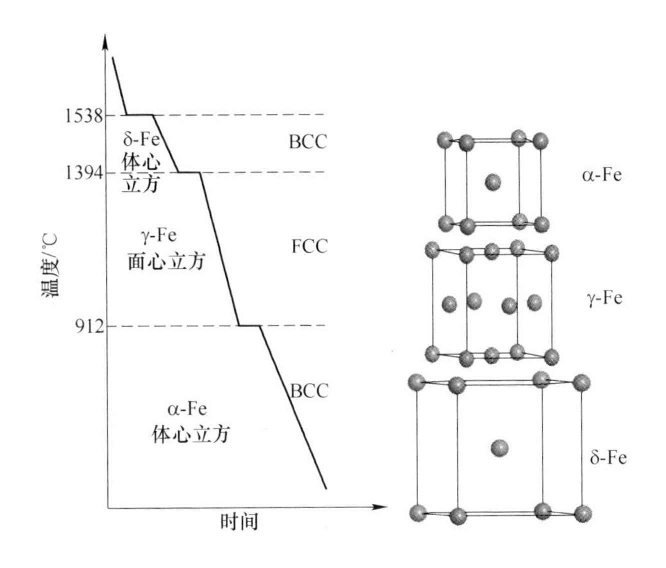

图 2.2 铁的相变曲线及相应的晶型结构变化

心立方结构中 Fe 和 O 原子采用八面体配位的形式，氧进入晶格并占据正常格点位置，同时在阳离子周围捕获电子，从而使原来晶格中的二价亚铁离子（Fe^{2+}）失去电子成为三价的 Fe^{3+}，晶体中阴阳离子格点位置的比例不变，因此部分阳离子格点位置上出现空位，即形成了具有 O^{2-}过剩和阳离子空位 $V_{Fe^{2+}}^{2-}$ 的离子团以保持其电中性。这些空位也不固定在某个特定的正离子周围，在电场、磁场作用下会产生运动。Fe_xO 是反铁磁性物质，宏观上表现为顺磁性，奈尔转变温度为 198K，只有在极低温度下才能表现出铁磁性。当温度超过转变温度后，随着温度的升高，Fe_xO 的磁化率急剧降低，一般在$\chi \approx 1\times10^{-3} \sim 1\times10^{-6}$范围内。

Fe_3O_4 在低温（<800℃）下有固定的化学组成，铁氧摩尔比为 0.75。随温度的升高可以固溶少量的氧，形成 Fe_3O_4 固溶体（更准确的分子式应写为 $FeO \cdot Fe_2O_3$），其溶解氧量在 1457℃时达到最高，此时 Fe_3O_4 中铁氧摩尔比为 0.724。在 1597℃以下的温度范围内，Fe_3O_4 都以固态形式稳定存在。Fe_3O_4 是致密的反尖晶石型晶格，一个 Fe_3O_4 单位晶胞含有 8 个（$2Fe^{3+} \cdot Fe^{2+} \cdot 4O^{2-}$）离子团，晶格中的氧离子半径大，组成最紧密的面心立方结构，Fe^{2+}处在氧八面体间隙中，Fe^{3+}均匀分布于氧八面体和四面体间隙中，其中仅有很少的空位，晶格参数波动于 0.8378~0.8397nm 范围内。Fe^{3+}具有 5 个未配对电子，Fe^{2+}则有 4 个未配对电子，每个未配对电子都携带 1 个玻尔磁子（Bohrmagneton），四面体区域和八面体区域电子反向平行排列，表现为亚铁磁性。在 0K 时，每一个 Fe_3O_4 分子磁化强度为（9-5=4）玻尔磁子，居里温度 $T_c=587$℃，室温下体积磁化率约为

1（SI），从磁化率随温度变化的实验值（见图 2.3）可以看出，当温度超过居里点后，Fe_3O_4 的磁化率在 $1\times10^{-4}\sim1\times10^{-6}$范围内变化。

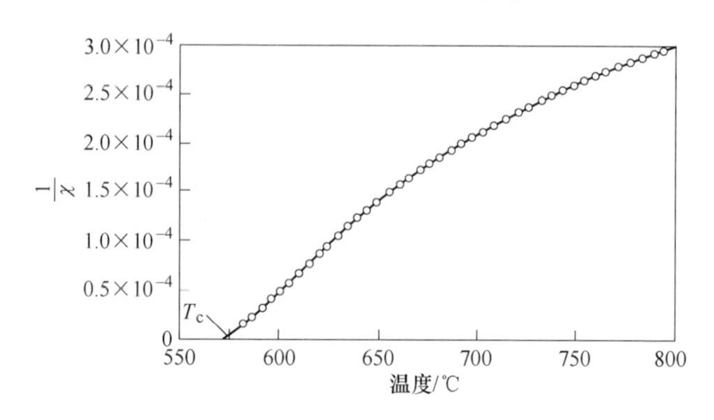

图 2.3 Fe_3O_4 磁化率随温度的变化

Fe_2O_3 在 1457℃以下的温度范围内均稳定存在，高于 1457℃时将会发生裂解，放出一部分氧，转化为 Fe_3O_4。Fe_2O_3 具有 $\alpha-Fe_2O_3$ 和 $\gamma-Fe_2O_3$ 两种晶型结构。$\alpha-Fe_2O_3$ 是具有线性（$Fe^{3+}-O^{2-}-Fe^{3+}$）单位晶包的稳定的密排六方晶格，阴阳离子配位数为 4∶6，O^{2-} 近似作密排六方堆积，Fe^{3+}位于八面体间隙中，晶格参数 0.5036nm。由于 Fe^{3+}过剩使得阴离子空位 $V_{O^{2-}}^{2+}$ 出现，则放出的电子在晶格中流动及 O^{2-} 离开节点不断产生的空位和填充空位引起的 $V_{O^{2-}}^{2+}$ 移动，是 $\alpha-Fe_2O_3$ 具有导电性和磁性的原因。$\alpha-Fe_2O_3$ 是反铁磁性的，具有两个 Fe^{3+} 彼此相反的磁矩，每个铁离子具有一个 $3d^5$ 电子组态，其磁矩为 $\mu_m\approx5.0\mu_B$，奈尔温度大约是 685℃，室温下体积磁化率约为 1.3×10^{-3}（SI）。$\gamma-Fe_2O_3$ 是具有尖晶石型立方晶格的铁磁性材料，与 Fe_3O_4 相比，其晶格内存在更多的阳离子空位 $V_{Fe^{2+}}^{2-}$，致密度较小，晶格参数在 0.8322～0.8344nm 范围内波动。$\gamma-Fe_2O_3$ 是准稳态铁氧化物，温度升高时，易于转变为 $\alpha-Fe_2O_3$。因此，在铁氧化物固态还原过程中，Fe_2O_3 一般以 $\alpha-Fe_2O_3$ 晶型结构出现。

从 Fe-O 状态图可知，在 $570℃<T<1423℃$ 的温度范围内，稳定存在的固相铁氧化物有 Fe_xO、Fe_3O_4 和 Fe_2O_3 三种；在 1423～1457℃范围内，稳定存在 Fe_3O_4 和 Fe_2O_3 两种固态铁氧化物；在 1457～1597℃的范围内，只有 Fe_3O_4 是稳定的；1597℃以上的高温区不存在任何固态铁或铁氧化物。这充分说明了铁氧化物的分解或其形成是与温度和氧含量密切相关，且服从逐级转变原则，即：570℃以上，$Fe_2O_3\Leftrightarrow Fe_3O_4\Leftrightarrow$含氧量最大的 $Fe_xO\Leftrightarrow$含氧量最小的 $Fe_xO\Leftrightarrow\alpha-Fe/\gamma-Fe$；570℃以下，$Fe_2O_3\Leftrightarrow Fe_3O_4\Leftrightarrow\alpha-Fe$。

从不同价态铁氧化物晶体结构可知，在铁氧化物低温还原过程中，是 O^{2-} 不断从晶格中溢出，O^{2-} 及 Fe^{3+}、Fe^{2+} 数减少，晶格常数及体积减小，但 $Fe_2O_3\rightarrow$

Fe_3O_4 则是体积膨胀（约 8%）。铁氧化物的结构和磁性如表 2.2 和图 2.4 所示。

表 2.2 铁及铁氧化物的结构和磁性

铁氧化物	晶体结构	磁性结构	磁矩 μ_m/μ_B	磁化率	$T_c(T_N)$/K
Fe	体心立方	铁磁性	—	-1×10^{-3}	1043
Fe_xO	NaCl（面心立方）	反铁磁性	4	$1\times10^{-4}\sim1\times10^{-8}$	198
α-Fe_2O_3	刚玉（六方）	反铁磁性	5	$1\times10^{-4}\sim1\times10^{-8}$	958
γ-Fe_2O_3	带缺陷尖晶石	亚铁磁性	5.0	—	863~945
Fe_3O_4	反尖晶石	亚铁磁性	4.1	$1\times10^{-4}\sim1\times10^{-6}$	850

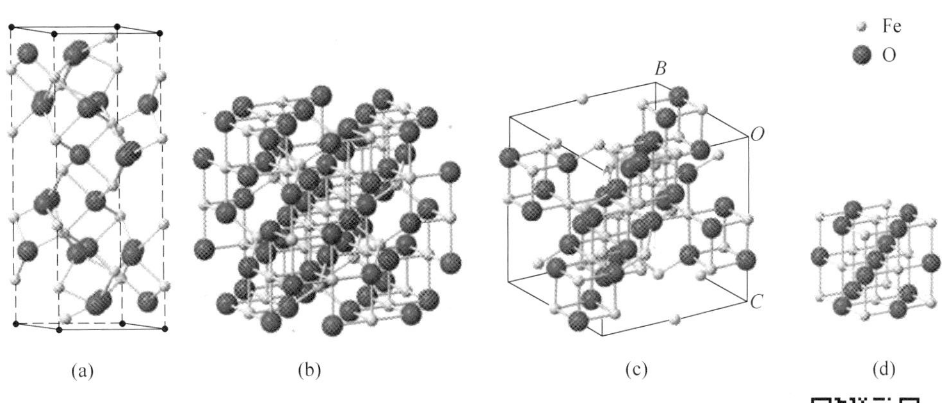

图 2.4 不同价态铁氧化物晶体晶胞结构模型

（a）α-Fe_2O_3；（b）γ-Fe_2O_3；（c）Fe_3O_4；（d）FeO

扫码看彩图

2.2 常规冶金条件下铁氧化物还原的热力学

2.2.1 CO 还原铁氧化物的反应热力学

如前所述，铁氧化物的还原是由高价氧化物向低价逐级进行的，顺序与氧化物生成相反。利用 CO 还原各级铁氧化物的反应方程式及其 $\Delta_r G_m^\Theta$ 如下：

当温度在 570℃以上，$Fe_2O_3 \rightarrow Fe_3O_4 \rightarrow Fe_xO \rightarrow \alpha\text{-}Fe/\gamma\text{-}Fe$

$$3Fe_2O_3(s)+CO \xlongequal{} 2Fe_3O_4(s)+CO_2 \qquad \Delta_r G_m^\Theta = -52131-41.0T \text{ (J/mol)} \tag{2.1}$$

$$Fe_3O_4(s)+CO \xlongequal{} 3FeO(s)+CO_2 \qquad \Delta_r G_m^\Theta = 35380-40.16T\ (J/mol) \tag{2.2}$$

$$FeO(s)+CO \xlongequal{} Fe(s)+CO_2 \qquad \Delta_r G_m^\Theta = -28800+24.26T\ (J/mol) \tag{2.3}$$

当温度在 570℃以下，$Fe_2O_3 \rightarrow Fe_3O_4 \rightarrow \alpha\text{-}Fe$

$$3Fe_2O_3(s)+CO \xlongequal{} 2Fe_3O_4(s)+CO_2 \qquad \Delta_r G_m^\Theta = -52131-41.0T\ (J/mol) \tag{2.4}$$

$$Fe_3O_4(s)+4CO \xlongequal{} 3Fe(s)+4CO_2 \qquad \Delta_r G_m^\Theta = -9832+8.58T\ (J/mol) \tag{2.5}$$

还原反应式（2.1）~式（2.5）的标准吉布斯自由能变化 $\Delta_r G_m^\Theta$ 和平衡常数 K^Θ 的关系、平衡常数 K^Θ 和气相平衡成分［$\varphi(CO_2)$，$\varphi(CO)$，且 $\varphi(CO_2)+\varphi(CO)=100\%$］的关系分别表示为：

$$\Delta_r G_m^\Theta = -RT\ln K^\Theta \tag{2.6}$$

$$K^\Theta = \varphi(CO_2)/\varphi(CO),\ \varphi(CO) = 100/(1+K^\Theta) \tag{2.7}$$

式中 R——气体常数，8.314J/(K·mol)；

T——反应温度，K；

$\varphi(CO_2)$，$\varphi(CO)$——CO_2、CO 气体的体积分数。

将式（2.6）代入式（2.7）中可绘出反应式（2.1）~式（2.5）CO 还原氧化铁的热力学参数平衡图，如图 2.5 所示。图 2.5 中曲线分别是反应式（2.2）、式（2.3）和式（2.5）平衡（$\Delta_r G_m^\Theta = 0$）时 CO 成分与温度的关系线。反应式（2.1）的平衡常数 $K^\Theta \gg 1$，而其 $\varphi(CO) \ll 1\%$，平衡曲线基本与坐标横轴相重合，表示反应式（2.1）实际上是不可逆过程，微量 CO 就很容易使 Fe_2O_3 还原，故图 2.5 中未进行标记。反应式（2.2）、式（2.3）和式（2.5）的 CO 成分与温度的平衡曲线在 $T=570℃$，$\varphi(CO)_{平} = 52.2\%$ 相交于一点，属于 Fe_3O_4、FeO、Fe 三相共析点。

图 2.5 中这些平衡曲线的走向不同，与反应式（2.2）、式（2.3）和式（2.5）的标准焓变 $\Delta_r H_m^\Theta$ 的符号有关，当 $\Delta_r H_m^\Theta > 0$ 时，反应为吸热反应；当 $\Delta_r H_m^\Theta < 0$ 时，反应为放热反应。$\Delta_r H_m^\Theta$ 与平衡常数 K^Θ 和平衡气相成分之间的关系如下：

$$d\ln K^\Theta/dT = \Delta_r H_m^\Theta/(RT^2) \tag{2.8}$$

$$\varphi(CO)_{平} = 100/(1+K^\Theta) \tag{2.9}$$

可知，随温度的升高，吸热反应的 K^Θ 增大，从而 $\varphi(CO)_{平}$ 降低，故反应式（2.2）平衡曲线沿右下降；反之，放热反应的 K^Θ 减小，从而 $\varphi(CO)_{平}$ 增高，反应式（2.3）和式（2.5）平衡曲线沿右上升。

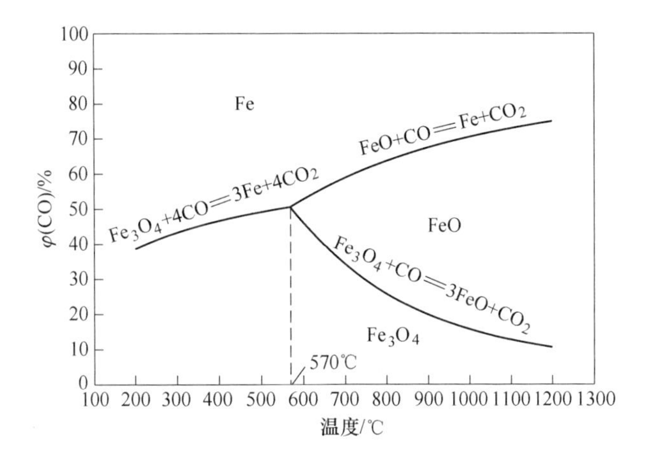

图 2.5 CO 还原氧化铁的平衡图

在 CO 气氛下，发生的由高价铁氧化物转变成低价铁氧化物或者金属铁的失氧反应平衡曲线，将图 2.5 划分为 Fe_3O_4、FeO 及 Fe 三个相稳定存在区。由反应的吉布斯自由能变化 $\Delta_r G_m$ 与气相成分之间的关系：

$$\Delta_r G_m = RT\left\{\ln\left[\frac{\varphi(CO_2)}{\varphi(CO)}\right] - \ln\left[\frac{\varphi(CO_2)}{\varphi(CO)}\right]_{平}\right\} \tag{2.10}$$

可知，当 $\Delta_r G_m<0$ 时，$\varphi(CO)>\varphi(CO)_{平}$，反应式（2.3）和式（2.4）能够正向进行，平衡曲线以上的区域是还原产物（Fe 相）稳定存在区，反应式（2.1）平衡曲线以上的区域是还原产物（Fe_3O_4 相）稳定存在区，反应式（2.2）与式（2.3）平衡曲线之间的区域是还原产物（FeO 相）稳定存在区。因此，在常规冶金条件下，氧化铁逐级还原过程中任一氧化铁转变的方向及最终的相态，取决于温度和气相成分。

2.2.2 CO 的分解反应及铁的渗碳

在气基还原过程中，还原气体中 CO 含量一般都高于平衡成分，处于不稳定状态，会发生 CO 的裂解反应，该反应也称为碳素沉积反应或析碳反应，是碳为 CO_2 气化（Boudouard reaction）的逆反应。

$$2CO = C(s) + CO_2 \qquad \Delta G^{\ominus} = -166550 + 171T\ (J/mol) \tag{2.11}$$

式（2.11）中，CO 的分解反应主要发生在 400~700℃ 的低温区，但 CO 分子键很牢固（1000kJ/mol），这样的温度不能使其键断裂，甚至减弱。但当还原反应终结时，反应体系内气氛的动态平衡被破坏，CO 浓度上升，活性铁的生成对于 CO 的分解反应起到了催化作用，析出的碳吸附或黏结于金属铁表面。这些碳可能以表面沾染的方式存在，也可能溶解在固态铁中或者与固态铁发生反应生成渗碳体，生成渗碳体是使铁增碳最为主要的方式，反应方程如下：

$$3Fe(s) + C(s) = Fe_3C(s) \qquad \Delta_r G_m^\Theta = 11234 - 11.0T \text{ (J/mol)} \tag{2.12}$$

$$3Fe(s) + 2CO(g) = Fe_3C(s) + CO_2(g) \qquad \Delta_r G_m^\Theta = -155316 + 160.0T \text{ (J/mol)} \tag{2.13}$$

在温度超过750℃的高温区（标准状态下最低转化温度为748℃），反应式（2.12）才可能发生，而反应式（2.13）主要发生在温度小于700℃的低温区。可见，在还原温度过高或产物在高温下停留时间过长时，铁会发生渗碳现象；或者在低温高还原势即CO浓度远高于平衡态时，也有利于渗碳反应的进行。

碳在固态铁中的溶解度受温度的强烈影响，在738℃以下，铁以α晶型存在，碳的最高溶解度为0.02%。当温度超过727℃（γ-Fe的最低存在温度）时，碳的溶解度急剧增长，由727℃时的0.77%增加到1150℃时的2.11%（稳定体系）和1147℃时的2.14%（亚稳体系），此为固态铁溶解碳的极限。

CO气氛下，氧化铁的直接还原过程是典型的气固反应。方觉等认为用CO来还原氧化铁，要在热力学稳定状态下得到金属铁，还原温度必须在685℃以上，而理论上固态铁渗碳反应的热力学温度主要在727~1153℃范围内。如图2.6所示，CO分解反应式（2.11）与反应式（2.2）的平衡曲线相交于A点（643℃，40.84%），与反应式（2.3）相交于B点（692℃，58.48%）。说明在高纯氧化铁磁场强化还原过程中，想要减少析碳反应的发生，应该将还原温度控制在$T>700$℃范围内，气相成分控制在CO分解反应的平衡曲线以下。此时CO主要参与了铁氧化物的还原，没有或者仅有少量固定碳的生成，反应式（2.12）在铁矿石气固还原过程中发生的概率较小。因此，在磁场强化还原实验中未考虑CO的分解反应和铁的渗碳。

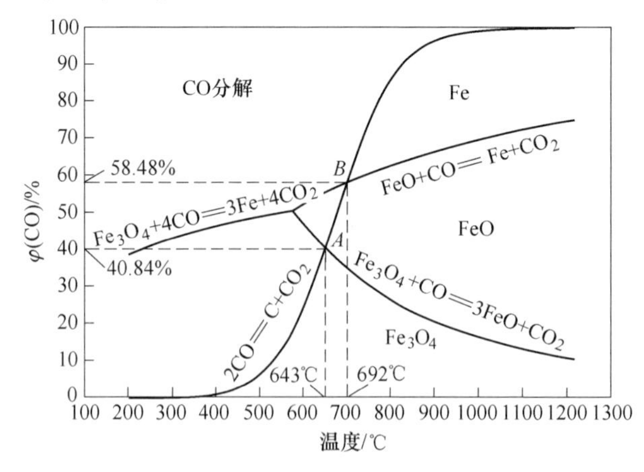

图2.6 CO的分解与铁的渗碳

2.3 磁场作用下CO还原铁氧化物的热力学

2.3.1 化学反应的磁热力学

同一反应体系内部存在大量粒子不同形式的运动，这些运动之间必然存在一定相互作用，它们决定着系统的宏观热力学性质。在经典热力学中，直接采用做功、传热和物质交换等方式描述具有化学反应的系统的平衡性质。但是，当存在磁场时，置于磁场中的反应体系由于其本身的磁偶极矩和磁场之间的相互作用，使得系统在磁场作用下获得了磁场能量。此部分由于外加磁场向体系输入的能量必然使得体系的内能、焓、自由能、吉布斯等热力学函数产生不同的变化，从而对体系的平衡产生影响，所以在研究磁场对铁氧化物失氧反应过程中的相平衡的影响时，可以通过在系统总的自由能变化中引入磁自由能变化进行研究。本节尝试利用经典热力学方法分析和研究稳恒磁场中磁介质的热力学性质，通过建立磁场作用下化学反应热力学模型，对磁场作用下氧化铁还原热力学进行了初步分析。

基于热力学第一定律和第二定律的经典热力学微分方程为：

$$dU = TdS - pdV \tag{2.14}$$

式中 U——系统内能，J；

p——压强，Pa；

S——熵，J/(mol·K)；

V——体积，m^3。

对于多元多相系，系统中如果包含化学反应，体系的平衡性质不仅与温度、压强、体积等宏观可控参量有关，而且还与参加反应的各种化学成分的比例有关。为了完全描述反应体系的热力学性质，需要引入用于反映化学成分变化的物理量，即化学成分的摩尔数和偏摩尔吉布斯函数（又称为化学势）。因此，系统的基本热力学方程写为：

$$dU = TdS - pdV + \sum \mu_i dn_i \tag{2.15}$$

由基本微分方程式（2.15）和吉布斯函数 $G = U - TS + pV$ 得到：

$$dG = - SdT + Vdp + \sum \mu_i dn_i \tag{2.16}$$

式中，μ_i 和 n_i 分别是第 i 种组分的化学势和物质的量。

化学势的物理意义为，在系统的熵和体积不变的情况下，每增加一个粒子系统平均能量的增加值，与化学反应平衡时组元之间的平衡性质密切相关。因此，吉布斯函数可以写为 $G = \sum_i n_i \mu_i$，是反应体系总的化学势能。系统发生热力学运动，实际上是由于系统存在热力学场，即热场、压力场、化学场。如果体系的温度和压强不变，那么反应体系能否发生化学反应取决于系统的化学场，即化学势。在等温等压状态下，$\left(\sum_i n_i \mathrm{d}\mu_i\right)_{T,\ p} = 0$，则吉布斯函数微分方程表示为：

$$\mathrm{d}G = \sum_i n_i \mathrm{d}\mu_i + \sum_i \mu_i \mathrm{d}n_i = \left(\sum_i \mu_i \mathrm{d}n_i\right)_{T,\ p} \tag{2.17}$$

式（2.17）说明化学过程的推动能实际为 $\sum_i \mu_i \mathrm{d}n_i$ 。因此，结合吉布斯函数可以研究化学反应的方向和进行的程度。对于恒温恒压、体系体积功为零时，当 $\mathrm{d}G<0$，化学反应自发沿正向进行；当 $\mathrm{d}G=0$，化学反应处于平衡状态；当 $\mathrm{d}G>0$，化学反应自发沿反向进行。

外加磁场，经典热力学微分方程增加了反映磁场的状态函数。磁场对热力学系统产生的作用通常表示为功，则外加磁场对体系所做的功为：

$$\mathrm{d}W = VH\mathrm{d}B \tag{2.18}$$

式中 H——外加磁场强度，A/m；

B——磁感应强度，T；

V——磁场内磁介质的体积，m^3。

假定介质均匀磁化，总磁化强度 $M = mV$ ，其中 m 为磁介质在磁场作用时单位体积内磁偶极子具有的磁矩矢量和，即磁化强度，A/m。由磁介质原理 $m = kH$ ，其中 k 是体积磁化率，则有 $M = mV = kVH$ 。当 V 取物质摩尔体积 V_m 时，则有 $\chi = kV_\mathrm{m}$ ，$M = \chi H$ ，χ 称为 1mol 介质的摩尔磁化率，$\mathrm{cm^3/mol}$。因此，B、H 和 M 之间的关系为 $B = \mu_0(H + M)$ ，μ_0 是真空磁导率，$\mu_0 = 4\pi \times 10^{-7}\mathrm{H/m}$ 。对于空气介质 $M=0$，在本实验研究中，磁场发生器采用钕铁硼磁体，B 与 H 的关系为 $B = \mu_0 H$ 。

若 H、B 和 m 方向相同，式（2.18）可转化为：

$$\mathrm{d}W = V\mathrm{d}\left(\frac{1}{2}\mu_0 H^2\right) + \mu_0 VH\mathrm{d}m \tag{2.19}$$

式中，右侧第一项为激发空间磁场时外界所做的功，与介质磁化无关；右侧第二项为介质被外加磁场磁化时所做的功。若所讨论的热力学系统只包含磁介质，则外加磁场所做的功只需考虑磁化介质所做的功，即：

$$\mathrm{d}W = \mu_0 VH\mathrm{d}m = \mu_0 H\mathrm{d}M = B\mathrm{d}M$$

因此，磁场作用时体系的热力学基本微分方程和吉布斯函数微分方程分别表示为：

$$\mathrm{d}U = T\mathrm{d}S - p\mathrm{d}V + \sum B\mathrm{d}M + \sum \mu_i \mathrm{d}n_i \tag{2.20}$$

$$\mathrm{d}G = -S\mathrm{d}T + V\mathrm{d}p - \sum M\mathrm{d}B + \sum \mu_i \mathrm{d}n_i \tag{2.21}$$

由式（2.20）和式（2.21）可知，外加磁场时，多元多相体系前后状态变化不仅包含了熵 S、体积 V、组元化学势等热力学参数的变化，而且引入了磁场对磁介质作用所产生的能量变化。对于磁场作用下的化学反应体系，它是典型的化学成分变化的开放系，组元的化学势就为偏吉布斯函数，由磁场磁化产生的能量，使组元的化学势产生了变化，即改变了其吉布斯自由能。因此，应在原吉布斯自由能的基础上再额外加入磁吉布斯自由能，此吉布斯函数实质为磁性介质的热力学势。

设第 i 组分在磁场内摩尔吉布斯自由能为 $G_i^{(B)}$ ，第 i 组分在无磁场时摩尔吉布斯自由能为 G_i ，则令：

$$G_i(B) = G_i^{(B)} - G_i \tag{2.22}$$

式中 $G_i(B)$ ——组元 i 的磁吉布斯自由能。

式（2.22）的物理意义是磁场对1mol第 i 组分物质磁化所做的功，即介质 i 的磁化功，则：

$$G_i(B) = W_B = -\int_0^B M_i \mathrm{d}B = -\int_0^B \chi_i H \mathrm{d}B = -\int_0^B \chi_i \frac{B}{\mu_0}\mathrm{d}B = -\frac{1}{2\mu_0}\chi_i B^2 \tag{2.23}$$

联立式（3.22）和式（3.23）得：

$$G_i^{(B)} = -\frac{1}{2\mu_0}\chi_{M_i} B^2 + G_i \tag{2.24}$$

假设在磁场内发生化学反应 $a\mathrm{A} + b\mathrm{B} \rightleftharpoons d\mathrm{D} + h\mathrm{H}$ ，平衡时各物质活度分别为 a_A、a_B、a_D、a_H，各物质摩尔磁化率分别为 χ_A、χ_B、χ_D、χ_H ，各物质的摩尔吉布斯自由能与其活度的关系为 $G_i = G_i^\Theta(T) + RT\ln a_i$ 。当化学反应达到平衡时，则：

$$\Delta G^{(B)} = dG_\mathrm{D}^{(B)} + hG_\mathrm{H}^{(B)} - aG_\mathrm{A}^{(B)} - bG_\mathrm{B}^{(B)} = 0 \tag{2.25}$$

磁场下纯物质为标准态的组分摩尔吉布斯自由能由式（2.24）得：

$$G_\mathrm{D}^{(B)} = G_\mathrm{D}^\Theta(T) + RT\ln a_\mathrm{D} - \frac{1}{2\mu_0}\chi_\mathrm{D} B^2,\quad G_\mathrm{H}^{(B)} = G_\mathrm{H}^\Theta(T) + RT\ln a_\mathrm{H} - \frac{1}{2\mu_0}\chi_\mathrm{H} B^2$$

$$G_\mathrm{A}^{(B)} = G_\mathrm{A}^\Theta(T) + RT\ln a_\mathrm{A} - \frac{1}{2\mu_0}\chi_\mathrm{A} B^2,\quad G_\mathrm{B}^{(B)} = G_B^\Theta(T) + RT\ln a_\mathrm{B} - \frac{1}{2\mu_0}\chi_\mathrm{B} B^2 \tag{2.26}$$

将式（2.26）代入式（2.25）化简得：

$$\Delta G^{(B)} = dG_\mathrm{D}^\Theta(T) + hG_\mathrm{H}^\Theta(T) - aG_\mathrm{A}^\Theta(T) - bG_\mathrm{B}^\Theta(T) + RT\ln\frac{a_\mathrm{D}^d a_\mathrm{H}^h}{a_\mathrm{A}^a a_\mathrm{B}^b} + \frac{1}{2\mu_0}B^2(a\chi_\mathrm{A} + b\chi_\mathrm{B} - d\chi_\mathrm{D} - h\chi_\mathrm{H}) = 0$$

根据化学平衡定律，可知磁场内化学反应的标准平衡常数为：

$$K^{(B)} = \frac{a_\mathrm{D}^d a_\mathrm{H}^h}{a_\mathrm{A}^a a_\mathrm{B}^b}$$

化学反应的标准磁吉布斯自由能变化为：

$$\Delta G^{\Theta}(B) = \frac{1}{2\mu_0}B^2(a\chi_A + b\chi_B - d\chi_D - h\chi_H)$$

化学反应的标准吉布斯自由能变化为：

$$\Delta G^{\Theta} = dG_D^{\Theta}(T) + hG_H^{\Theta}(T) - aG_A^{\Theta}(T) - bG_B^{\Theta}(T)$$

则磁场下化学反应的吉布斯自由能变化为：

$$\Delta G^{(B)} = -\Delta G^{\Theta} - \Delta G^{\Theta}(B) = RT\ln K^{(B)}$$

因此

$$K^{(B)} = \exp\left[\frac{-\Delta G^{\Theta} - \Delta G^{\Theta}(B)}{RT}\right] \tag{2.27}$$

当磁场为零时，$\Delta G^{\Theta}(B) = 0$，无外加磁场时化学反应的平衡常数为：

$$K = \exp\left(\frac{-\Delta G^{\Theta}}{RT}\right) \tag{2.28}$$

联立式（2.27）和式（2.28）得到有、无磁场时化学平衡常数比为：

$$\frac{K^{(B)}}{K} = \exp\left[\frac{-\Delta G^{\Theta}(B)}{RT}\right] = \exp\left[\frac{B^2}{2\mu_0 RT}(d\chi_D + h\chi_H - a\chi_A - b\chi_B)\right] \tag{2.29}$$

令 $(a\chi_A + b\chi_B - d\chi_D - h\chi_H)$ = 生成物 $\sum n_i\chi_i$ − 反应物 $\sum n_j\chi_j = \sum_P n_P\chi_P$，则式（2.29）化简为：

$$\frac{K^{(B)}}{K} = \exp\left(\frac{B^2}{2\mu_0 RT}\sum_P n_P\chi_P\right) \tag{2.30}$$

由式（2.30）可知，磁场对化学反应产生的影响取决于物质在磁场中产生的响应，即物质的磁性结构及其与磁场的相互作用。因此，可以通过式（2.30）判断磁场对化学反应产生的作用：

（1）$\sum_P n_P\chi_P = 0$，$K^{(B)} = K$，外加磁场对化学反应无影响；

（2）$\sum_P n_P\chi_P > 0$，$K^{(B)} > K$，外加磁场对化学反应产生促进作用；

（3）$\sum_P n_P\chi_P < 0$，$K^{(B)} < K$，外加磁场对化学反应产生抑制作用。

由此可知，化学反应中的产物相磁性越强，并与反应物磁性差异越大，则磁场引入的磁吉布斯自由能更负，整个化学反应的吉布斯自由能也更负，那么磁场的施加越有利于化学反应朝生成该产物方向进行。

2.3.2 磁场作用下 CO 还原铁氧化物热力学初步分析

CO 还原铁氧化物按照 $Fe_2O_3 \to Fe_3O_4 \to Fe_xO \to Fe$ 顺序逐级进行。根据上述热力学分析，磁场和常规条件下 $Fe_2O_3 \to Fe_3O_4$、$Fe_3O_4 \to Fe_xO$、$Fe_xO \to Fe$ 三个反应阶段平衡常数 K 可根据式（2.27）和式（2.28）求出，从而判断外加稳恒磁场对 CO 还原铁氧化物的反应是否存在促进或抑制作用。不同价态铁氧化物的居里温度或者奈尔温度通常小于700℃，金属铁的居里温度为770℃。当还原温度超过700℃时，金属铁和铁氧化物的磁性结构转变为顺磁性，摩尔磁化率一般会随着温度的增加而降低，介于$1\times10^{-3}\sim1\times10^{-8}cm^3/mol$。在本实验研究过程中，CO还原铁氧化物的反应温度均高于700℃，目前这些物质在高温下的摩尔磁化率数据缺乏。

在1223K时不同价态铁氧化物的摩尔磁化率见表2.3。

表2.3 不同价态铁氧化物的摩尔磁化率 (cm^3/mol)

化学式	Fe_2O_3	Fe_3O_4	FeO	Fe	CO	CO_2
χ	5.76×10^{-6}	7.4×10^{-4}	3.29×10^{-8}	9.91×10^{-4}	5.6×10^{-5}	9×10^{-6}

文献给出了Fe的居里常数$C=0.714cm^3/mol$和居里温度$T_c=1043K$，当$T>T_c$时，Fe由铁磁性转变为顺磁性，不同温度下的磁化率可以通过$\chi=\frac{C}{T-T_c}$计算获取，见表2.4。在1223K时，Fe磁化率理论计算值为$3.99\times10^{-3}cm^3/mol$，文献给出的实测值为$0.991\times10^{-3}cm^3/mol$，计算值大于实测值。在1123~1473K温度范围内，根据居里-外斯定律计算的Fe磁化率随温度变化不大，约为$1\times10^{-3}cm^3/mol$。

表2.4 高温下Fe摩尔磁化率的理论计算值

温度/K	1073	1123	1173	1223	1273	1323	1373	1423	1473
$\chi/cm^3\cdot mol^{-1}$	23.9×10^{-3}	8.98×10^{-3}	5.53×10^{-3}	3.99×10^{-3}	3.12×10^{-3}	2.57×10^{-3}	2.18×10^{-3}	1.89×10^{-3}	1.67×10^{-3}

由图2.3可知，当温度超过居里温度T_c后，$1/\chi_{Fe_3O_4}$与T逐渐呈现线性变化，其线性拟合曲线为$1/\chi_{Fe_3O_4}=0.01T-5.28$，$R^2=0.991$。根据拟合曲线计算了973~1473K温度范围内$Fe_3O_4$的摩尔磁化率，其与文献所给出的磁化率相差近1个数量级，计算结果见表2.5。在1123~1473K温度范围内，计算所得的Fe_3O_4磁化率随温度变化不大，约为$1\times10^{-5}cm^3/mol$。

表2.5 高温下Fe_3O_4摩尔磁化率的计算值

温度/K	973	1023	1073	1123	1173	1223
$\chi/cm^3\cdot mol^{-1}$	5.81×10^{-5}	4.51×10^{-5}	3.68×10^{-5}	3.11×10^{-5}	2.69×10^{-5}	2.37×10^{-5}
温度/K	1273	1323	1373	1423	1473	
$\chi/cm^3\cdot mol^{-1}$	2.12×10^{-5}	1.92×10^{-5}	1.75×10^{-5}	1.61×10^{-5}	1.49×10^{-5}	

室温下，气相CO、CO_2摩尔磁化率数据由北京乐氏联创科技有限公司提供，其采用声磁耦合方法可以精确测定气体的磁化率。CO、CO_2是典型的抗磁性气体，摩尔磁化率不随温度发生变化，结果见表2.3。

因此，尝试模拟高温状态下，稳恒磁场对 CO 还原铁氧化物热力学影响的规律。采用式（2.27）和式（2.28）分别计算 $B=1.02\mathrm{T}$ 和 $B=0\mathrm{T}$ 条件下，$Fe_2O_3 \to Fe_3O_4$、$Fe_xO \to Fe$ 及 $Fe_3O_4 \to Fe_xO$ 反应平衡时的标准平衡常数，结果如图 2.7 所示。其中，CO 还原铁氧化物各反应阶段的化学反应见式（2.1）~式（2.5）。Fe_2O_3、FeO 及气相 CO、CO_2 摩尔磁化率采用表 2.3 中的数据，Fe 和 Fe_3O_4 摩尔磁化率分别采用表 2.4 和表 2.5 的数据。可知，外加稳恒磁场，使得处于磁场中的不同价态铁氧化物产生磁矩，这部分由于介质磁化产生的能量，对 CO 还原铁氧化物的反应平衡状态产生影响。由图 2.7 可知，对 $Fe_2O_3 \to Fe_3O_4$ 和 $Fe_xO \to Fe$ 反应，$K^{(B)} > K$，磁场提高了反应的标准平衡常数，说明施加磁场使 $Fe_2O_3 \to Fe_3O_4$、$Fe_xO \to Fe$ 的还原在较低温度或者较低还原势下就能进行；对于反应 $Fe_3O_4 \to Fe_xO$，$K^{(B)} < K$，外加磁场降低了反应的平衡常数。这说明，化学反应中的产物相的磁性越强，那么磁场的施加就越有利于化学反应朝生成该产物方向进行。

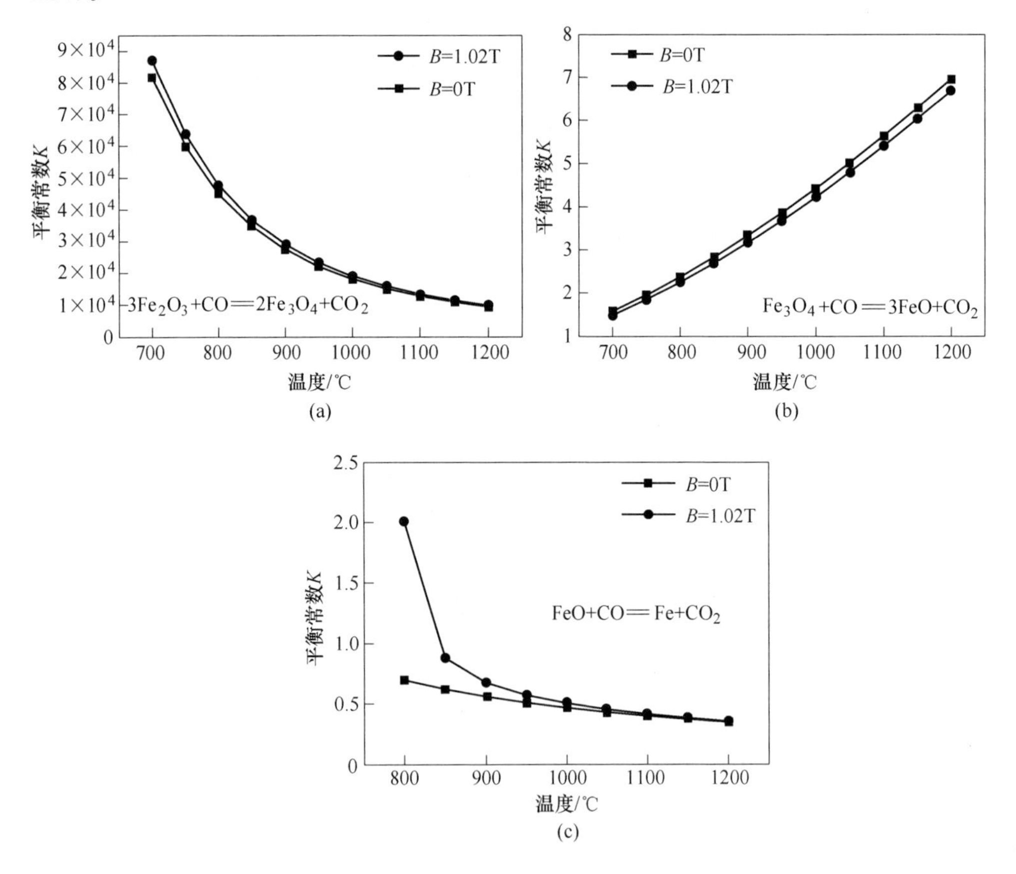

图 2.7 磁场和无磁条件下，不同反应阶段平衡常数随时间的变化

无论外加磁场对化学反应的平衡状态产生何种作用，其产生的热效应均较弱，而且随着温度升高磁场对反应体系产生的能量效应衰减为零。在浮氏体还原生成金属铁的过程中，在居里温度点附近金属铁内部仍然存在着局部磁矩的短程有序状态，使得其在800℃时，磁场对反应平衡影响作用较明显，$K^{(B)}=2.88K$。随后，当温度升高时，Fe的磁化率降低，而体系的热力学势升高，磁场对化学反应平衡的影响开始减弱，趋近于零。可见，磁场对化学反应产生的热力学效应与反应物、生成物的磁性结构密切相关，同时取决于外磁场的强度和反应的热力学条件。

2.4 铁氧化物力磁耦合效应的基础理论研究

2.4.1 磁介质力学效应和磁效应的热力学

众所周知，任何物质处于外磁场中由于受到力和力矩的作用而显示出磁性。利用热力学唯象理论可以获得这些材料的力、磁之间的相互作用。从2.2节对化学反应的磁热力学分析中可知，对于多元多相的开放系统，磁介质的热力学基本微分方程式为：

$$dU = TdS - pdV + \sum BdM + \sum \mu_i dn_i \tag{2.31}$$

$$dG = -SdT + Vdp - \sum MdB + \sum \mu_i dn_i \tag{2.32}$$

为了单纯考虑外加磁场对材料性质的影响，消除化学反应过程中产生的热应力、热应变、化学应力、应变等对材料的作用，采用单相单组元封闭体系进行磁介质力、磁混合效应的热力学分析，此时描述磁、热、力混合效应的基本方程仍是磁介质的热力学基本微分方程：

$$dU = TdS - pdV + \sum BdM \tag{2.33}$$

$$dG = -SdT + Vdp - \sum MdB \tag{2.34}$$

式中，吉布斯函数G是以T、p和B为自变量的特性函数，令$G=G$（T、p、B），其全微分为：

$$dG = \left(\frac{\partial G}{\partial T}\right)_{p,\,B} dT + \left(\frac{\partial G}{\partial p}\right)_{T,\,B} dp + \left(\frac{\partial G}{\partial B}\right)_{T,\,p} dB \tag{2.35}$$

将式（2.35）与式（2.34）相比较，可以给出材料在外加磁场中力磁效应的麦克斯韦关系式：

$$\left(\frac{\partial V}{\partial B}\right)_{T,\,p} = -\mu_0 \left(\frac{\partial M}{\partial p}\right)_{T,\,B} \tag{2.36}$$

式（2.36）中的两个偏微分分别表示磁致收缩和压磁效应，而这两个效应都是力、磁混合效应。所以，式（2.36）是表示两个力磁混合效应之间的关系，即磁致收缩和压磁效应的关系。

对于组元不变的封闭体系，当温度和磁场保持不变时，采用压缩系数 $\kappa_{T,B} = -\frac{1}{V}\left(\frac{\partial V}{\partial p}\right)_{T,B}$ 来说明介质应力与应变的关系；当温度和压强不变时，通常采用介质的磁化率来描述介质磁场与磁矩的关系，即 $\chi_{T,p} = \left(\frac{\partial M}{\partial B}\right)_{T,p}$。这两个物理量仅给出介质单一的力学效应和磁效应，对于力、磁之间的相互作用未加以说明。现在进一步讨论力、磁之间的混合效应。

令温度 T 保持不变，则 $V = V(p, B)$，其全微分为：

$$\mathrm{d}V = \left(\frac{\partial V}{\partial p}\right)_B \mathrm{d}p + \left(\frac{\partial V}{\partial B}\right)_p \mathrm{d}B \tag{2.37}$$

两边除以 $\mathrm{d}p$，并令 M 不变，则有：

$$\left(\frac{\partial V}{\partial p}\right)_M = \left(\frac{\partial V}{\partial p}\right)_B + \left(\frac{\partial V}{\partial B}\right)_p \left(\frac{\partial B}{\partial p}\right)_M \tag{2.38}$$

定义 $\kappa_M = -\frac{1}{V}\left(\frac{\partial V}{\partial p}\right)_M$，并将 $\kappa_{T,B} = -\frac{1}{V}\left(\frac{\partial V}{\partial p}\right)_{T,B}$ 及式（2.36）代入式(2.38)，得：

$$\kappa_M - \kappa_B = \frac{\mu_0}{V}\left(\frac{\partial M}{\partial p}\right)_B \left(\frac{\partial B}{\partial p}\right)_M \tag{2.39}$$

由 $\left(\frac{\partial x}{\partial y}\right)_z \left(\frac{\partial y}{\partial z}\right)_x \left(\frac{\partial z}{\partial x}\right)_y = -1$，且 $\chi_{T,p} = \left(\frac{\partial M}{\partial B}\right)_{T,p}$，可知：

$$\left(\frac{\partial B}{\partial p}\right)_M = -\left(\frac{\partial B}{\partial M}\right)_p \left(\frac{\partial M}{\partial p}\right)_B = -\frac{1}{\chi_p}\left(\frac{\partial M}{\partial p}\right)_B \tag{2.40}$$

将式（2.40）代入式（2.39）得：

$$\kappa_B - \kappa_M = \frac{\mu_0}{V\chi_p}\left(\frac{\partial M}{\partial p}\right)_B^2 \tag{2.41}$$

式（2.41）给出了温度 T 不变时压缩系数，即应变与应力之比这一力学效应与压磁效应之间的关系。

同样，在温度不变的条件下，令 $M = M(p, B)$，定义等容磁化率 $\chi_V = \left(\frac{\partial M}{\partial B}\right)_V$，可以得到：

$$\chi_p - \chi_V = \frac{\mu_0}{V\kappa_B}\left(\frac{\partial M}{\partial p}\right)_B^2 \tag{2.42}$$

式（2.42）描述了磁现象与压磁效应或磁致收缩效应之间的关系。比较式（2.41）和式（2.42）得到：

$$\frac{\kappa_B}{\kappa_M}=\frac{\chi_p}{\chi_V} \tag{2.43}$$

压缩系数 κ_B 、κ_M 是单纯的力学效应，而磁化率χ_p 、χ_V 的产生是单纯的磁效应，热力学关系式（2.43）给出了磁介质内部的力学效应和磁效应之间的关系。

2.4.2 磁介质内部的能量变化

2.4.1 节磁介质力磁效应的热力学分析指出，在材料磁化程度和机械变形之间存在着一种耦合效应。在外部磁场的作用下，材料原子磁矩在一微小区域内进行有序排列，此种有序化会使材料的体积产生膨胀或收缩。引起晶体变形的能量包括晶体中电子自旋间的交换能、磁晶各向异性能、磁弹性能和外磁场能，在磁介质内部这些能量或者全部存在或者部分存在。一般为使介质结构达到最稳定状态，各种相互作用的能量总和达到最低的状态。磁介质内部的总能量表示为：

$$E=E_{\mathrm{ex}}+E_{\mathrm{k}}+E_{\sigma}+E_{\mathrm{H}} \tag{2.44}$$

式中 E_{ex} ——电子自旋间的交换能；
E_{k} ——磁介质的磁晶各向异性能；
E_{σ} ——磁介质磁弹性能；
E_{H} ——外磁场能。

交换能 E_{ex}是磁介质内相邻电子之间的交换及其与电子自旋的相互作用产生的能量，表达式为：

$$E_{\mathrm{ex}}=-2\sum A_{ij}\boldsymbol{S}_i\boldsymbol{S}_j \tag{2.45}$$

式中 $\boldsymbol{S}_i$，$\boldsymbol{S}_j$——分别为相邻的第 i 个和第 j 个原子的总自旋矢量；
A_{ij} ——相邻电子之间的交换积分，与电子之间的距离、电子各自与其原子核的距离及波函数的形式有关。

奈尔据式（2.45）给出交换积分 A 与两近邻电子接近距离的关系，说明若交换作用使两原子所受的力为，$-\frac{\partial E_{\mathrm{ex}}}{\partial d}\sim\frac{\partial A}{\partial d}>0$，将使两原子间距 d 变大；反之，原子间距变小。顺磁性物质近邻原子交换作用很弱，交换能 E_{ex} 很小。

磁介质的各向异性能 E_{k} 来源于介质晶格结构的各向异性，电子轨道运动和晶格结构的相互作用导致晶体沿各个方向的磁化难易程度不同，体现了晶体结构的各向异性对电子运动的约束作用。沿晶体不同方向所需要的磁化能量差值称为磁晶各向异性能，是随磁化矢量方向不同而变化的能量。

对立方晶系，各向异性能表达式为：

$$E_k = K_1(\alpha_1^2\alpha_2^2 + \alpha_2^2\alpha_3^2 + \alpha_3^2\alpha_1^2) + K_2\alpha_1^2\alpha_2^2\alpha_3^2 \tag{2.46}$$

对六方晶系（单轴晶体），各向异性能表达式为：

$$E_k = K_1\sin^2\theta + K_2\sin^4\theta \tag{2.47}$$

式中 K_1, K_2——各向异性常数，Fe^{2+}、Fe^{3+}的 K_1 随着温度的升高逐渐趋于零，结构对称性高的立方晶系的磁晶各向异性小于结构对称性低的六方晶系；

θ——磁化方向与六方晶系易磁化轴［0001］之间的夹角；

α_1，α_2，α_3——磁化矢量方向与立方晶系三个易磁化晶轴（［100］、［010］、［001］）之间夹角的余弦。

磁弹性能 E_σ 是指在晶体形变过程中磁性与弹性之间的耦合作用，与自发磁化和外磁场的作用有密切关系。对于顺磁性材料来说，自发磁化时，在一微小区域内的（任一磁畴内）原子磁矩沿某一方向排列，使晶胞在磁化方向伸长（或缩短），但整个材料内部是大量磁畴的集合体，每个方向不一致，使得材料外形尺寸未发生变化。当施加外磁场时，磁介质晶体内的磁化矢量偏离易磁化轴方向，与外磁场方向保持一致，在产生磁晶各向异性能的同时发生微小的形变（伸长或缩短）如图 2.8 所示。显然这种伸缩会在磁性材料内部产生内应力，即具有了弹性位能，从而影响磁化，将这种由于形变引起磁性变化所产生的能量称为磁弹性能。

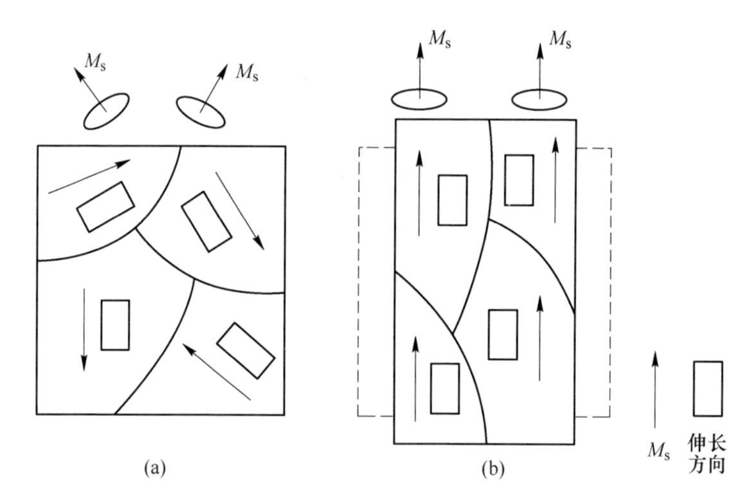

图 2.8 磁介质磁致伸缩原理示意图

（a）$H=0$（自发磁化）；（b）$H=H_s$（饱和磁化）

从物理意义上说，磁弹性能就是内应力 σ 在伸缩方向上所做的功。磁弹性能 E_σ 表示为：

$$E_\sigma = -\sigma\left(\frac{\Delta l}{l}\right)_\sigma \tag{2.48}$$

对立方晶体结构的材料，则有：

$$E_\sigma = -\frac{3}{2}\lambda_{100}\sigma(\alpha_1^2\gamma_1^2 + \alpha_2^2\gamma_2^2 + \alpha_3^2\gamma_3^2) - 3\lambda_{111}\sigma(\alpha_1\alpha_2\gamma_1\gamma_2 + \alpha_2\alpha_3\gamma_2\gamma_3 + \alpha_3\alpha_1\gamma_3\gamma_1)$$

当 $\lambda_{100} = \lambda_{111} = \lambda_s$，上式可简化为：

$$E_\sigma = -\frac{3}{2}\lambda_s\sigma\cos^2\theta \tag{2.49}$$

式中 σ——内应力强度；

γ_1，γ_2，γ_3——应力作用方向与三个晶轴间夹角的余弦；

λ_{100}，λ_{111}——磁致伸缩系数；

λ_s——饱和磁致伸缩系数；

α_1，α_2，α_3——磁化方向与三个晶轴间夹角的余弦；

θ——磁化方向与应力作用方向之间的夹角；

负号——内应力 σ 与伸缩方向相反。

当磁介质处于外磁场中时，介质与外磁场相互作用的能量称为外磁场能 E_H，也称为磁化能，表达式为：

$$E_H = -\mu_0 M_s H\cos\theta \tag{2.50}$$

式中 M_s——材料的饱和磁化强度；

H——外加磁场强度；

θ——M_s 与 H 之间的夹角。

按照热力学的能量平衡理论，在平衡条件下，外加磁场对磁介质进行磁化的实际状态，必定是磁介质内各种能量之和，即总自由能等于最小值。当磁畴受磁场作用将发生磁矩转动时，设磁畴的易磁化方向与所加磁场方向之间的夹角为 θ_0。磁矩在原易磁化方向上，受外磁场的作用转了一个小角 θ，此时外磁场能为：

$$E_H = -\mu_0 M_s H\cos(\theta_0 - \theta) \tag{2.51}$$

式（2.51）比磁矩在易磁化方向时的数值 $-\mu_0 M_s H\cos\theta_0$ 要小。θ 越大，磁化能越小，如果没有其他阻碍，磁矩会继续转动，直到 $\theta = \theta_0$ 为止。但磁矩转动时，磁晶各向异性能要起作用，对单轴晶体，磁晶各向异性能可近似表示为 $E_k = K_1\sin^2\theta$。这样单位体积中的总自由能是磁晶各向异性能 E_k 和外磁场能 E_H 之和，即：

$$E = E_k + E_H = K_1\sin^2\theta - \mu_0 M_s H\cos(\theta_0 - \theta) \tag{2.52}$$

对式（2.52）求极小值，令 $\frac{dE}{d\theta} = 0$ 得：

$$\frac{dE}{d\theta} = 2K_1\sin\theta\cos\theta - \mu_0 M_s H\sin(\theta_0 - \theta) = 0 \tag{2.53}$$

在弱磁场下，磁矩转动的角度 θ 很小，所以式（2.53）中，$\sin\theta \approx \theta$，$\cos\theta \approx 1$，$\sin(\theta_0 - \theta) \approx \sin\theta_0$，于是式（2.53）可简化为：

$$\theta = \frac{\mu_0 M_s H}{2K_1} \sin\theta_0 \tag{2.54}$$

另外，在磁场方向的磁化强度为：

$$M = M_s \cos(\theta_0 - \theta) \tag{2.55}$$

由式（2.54）和式（2.55）可计算材料起始磁化率：

$$\chi = \left(\frac{\mathrm{d}M}{\mathrm{d}H}\right)_{H\to 0} = M_s \sin(\theta_0 - \theta)\frac{\mathrm{d}\theta}{\mathrm{d}H} \approx M_s \sin\theta_0 \frac{\mathrm{d}\theta}{\mathrm{d}H} = \frac{\mu_0 M_s^2}{2K_1}\sin^2\theta_0 \tag{2.56}$$

式（2.56）是一个磁畴的起始磁化率。在多晶体中，各磁畴的易磁化方向分散在各个方向，θ_0 有各种数值。假定多晶体只有畴转过程，各磁畴的易磁化方向是均匀分布的，把式（2.56）对 θ_0 求平均值得多晶体磁化率公式为：

$$\chi_{(多晶)} = \bar{\chi} = \frac{\mu_0 M_s^2}{2K_1} \times \frac{1}{4\pi}\int_0^{2x}\int_0^{x} \sin^2\theta_0 \sin\theta_0 \mathrm{d}\theta_0 \mathrm{d}\phi = \frac{\mu_0 M_s^2}{2K_1} \times \frac{2}{3} = \frac{\mu_0 M_s^2}{3K_1} \tag{2.57}$$

当铁磁体中存在应力时，如同磁各向异性那样，对磁矩转动起到阻碍作用。此时对材料磁化的影响需考虑应力能。设外加磁场方向与应力方向之间的角度 θ_0 在磁场作用下，饱和磁矩转了一个角度 θ，此时应力能就是式（2.49），按照上面的推导过程得到均匀应力作用区域的起始磁化率为：

$$\chi = \frac{\mu_0 M_s^2}{2\left(\frac{3}{2}\lambda_s \sigma\right)} \sin^2\theta_0 \tag{2.58}$$

如果材料中各部分的应力分散在各方向上，则需求出 χ 对方向的平均值，由 $\sin^2\theta_0$ 的平均值为 2/3，可得磁化率为：

$$\chi = \frac{\mu_0 M_s^2}{2\left(\frac{3}{2}\lambda_s \sigma\right)} \times \frac{2}{3} = \frac{2\mu_0 M_s^2}{9\lambda_s \sigma} \tag{2.59}$$

磁性材料在外加磁场作用下发生磁化，由于磁性原子间的交换相互作用，晶格点阵将发生畸变，磁畴发生形变，使得样品中的结构缺陷增多，整个介质出现磁致伸缩效应，在宏观上表现为疏松程度和外形尺寸的变化。

2.4.3 磁场下铁氧化物的晶格变形

材料被磁化时，在外磁场下体系磁性原子间的交换相关作用过程发生改变。从力的角度分析，内部会产生应力，在应力的作用下，材料内部的晶格发生了伸长或歪扭；而从热力学能量极小的角度分析，内部会产生与磁场相关的能量，为使体系能量达到最小，与材料形状有关的磁晶各向异性能和磁弹性能将减小，进而产生形状和大小的改变，包括长度方向的变化和体积大小的变化。无论是从能量的角度，还是从应力应变的角度出发，当应力的值达到或超过材料的极限时，材料就可能发生过度变形、开裂、断裂或失稳等破坏现象。对于氧化铁气固反应体系，如果在反应过程中反应物或者产物发生变形出现裂纹、缩孔等现象，就会改善气体在固体介质中的扩散条件，从而加快反应速度。由前述分析可知，材料的变形量与介质磁化性能有密切关系。而物质的宏观性质从根本上决定于微观状态，微观状态的改变是分析物质宏观性质的基础。因此，本小节尝试通过分析磁场处理下，不同晶体结构铁氧化物晶格常数和晶胞体积的变化，从力磁效应角度来考察磁场对于材料晶体变形的影响。

2.4.3.1 晶格常数的精确计算

磁场和温度会导致铁氧化物晶体结构发生不同程度的晶格畸变，进而对样品的晶面间距、晶格常数、晶胞体积等晶胞参数产生影响，这种晶格形变在宏观上表现为外形尺寸上的伸长或缩短。

借助 X 射线衍射仪可观测晶体的内部结构，从而解决冶金、材料、化工等领域中的许多问题，例如测量应力、确定固溶体类别等问题，都需要进行晶格常数的测定。但晶格常数的变化通常都很小（约为 1×10^{-5} nm 数量级），因此对晶格常数的精确计算就变得尤为重要。

A 误差的来源

用 X 射线衍射法测定物质的晶格常数 a，是通过测定某镜面的掠射角 θ 来计算的。以立方系晶体为例：

$$a=\frac{\lambda\sqrt{H^2+K^2+L^2}}{2\sin\theta} \tag{2.60}$$

式中，波长 λ 精确测定到有效数字 7 位，在常见的测定中，认为 λ 值没有误差；干涉面指数 HKL 是整数，没有误差。因此，$\sin\theta$ 的精度决定了晶格常数的精确性，需要准确的仪器和方法测定 θ 角。

B 外推函数法——消除角度的误差（系统误差）

实际计算时，往往需要高角度的 θ 值，其对应的 $\sin\theta$ 值相对精确，而实际所得的衍射线，包含低角度与高角度峰值，可以通过外推法使其接近理想峰值。例如，根据图谱中各衍射峰对应的 θ 角计算出晶格常数 a 值。然后以 θ 为横坐标，a 为纵坐标，将数据点连接成线，并将曲线与 $\theta=90°$ 处的纵坐标相截，则截点所对应的 a 值即为精确的晶格常数值。

曲线外延法存在一定误差，故需要找到一个包含 θ 的函数值作为横坐标，但是在不同条件下选取的外推函数不同。本实验条件衍射角度在 10°~90°范围内，需要选取适用于低衍射角度的外推函数。尼尔逊（J. B. Nelson）找到了适用范围很广的函数 $a=\frac{1}{2}\left(\frac{\cos^2\theta}{\sin\theta}+\frac{\cos2\theta}{\theta}\right)$。

C 最小二乘法——消除各峰值测量 a 值的误差（偶然误差）

对一个物理量作 n 等分，结果为 L_1，…，L_i，…，L_n。通常，采用算术平均

值 $L = \sum L_i/n$ 作为该物理量的“真值”。若根据最小二乘法的原理来看，L 并非精确值。$L-L_i$ 称为残差或误差。选用最小二乘法确定的 L 值可使各次测量误差的平方和为最小，即误差最小。

将计算所得 $f(\theta)$ 的值作为 x，a 值作为 y 代入式（2.61）和式（2.62）：

$$\sum y = \sum a + b\sum x \tag{2.61}$$

$$\sum xy = a\sum x + b\sum x^2 \tag{2.62}$$

最后联立式（2.61）和式（2.62）计算 a 值，所得的 a 是当 $\theta = 90°$ 时的值。外推函数法消除了系统误差，而偶然误差也通过最小二乘法拟合消除，此时的 a 就是晶格常数的精确值。

2.4.3.2 无化学反应参与的晶格变形

实验使用分析纯试剂 Fe_2O_3、Fe_3O_4、FeO 和 Fe，所用试剂具体成分见表 2.6。

表 2.6 铁及铁氧化物化学成分（质量分数） （%）

铁及铁氧化物	纯度	总氮量	硫酸盐	盐酸不溶物	重金属	硫化铵不沉淀物	水溶物
Fe	≥98	≤0.005	≤0.06	≤0.1	≤0.005	—	≤0.03
Fe_2O_3	≥99	≤0.005	≤0.08	≤0.02	≤0.01	≤0.2	≤0.1
Fe_3O_4	≥99	≤0.005	≤0.08	≤0.02	≤0.01	≤0.1	≤0.2
FeO	≥95	—	—	—	—	—	—

将分析纯氧化铁和氧化亚铁块状样品，在不同处理条件（见表 2.7）下进行处理，处理后的样品通过 X 射线衍射分析获取铁氧化物的晶体结构变化特征。实验条件：测量温度为室温，加速电压 40kV，电流 40mA，Cu 靶，波长 0.154nm，扫描起止角度为 10°～90°，扫描速度 2°/min。

表 2.7 磁热处理条件

序号	温度 T/K	磁感应强度 B/T	时间 τ/min
1	室温	0	30
2	室温	1.02	30
3	1073	1.02	30
4	1073	0	30

晶体 X 射线衍射的布拉格方程一般表示为：

$$n\lambda = 2d\sin\theta \tag{2.63}$$

式中 d——两晶面的面间距；

θ——X 射线与晶面间的夹角；

n——衍射级数，一般 $n=1$；

λ——X 射线的波长。

Fe_2O_3 为密排六方结构，$R\bar{3}C$ 空间群，其晶格常数（点阵常数）$a_1=a_2=a_3\neq c$，六方晶系的晶面间距公式为：

$$d_{hkl}=\frac{1}{\sqrt{\frac{4}{3}\frac{h^2+hk+k^2}{a^2}+\frac{l^2}{c^2}}} \tag{2.64}$$

其他价态铁氧化物（Fe_3O_4、Fe_xO、Fe）晶体结构均属于立方晶系，点阵常数 $a=b=c$，则其面间距公式为：

$$d_{hkl}=\frac{1}{\sqrt{h^2+k^2+l^2}} \tag{2.65}$$

根据 XRD 微结构数据，利用布拉格方程得到晶面指数（hkl）及对应的晶面间距（d），通过式（2.64）和式（2.65）可以计算六方晶系和立方晶系铁氧化物相应晶面的点阵常数（晶格常数 a/c），然后用外推函数法和最小二乘法拟合计算，可以消除衍射角度和各晶面计算所得 a 值带来的误差，得到晶格常数的真实值。晶格常数单位为纳米（nm）或埃（Å）[1]。

六方晶系和立方晶系晶胞体积 V 的表达式分别为：

$$V=a^2c\sin 120^\circ \tag{2.66}$$

$$V=a^3 \tag{2.67}$$

不同处理条件下 Fe_2O_3 晶体的 X 射线衍射图谱如图 2.9 所示，Fe_2O_3 晶体晶胞参数信息见表 2.8。

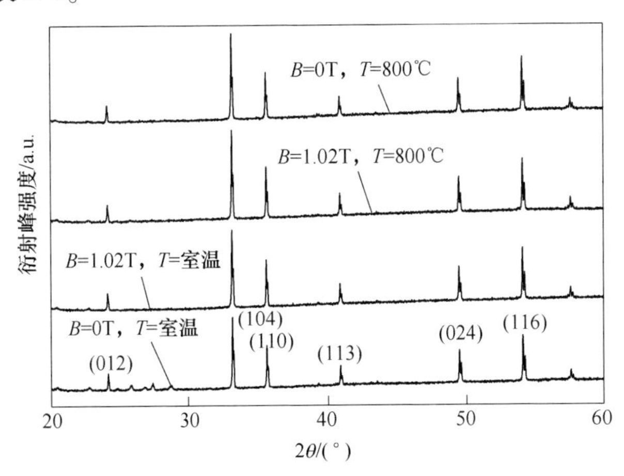

图 2.9 室温和 800℃时，磁热处理后 Fe_2O_3 样品的 X 射线衍射图谱

[1] 1Å=0.1nm。

表 2.8 不同处理条件下 Fe_2O_3 晶胞参数

处理条件①	hkl	2θ /(°)	d /nm	a /nm	c /nm	a 平均值 /nm	c 平均值 /nm	c/a	V 平均值 /nm^3
1	012	24.182	0.36774	0.50273	1.37390	0.50322	1.37143	2.72531	0.300751
	104	33.195	0.26966	0.50273	1.37390				
	110	35.656	0.25159	0.50318	—				
	113	40.889	0.22053	0.50473	1.36058				
	024	49.488	0.18403	0.50355	1.37252				
	116	54.098	0.16938	0.50238	1.37628				
2	012	24.163	0.36802	0.50321	1.37437	0.50347	1.37304	2.72715	0.301403
	104	33.175	0.26982	0.50321	1.37437				
	110	35.633	0.25175	0.50349	—				
	113	40.869	0.22063	0.50427	1.36726				
	024	49.472	0.18409	0.50358	1.37375				
	116	54.082	0.16943	0.50305	1.37546				
3	012	24.163	0.36802	0.50321	1.37437	0.50354	1.37343	2.72755	0.301573
	104	33.175	0.26982	0.50321	1.37437				
	110	35.633	0.25175	0.50349	—				
	113	40.869	0.22063	0.50427	1.36726				
	024	49.472	0.18409	0.50358	1.37375				
	116	54.082	0.16943	0.50305	1.37546				
4	012	24.167	0.36796	0.50316	1.37376	0.50334	1.37305	2.72788	0.301250
	104	33.186	0.26973	0.50316	1.37376				
	110	35.645	0.25167	0.50344	—				
	113	40.884	0.22055	0.50379	1.36955				
	024	49.475	0.18407	0.50365	1.37294				
	116	54.093	0.16940	0.50295	1.37523				

① 处理条件见表 2.7。

在铁氧化物固态还原过程中，Fe_2O_3 以 $\alpha-Fe_2O_3$ 六方晶型结构出现。$\alpha-Fe_2O_3$ 具有反铁磁性结构，只有在奈尔温度附近磁性较强。在低于奈尔温度或者高于奈尔温度情况下，宏观均表现为弱磁性。在室温下，施加 $B=1.02T$ 稳恒磁场对 $\alpha-Fe_2O_3$ 进行磁场处理，其衍射峰出现的位置与未处理的样品相比较，均向小角度偏移，意味着 $\alpha-Fe_2O_3$ 晶胞发生了膨胀，如图 2.9 所示。根据磁性理论，施加外磁场时，只要各向异性能的减少大于弹性能的增加，就可能通过原子间距的变化使得晶体结构发生畸变。也就是说，处于顺磁态的 Fe 原子分布在晶格上，会因自旋磁矩与轨道磁矩之间相互作用耦合，而受到近邻原子的晶体场作用，使电子轨道磁矩失去了在空间方向的对称性，电子云的分布变为各向异性的形状，即产生了电子自旋间各向异性相互作用能量，表现为外磁场条件下所发生的磁化效应将使自旋簇旋转，发生了磁致伸缩效应，改变了铁氧化物晶胞体积。

通过对晶面间距、晶格参数和晶胞体积的计算，发现 α-Fe_2O_3 晶胞沿着四个晶轴方向均有所伸长，c 轴拉伸的程度最强，轴比 c/a 随磁感应强度和温度的增大呈单调上升，晶胞体积平均增长了 $0.652 \times 10^{-3} nm^3$。与 $B=0T$，$T=1073K$ 处理条件下获取的 α-Fe_2O_3 晶胞参数相比，磁场与温度产生的晶格畸变程度相当，说明 $B=1.02T$ 磁场对 α-Fe_2O_3 晶体做的功相当于温度升高到 1073K 时产生的热能。

将制备好的致密 Fe_xO 样品经过打磨、抛光、清洗等处理后，在不同条件下（见表 2.7）进行磁场热处理。为了防止浮氏体氧化，采用高纯氮气进行保护。磁热处理后的样品通过 X 射线衍射分析（XRD）获取 Fe_xO 晶体微结构数据，如图 2.10 所示。Fe_xO 晶体晶胞参数信息见表 2.9。

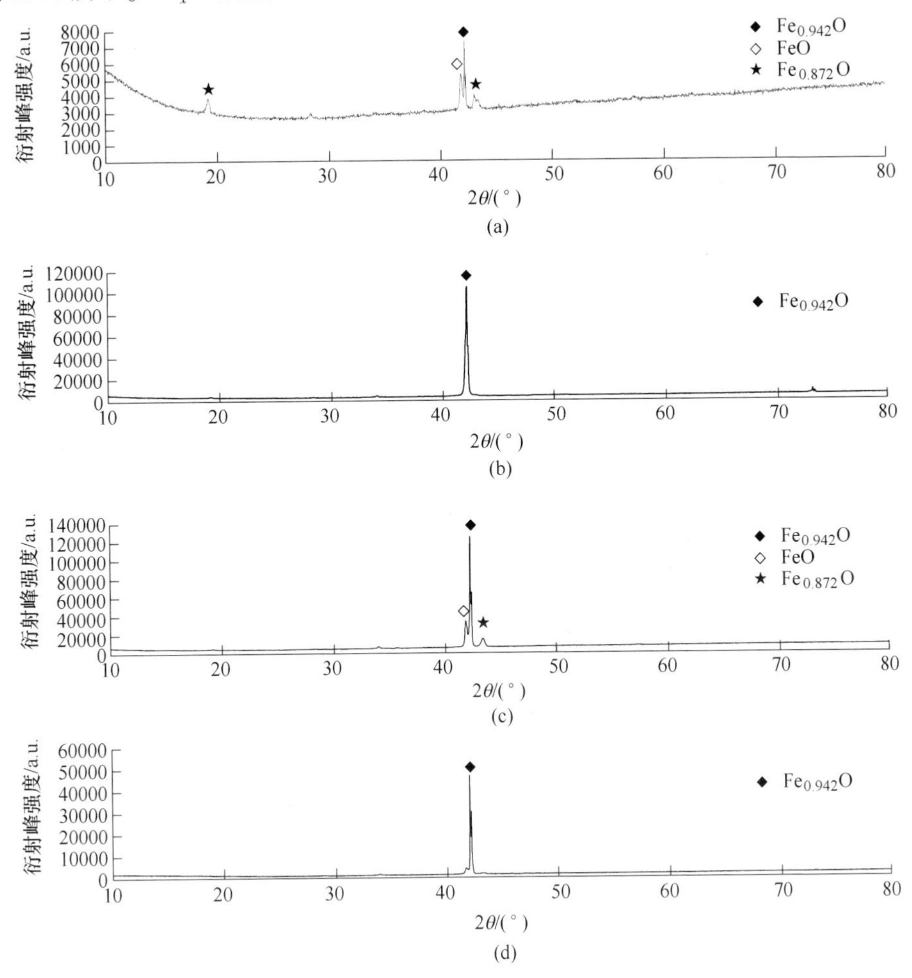

图 2.10 室温和 800℃时，磁热处理后 Fe_xO 晶体的 X 射线衍射图谱

（a）$B=0T$，T=室温，$t=30min$；（b）$B=1.02T$，T=室温，$t=30min$；（c）$B=0T$，$T=1073K$，$t=30min$；（d）$B=1.02T$，$T=1073K$，$t=30min$

表 2.9 不同处理条件下 Fe_xO 晶体晶胞参数

处理条件①	晶面指数（hkl）	2θ/(°)	d/nm	a/nm	V/nm^3
1	200	42.158	0.21417	0.42835	78.595×10^{-3}
2	200	42.146	0.21423	0.42846	78.656×10^{-3}
3	200	42.039	0.21475	0.42950	79.230×10^{-3}
4	200	42.241	0.21377	0.42754	78.150×10^{-3}

①处理条件见表 2.7。

Fe_xO 是具有面心立方晶格的反铁磁性物质，宏观上表现为顺磁性，奈尔转变温度为 198K，只有在极低温度下才能表现出铁磁性。在本实验处理条件下，Fe_xO 具有明显的择优取向，(200) 晶面衍射峰最强。从图 2.11 看出，800℃时，延长处理时间（60min 和 90min），在施加中等强度（$B=1.02$T）稳恒磁场后，(200) 晶面衍射峰沿小角度方向发生明显偏移。说明在不同处理时间下，外磁场均可以使 Fe_xO 晶面间距增加，晶胞体积增大，如图 2.12 所示。例如：与未进行处理的试样（处理条件 1）相比较，室温下 $\Delta\theta=-0.012°$，$\Delta d=0.00006$nm，$\Delta a=0.00011$nm，$\Delta V=0.061\times10^{-3}nm^3$；1073K 时 $\Delta\theta=-0.119°$，$\Delta d=0.00058$nm，$\Delta a=0.00115$nm，$\Delta V=0.635\times10^{-3}nm^3$。

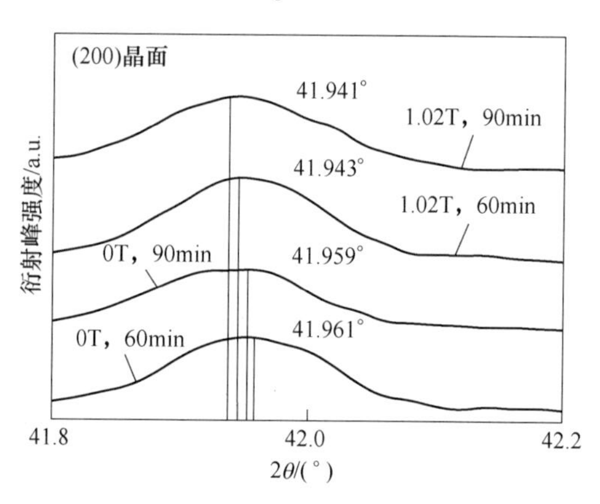

图 2.11 800℃时，磁热处理下 Fe_xO 晶体（200）晶面衍射峰的偏移

可见，将 Fe_xO 晶体置于静磁场中，磁场对 Fe_xO 晶体做功，使原本反向平行的相邻 Fe 原子的磁矩偏向外磁场方向，这种磁矩有序排列需要抵抗来自晶格结构各向异性的磁晶各向异性能，各向异性能与浮氏体晶体的磁化程度可用式 $\chi_{FeO}=\dfrac{\mu_0 M_s^2}{3K_1}$ 来描述。这样就会在局部区域产生应力，如式（2.59）所描述的应力对磁矩转动起到阻碍作用。磁化过程中磁性和弹性应变之间的相互作用，使

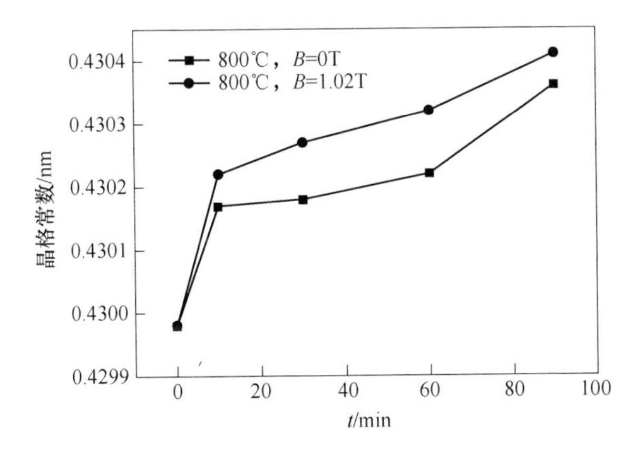

图 2.12 800℃时，磁热处理下 Fe_xO 晶体晶格常数的变化

Fe_xO 晶格发生线性伸长或者扭曲，宏观表现为外形尺寸的变化或者裂纹缩孔的产生。同时，磁场作用于 Fe_xO 晶体时，Fe 原子所受的力 $-\frac{\partial E_{ex}}{\partial d} \sim \frac{\partial A}{\partial d} > 0$，原子之间由于排斥而间距变大，$Fe_xO$ 晶体发生膨胀，其程度与外加磁场强度有关。

2.4.3.3 有化学反应参与的晶格变形

在铁形成的几种氧化物中，除 $\alpha-Fe_2O_3$ 外，Fe_3O_4、Fe_xO 和 Fe 的晶系彼此相同，均为立方晶系，晶面方位也相同，晶格参数成简单的整数比，这对于分析磁场对反应过程中磁介质晶体变形的影响是有利的。因此，以 $Fe_3O_4 \rightarrow Fe_xO$ 和 $Fe_xO \rightarrow Fe$ 的固态反应过程为研究对象，分别在还原气氛为（50%CO+50%CO_2）和（75%CO+25%CO_2），还原温度为 800℃时进行常规条件（$B=0T$）和磁场条件（$B=1.02T$）的等温失重实验，还原后的样品使用德国 Bruker D8-ADVANCE 型 X 射线衍射仪进行物相分析。实验条件：测量温度为室温，加速电压 40kV，电流 40mA，Cu 靶，波长 0.154nm，扫描起止角度为 10°～90°，扫描速度 2°/min。

A $Fe_3O_4 \rightarrow Fe_xO$ 固态还原过程中晶格变形

在 $Fe_3O_4 \rightarrow Fe_xO$ 固态还原过程中，Fe_3O_4 和 Fe_xO 晶体的 X 射线衍射图谱如图 2.13 所示。

由图 2.13（a）可以看出，在稳恒磁场作用下，Fe_xO 衍射峰在 2min 时开始出现，在 0～16min 范围内，Fe_xO 衍射峰强度随着反应时间延长而明显升高，Fe_3O_4 衍射峰强度出现衰减，到 16min 时完全消失，说明此时 Fe_3O_4 完全反应生成 Fe_xO。图 2.13（b）显示，无磁场条件下，4min 时出现了 Fe_xO 衍射峰，随着反应时间增加，Fe_xO 衍射峰强度逐渐增强，Fe_3O_4 衍射峰强度逐渐减弱，到 40min 时才完全消失。在整个反应过程中，Fe_3O_4 和 Fe_xO 晶体衍射峰出现的位置

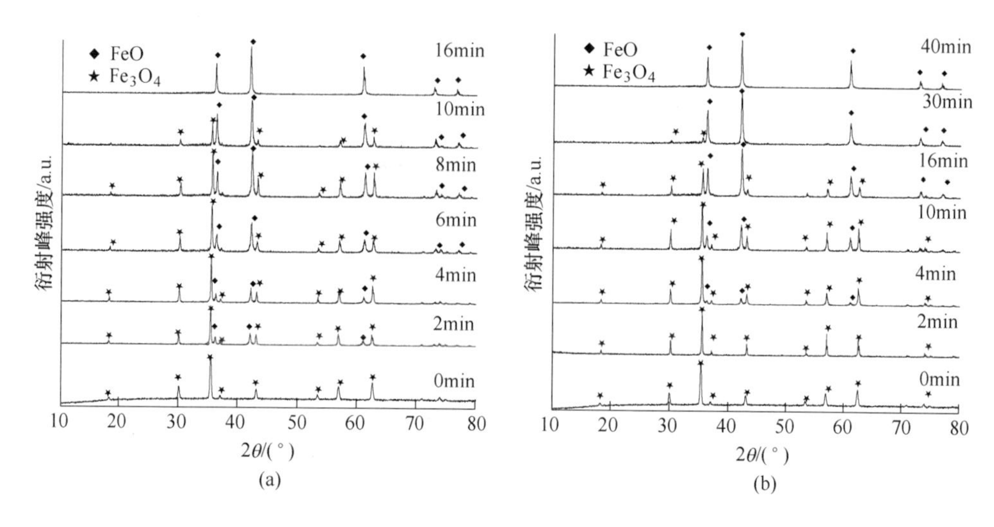

图 2.13 800℃时，不同时间还原样品的 X 射线衍射图谱

（a）$B=1.02$T；（b）$B=0$T

均向小角度偏移，偏移量 $\Delta\theta$ 随反应的进行而增加，外加磁场强化了衍射峰位置的偏移程度。可见，无论有无磁场，在还原过程中 Fe_3O_4 和 Fe_xO 晶胞出现膨胀，而磁场使晶体膨胀程度更为明显。

依据实验获得的样品微结构参数（见图 2.13），采用外推函数法和最小二乘法拟合计算得到 Fe_3O_4、Fe_xO 晶体的晶格常数，结果如表 2.10 和图 2.14 所示。

表 2.10 800℃时不同反应时间 Fe_3O_4 和 Fe_xO 晶体的晶格常数

B/T	铁氧化物	a/nm							
		2min	4min	6min	8min	10min	16min	20min	30min
1.02	Fe_3O_4	0.83923	0.83912	0.83934	0.83991	0.84005	—	—	—
	Fe_xO	0.42793	0.42807	0.42824	0.42846	0.42897	0.42999	0.43074	0.43077
0	Fe_3O_4	0.83820	0.83906	0.83783	0.83826	0.83900	0.83880	0.83945	—
	Fe_xO	—	0.42799	0.42817	0.42818	0.42823	0.42918	0.42931	0.42957

Fe_3O_4 是致密的反尖晶石型立方晶格，一个 Fe_3O_4 离子团中包含 2 个 Fe^{3+} 和 1 个 Fe^{2+}。Fe^{2+} 处在氧八面体间隙中，Fe^{3+} 均匀分布在氧八面体和四面体间隙中，四面体区域和八面体区域电子反向平行排列，表现为亚铁磁性；居里温度 $T_c=587$℃，当温度超过居里点后，Fe_3O_4 晶体磁矩有序性变差，宏观表现为弱磁性。

在 $Fe_3O_4 \rightarrow Fe_xO$ 的转变中，Fe_3O_4 和 Fe_xO 晶格常数均随时间的增加而增大，可能的原因有：

（1）反应过程中，电子自旋和轨道劈裂作用使得近邻原子交换作用增强，

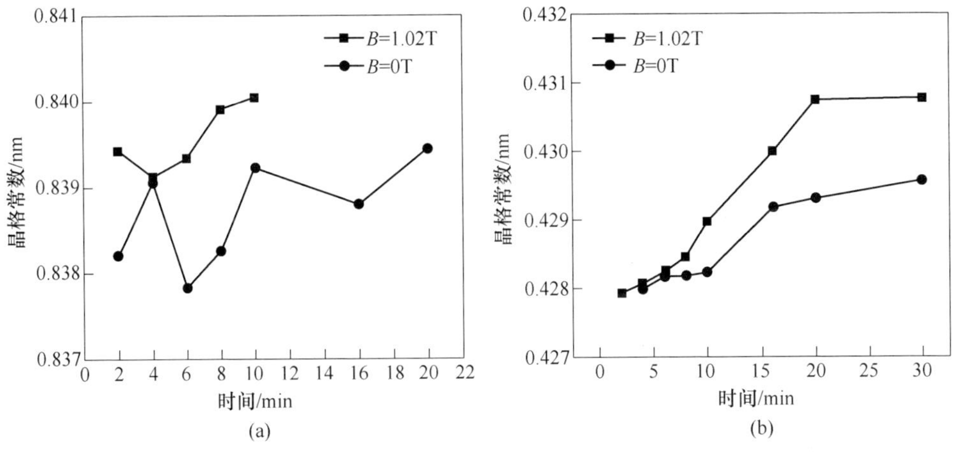

图 2.14 Fe_3O_4 和 Fe_xO 晶格常数随时间的变化规律

(a) Fe_3O_4；(b) Fe_xO

原子间距增加，从而使得 Fe_3O_4 和 Fe_xO 晶胞体积增大；

(2) 反应过程中，CO 吸附于 Fe_3O_4 晶体表面，带走 O^{2-}，留下电子，供给 $Fe^{3+}\rightarrow Fe^{2+}$，然后扩散进入到（$2Fe^{3+}\cdot Fe^{2+}\cdot 4O^{2-}$）晶格内，填充空位，使之转变为新相 Fe_xO，这个过程中产生的化学应力使得相界面增大，进而导致晶格畸变；

(3) $Fe_3O_4\rightarrow Fe_xO$ 的转变放出热量，在局部区域产生热应力造成晶体变形。

通过前面的能量分析可知，外加 $B=1.02T$ 稳恒磁场对 Fe_3O_4 和 Fe_xO 晶体产生的能量导致各个磁畴向外磁场方向偏转，克服各向异性阻力使晶胞体积增大。宏观上表现为反应界面增大，而 Fe_xO 的生成是随反应界面的扩大而加速，快速的反应又使得 Fe_3O_4 和 Fe_xO 晶体内化学应力和热应力集中，产生较大的膨胀应力。与常规条件相比较，外加磁场在 $Fe_3O_4\rightarrow Fe_xO$ 转变过程中产生的磁应力、化学应力和热应力，三种应力相互作用导致 $Fe_3O_4\rightarrow Fe_xO$ 转变过程中的 Fe_3O_4 和 Fe_xO 晶包膨胀程度增强。

B $Fe_xO\rightarrow Fe$ 固态还原过程中晶格变形

在 $Fe_xO\rightarrow Fe$ 固态还原过程中，Fe_xO 和 Fe 晶体的 X 射线衍射图谱如图 2.15 所示。还原过程中，磁场对 Fe_xO 晶格参数变化如图 2.16 所示。

在 $Fe_xO\rightarrow Fe$ 固态还原过程中，反应物 Fe_xO 的晶格常数随着反应时间的延长而增大，如图 2.16（a）所示。外加磁场下 Fe_xO 晶体晶面间距增加，晶胞体积增大，宏观表现为样品更疏松，改善了反应体系的动力学条件。Fe_xO 还原到 Fe 时，CO 从反应物 Fe_xO 晶格内夺走 O^{2-}，一个 Fe_xO 晶胞形成 4 个 Fe 晶胞，Fe_xO 晶胞常数增大，Fe—O 键被拉长，意味着 Fe^{2+} 与 O^{2-} 的结合能减弱，这增强了 O^{2-} 的逃逸能力，加快了失氧反应的进行。

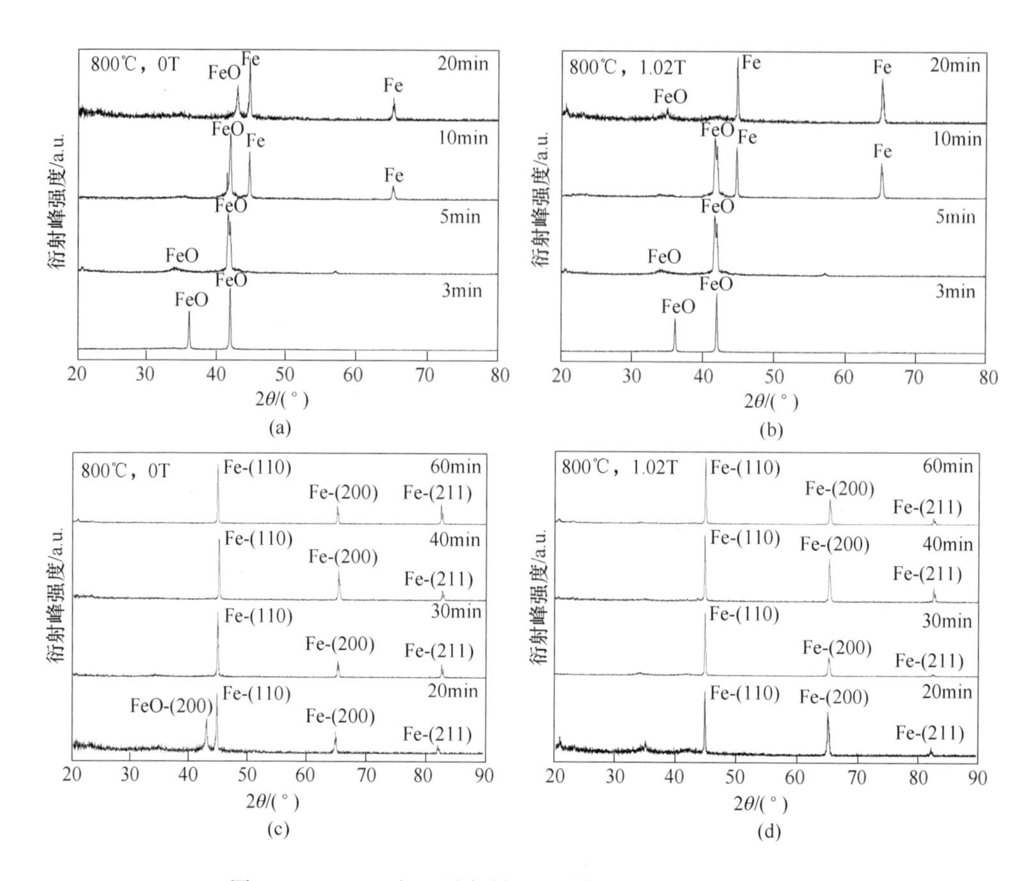

图 2.15 800℃时，不同时间还原样品的 X 射线衍射图谱

（a）800℃，0T，0~20min；（b）800℃，1.02T，0~20min；

（c）800℃，0T，20~60min；（d）800℃，1.02T，20~60min

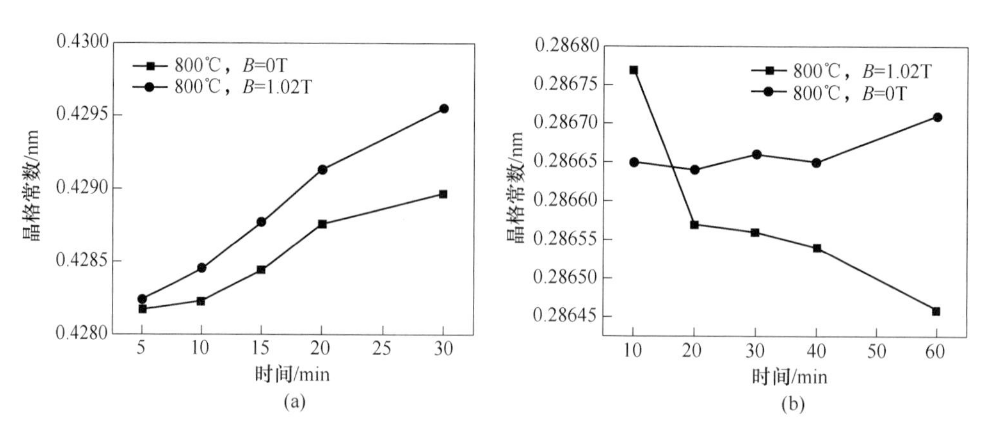

图 2.16 磁场对 Fe_xO 和 Fe 晶体晶格常数的影响

（a）Fe_xO；（b）Fe

对于生成的 Fe 晶胞来说，由图 2.16（b）可知，无磁场条件下，其晶格常数基本在一定范围内波动，无明显的变化趋势；在 $B=1.02T$ 条件下，Fe 晶胞常数在还原初期急剧降低，还原中后期缓慢减小。还原初期实际就是一个 Fe 晶核的形成长大期，在外磁场加持下，Fe_xO 还原生成 Fe 的速度很快，在新旧两相界面区存在（$Fe^{2+}+2e$）富集区，同时由于母相 Fe_xO 与新相 Fe 两者晶格内有较大程度的共格离子团，Fe 晶胞形成所需要的活化能就低，形成铁晶核的临界半径也小，这些有利条件加快了 Fe 晶核的形成。此时，由于 Fe—Fe 键键长短，原子间的相互作用力增强，形成的新相晶体结构更加稳定。随着时间的推移，Fe 晶粒开始聚集长大，磁场下 Fe 晶格常数的持续减小，会使整个铁晶粒发生收缩，在收缩过程中就有可能出现孔隙、裂纹，甚至出现从新旧两相界面开始贯穿金属铁层的孔道，进而生成多孔铁。这与实验结果很一致，详见第 4 章。

值得一提的是，从磁场下 Fe 晶格常数持续减小的结果来看，多孔铁的生成在 $Fe_xO \rightarrow Fe$ 反应初期就开始出现，并且贯穿于整个还原过程，这极大地改善了 $Fe_xO \rightarrow Fe$ 固态还原过程的动力学条件，同时初生相晶胞的收缩，必然会使反应界面扩大，这不仅有利于 CO 的吸附，而且也有利于还原速率的提高。还有一点需要注意的是，在空气条件下 Fe 晶胞这种稳定的晶体结构不易发生再氧化，这对于实际生产操作非常有利。

2.4.3.4 晶格变形与晶体结合能

两个原子间的距离即为晶格常数，它是物质的基本结构参数，与晶体结合能有关。晶体结合能为自由粒子结合成晶体过程释放出的能量。根据原子之间结合力的类型不同可将晶体分为离子键晶体、共价键晶体、金属晶体和分子键晶体。

用量子力学的方法对晶体结合能近似计算时往往较为复杂，故通常采用静电学方法计算离子晶体的结合能，而其他类型的晶体在该方法的基础上进行适当的修正。静电学方法是把正、负离子看成离子晶体中的基本荷电质点。假定将正负离子看作是电荷集中于球心的圆球，这样计算时可忽略离子内部的结构。

浮氏体是 NaCl 型的离子晶体结构。在考虑库仑作用时，其球对称性可以看作点电荷。假如 r 表示两离子间距，则一个正离子的平均库仑能为：

$$\frac{1}{2}\sum_{n_1+n_2+n_3}\frac{q^2(-1)^{n_1+n_2+n_3}}{4\pi\varepsilon_0 r(n_1^2+n_2^2+n_3^2)^{1/2}} \tag{2.68}$$

因此，若正离子为原点，$r(n_1^2+n_2^2+n_3^2)^{1/2}$ 为其他离子所占格点的距离，负离子格点（$n_1+n_2+n_3$）为奇数，正离子格点（$n_1+n_2+n_3$）为偶数。式（2.68）中 $(-1)^{n_1+n_2+n_3}$ 适用于正、负离子电荷，系数 1/2 表明离子间的库仑作用为正、负离子共有。计算负离子的库仑能时只需改变电荷 q 的符号，但改变 q 的符号不会影响式（2.68），因此一个晶胞的能量就为上述的 2 倍，即：

$$\sum_{n_1+n_2+n_3} \frac{q^2(-1)^{n_1+n_2+n_3}}{4\pi\varepsilon_0 r(n_1^2+n_2^2+n_3^2)^{1/2}} = -\frac{aq^2}{4\pi\varepsilon_0 r} \tag{2.69}$$

式中，a 为 Madelung 参数。

在 NaCl 型晶格中，每对离子的排斥能为 $6b/r^n$ 。当晶体内存在 N 个晶胞时，其内能为：

$$U = N\left(-\frac{aq^2}{4\pi\varepsilon_0 r} + 6\frac{b}{r^n}\right) = N\left(-\frac{A}{r} + \frac{B}{r^n}\right) \tag{2.70}$$

式中，$A = \frac{aq^2}{4\pi\varepsilon_0}$，$B=6b$。NaCl 型晶体中各晶胞体积为 $2r^3$。当晶体内存在 N 个晶胞时，其体积为 $2Nr^3$。

把分散的正负离子结合成为晶体，会释放出能量 W，称为晶体结合能。若按照内能的标准来看，则 $-W$ 就是晶体的内能，晶体的内能与体积有关。假设一个原子排列的过程，开始时原子相距很远，当原子间距变小时其体积收缩，此时系统内能减小，体积收缩到一定程度后，排斥力起到主导作用，内能变为上升的趋势，内能变化趋势如图 2.17 所示。

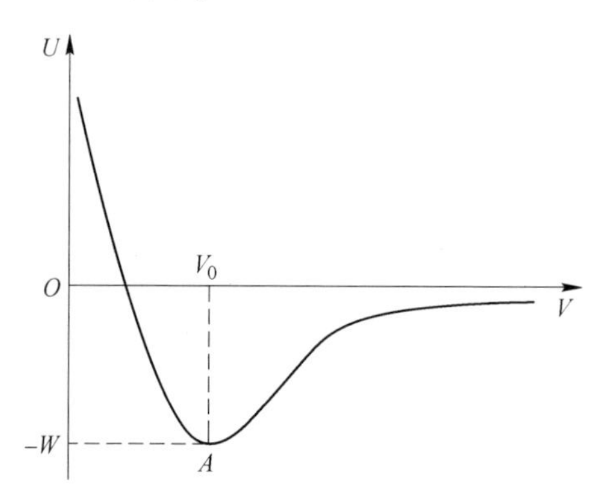

图 2.17 内能函数

通常要靠一个外力 P 来改变晶体的体积，根据功能原理，外界做功 $p(-\mathrm{d}V)$ 等于内能增加 $\mathrm{d}U$，则 $p=-\frac{\mathrm{d}U}{\mathrm{d}V}$。当晶体处于常规大气压力 p_0 时，$p_0=-\frac{\mathrm{d}U}{\mathrm{d}V}\approx 0$，此时表明大气压力对固体体积的影响很小。当 p_0 看作 0 时，即为图 2.17 中的 A 点，此时系统内能达到最小值。因此，若内能函数 $U(V)$ 确定时，可根据极值条件计算平衡晶体的点阵参数。根据图 2.17 可知，晶体结合能 $W=-U(V_0)$ 。对式 (2.70) 求极值，可得晶体内部达到平衡时的条件为：

$$\frac{A}{r_0^2} - \frac{nB}{r_0^{n+1}} = 0 \tag{2.71}$$

式中，r_0 表示平衡时离子的近邻距离。

已知，形变模量为 $K=\dfrac{\mathrm{d}p}{-\dfrac{\mathrm{d}V}{V}}$，其中 $\mathrm{d}p$ 为应力，$-\dfrac{\mathrm{d}V}{V}$ 为晶体相对体积变化。

对于平衡晶体就得到形变模量为：

$$K=\left(V\frac{\mathrm{d}^2U}{\mathrm{d}V^2}\right)_{r_0} \tag{2.72}$$

依据晶体稳定排列的条件可简化形变模量。首先，式（2.72）变为：$K=\dfrac{(n-1)aq^2}{4\pi\varepsilon_0\times18r_0^4}$，式中的 n 可根据晶体的晶格常数和体变模量来确定，同时，利用平衡条件式（2.71），晶体结合能为：

$$E_{ab}=-U(r_0)=\frac{NA}{r_0}\left(1-\frac{1}{n}\right)=\frac{Naq^2}{4\pi\varepsilon_0r_0}\left(1-\frac{1}{n}\right) \tag{2.73}$$

E_{ab} 为原子间的结合能或键能，式（2.73）又称为玻恩公式。

以 1mol 的 Fe_xO 为例，将 1mol 的晶态化 Fe_xO 拆分为正负离子形态所需的能量也可用式（2.73）表示。1mol 晶体内分子数 $N_0=6.02\times10^{23}$ 个/mol，含离子数为 $2N_0=N$，式中 $\varepsilon_0=8.854\times10^{-12}\mathrm{F/m}$（介电常数），$e=1.602\times10^{-19}\mathrm{C}$（电子电量），$a=1.748$（马德隆常数）；$n=7.77$（玻恩常数）；$r_0$ 为计算所得晶格常数。

依据实验得到的浮氏体和金属铁的晶格常数，通过式（2.73）求得常规及磁场条件下反应物及产物晶体结合能的变化，结果如图 2.18 所示。根据玻恩公式，浮氏体和金属铁的晶体结合能与晶格常数成反比。无论有无磁场，在浮氏体还原

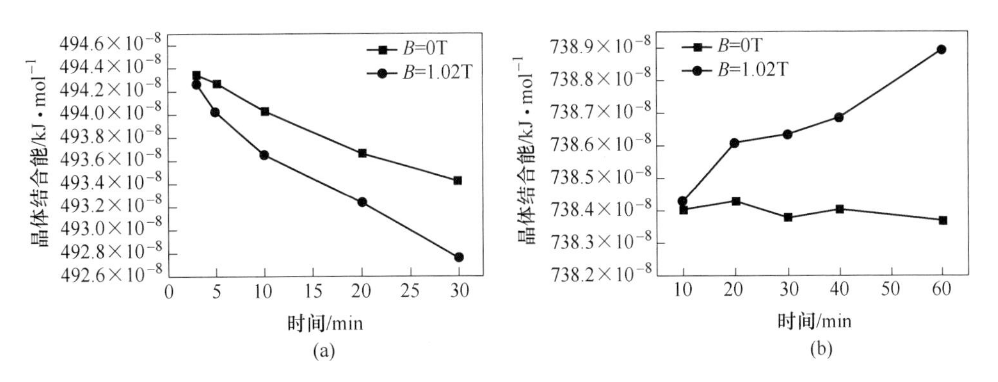

图 2.18 晶体结合能随时间的变化

(a) Fe_xO；(b) Fe

过程中，随着反应时间的延长，Fe_xO 晶体结合能减弱。磁场下，Fe_xO 晶格常数变大，其晶胞具有的结合能变小，离子间相互作用力减弱，反应物 Fe_xO 的铁氧键更易于断裂，这加快了浮氏体的还原速率。由图 2.18（b）可知，磁场下，Fe 的晶体结合能（晶体质点的键合能）呈现持续增长的趋势，此时形成的 Fe 晶体的结构最稳定。Hartman 和 Perdok 于 1955 年共同提出了周期键链理论（PBC 理论），该理论认为晶体结构中必然存在着一系列周期性重复的强键链，而晶体总是沿强键链的方向快速生长，即晶体生长速度正比于原子的结晶能。因此，同等条件下，施加磁场，Fe 晶体会快速生长。同样，金属铁的这种能量变化必然会使其形貌显示不同的特征，这将在后续章节中进行说明。

2.5 磁场作用下新相形核过程中能量分析

2.5.1 晶核形成时的能量分析和临界晶核半径

在原始相内或者母相中，通过随机起伏方式形成的小尺寸新相称为核心。核心的寿命与尺寸有关，大小只有超过临界尺寸，即临界半径时，新相核心溶解的概率才足够小，才能最终演化为宏观新相区，这个相变过程称为新相形核。在形核过程中，出现的核心收缩、消失、长大等随机行为意味着相变中存在阻力，即形核势垒。形核是自然界中普遍存在的一种相变过程，在有些情况下整个相变过程是由形核控制的，如金属凝固、沉淀析出等过程，而在有些情况下，形核很快，但不是启动整个相变过程的控制因素。无论形核是否是整个相变的控制环节，都是相变最先进行的过程，有效控制这一环节具有重要的意义。

一般情况下，根据原始相和新相的密度、原子结构、晶体结构或者化学组分等物理量来反映两相之间的差异。这些量值在时间和空间上的随机涨落表征新相的形核行为，发生涨落的概率由热力学条件所控制，即受到引起涨落所需要的最小能量的控制。通常这种“涨落”视为少量原子或者分子形成的具有新相结构的团簇，形核能垒起因于这种团簇与原始相产生界面所引起的能量损耗。如果这种相变在热力学是可行的，那么足够大的新相团簇的自由能必须低于含相同原子数的原始相的自由能，即热力学驱动力是原始相和新相的自由能之差，在决定新相形核中起着核心的作用。在有化学反应参与的相变过程中，团簇形成的能量遵从吉布斯方程，驱动力为原始相（母相）和新相之间的化学势差；阻力来自新相与母相基体形成界面所增加的界面能，以及原始相与新旧两相晶格错配和比体积差所诱导的弹性应变能。因此在形核过程中，总的自由能变化 ΔG 可以描述为：

$$\Delta G = V\Delta G_{chem} + \Delta G_{int} + V\Delta G_{def} \tag{2.74}$$

式中 ΔG_{chem} ——新相与母相两相化学驱动力，不仅包括两相相结构的变化，而且包括化学成分的变化，根据热力学经典理论，$\Delta G_{\text{chem}} = n_i \Delta\mu_i$，为负值；

ΔG_{int}——新旧两相界面摩尔自由能，$\Delta G_{\text{int}} = A\sigma$，为正值；

ΔG_{def}——产生每摩尔新相由于比容不同所引起的弹性应变能，为正值；

V——新相体积。

根据界面上原子在晶体学上匹配程度的不同，可将新旧两固相界面分为共格界面、半共格界面和非共格界面三种，如图 2.19 所示。若两相晶体结构相同、点阵常数相等，或者两相晶体结构和点阵常数虽有差异，但存在一组特定的晶体学平面可使两相原子之间产生完全匹配，此时，界面上原子所占位置恰好是两相点阵的共有位置，这种界面称为共格界面。只有孪晶界才是理想的共格界面。而新旧两相总存在点阵类型或点阵常数的差别。因此保持完全共格时，相界面附近必然存在晶格畸变，如图 2.19（a）所示。当界面处两相原子排列差异很大时，界面上的公共结点很少，这种界面称为非共格界面，如图 2.19（c）所示。维持共格最直接的后果是产生应变能，当应变能达到一定程度时，局部的共格关系可能破坏，界面上将产生一些刃型位错（刃部终止于相界面），使界面弹性应变能降低。此时，界面上的两相晶格点阵只有部分保持匹配，所以称为半共格界面，如图 2.19（b）所示。

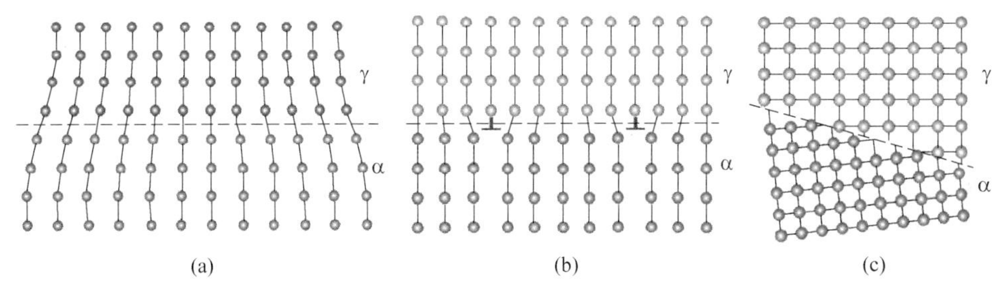

扫码看彩图

图 2.19　固态相界面结构示意图

（a）有轻微错配畸变共格；（b）半共格；（c）非共格

界面上原子失配程度用错配度 δ 来表示：

$$\delta = \frac{|a_\alpha - a_\gamma|}{a_\gamma} \tag{2.75}$$

式中　a_α，a_γ——分别为无应力状态下新相和母相的晶格常数。

三种界面错配度 δ 和界面能的关系见表 2.11。界面上原子排列不规则会导致界面能升高。很显然，共格界面的界面能最低，非共格界面的界面能最高。此外，界面能的大小除了与界面结构有关外，还与界面成分变化有关，因为新旧两相化学成分的改变会引起化学能增加，导致界面能提高。

表 2.11 界面结构与错配度 δ 及界面能的关系

界面结构	错配度 δ	界面能/$J \cdot m^{-1}$
共格界面	$\delta \leqslant 0.05$	0.1
半共格界面	$0.05 < \delta < 0.25$	0.5
非共格界面	$\delta \geqslant 0.25$	1.0

新旧两相晶格错配度和比体积差是影响弹性应变能的两个主要因素，而产生的弹性应变能是形核中的一个重要阻力项。相界面处新相和母相点阵常数有一定差异，并形成共格或半共格界面时，界面处点阵是“强制性”匹配的，必然产生弹性应变能，如图 2.19（a）所示。这种共格畸变能以共格界面最大，半共格界面次之，非共格界面为零。对于完全非共格相界面，不存在共格畸变。但是，由于新相和母相的比体积往往不同，发生相变时，伴随有体积的不连续变化。由于新相周围母相的约束，新相不可能自由膨胀或收缩，因此在新相与母相之间必将产生弹性应变和应力，导致体积错配应变能的出现。这时，应该考虑体积错配度：

$$\delta = \frac{\Delta V}{V_\gamma} \tag{2.76}$$

式中 ΔV——母相与新相两相比体积差；

V_γ——母相比体积。

该错配应变能的大小与新旧两相的体积错配度、弹性模量和新相的几何形状有关。Nabarro 给出了在各向同性基体上均匀的不可压缩的非共格包含物弹性应变能，假设泊松比 $\mu = \frac{1}{3}$，可表示为：

$$\Delta G_{\text{def}} = \frac{1}{4} E\delta^2 f\left(\frac{c}{a}\right) \tag{2.77}$$

式中 E——母相的弹性模量；

$f(c/a)$——与新相形状有关的函数，其中 c/a 为新相短轴与长轴之比。

如图 2.20 所示，球状新相（$c/a=1$）引起的体积错配应变能最大，薄的扁球状（$c/a \ll 1$）应变能最小，而针状（$c/a \gg 1$）应变能介于两者之间。

从理论上讲，引入外磁场时反应体系中存在的各种磁能量，包括近邻原子间的交换能、磁晶各向异性能、外磁场能（磁化能）、静磁能（磁化能与退磁能的矢量和）。上述磁能项都与形核有关：一方面是磁场对金属铁形核和生长都有影响；另一方面是不同铁氧化物由于磁化强度不同，从而导致磁吉布斯自由能改变

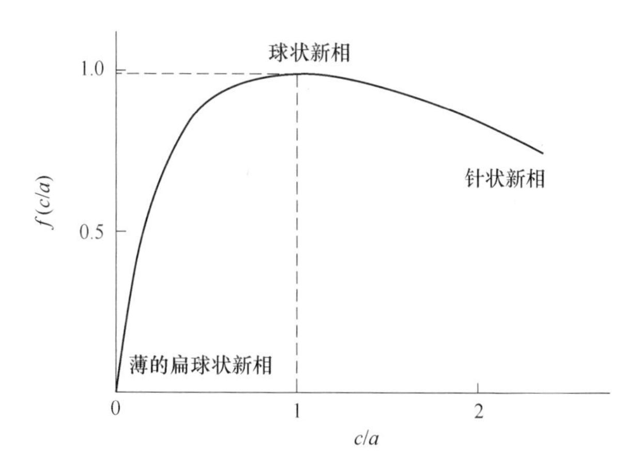

图 2.20 体积错配应变能随椭球形状 $f(c/a)$ 的变化

量存在差异。在进行热力学分析中，一般由于退磁能与磁化能相比很小，故忽略退磁能的影响，将静磁能作为磁场对形核驱动力的磁能贡献，此时静磁能和外磁场能表达式相同。较低的磁场强度所能引发的磁晶各向异性能较小，在能量计算中往往不考虑。因此，在新相核心形成过程中，引入外磁场后形核驱动力主要由磁驱动力（ΔG_m）及化学驱动力两部分构成。

如果没有磁场，高价铁氧化物/低价铁氧化物（或 Fe）界面能主要取决于晶体结构和成分差异引起的比容变化。但是磁场条件下，由于两相磁化强度差异而导致的界面能（σ_m）也要考虑。Zhang 等在研究强磁场对渗碳体形核和长大的影响时，提出磁场通过增大渗碳体/铁素体界面能来阻止渗碳体沿着马氏体板条状边界定向生长，使得渗碳体平衡时的析出形貌为点状或椭球状。由图 2.20 可知，对于体积一定的新相，球状析出引起的体积错配应变能最大，但产生的界面能最低，外加磁场下渗碳体以球状析出，说明磁场主要增加了渗碳体/铁素体的界面能。

因此，外加磁场后形核过程中总能量变化为：

$$\Delta G = V(\Delta G_{chem} + \Delta G_m) + A(\sigma + \sigma_m) + V\Delta G_{def} \tag{2.78}$$

式中 ΔG_m——静磁能，$\Delta G_m = -\mu_0 \boldsymbol{MH}\cos\theta$；

θ——磁介质磁化方向与外加磁场方向的夹角。

新相形核过程考虑的是“核心”或称为团簇对于其周围母相的自由能变化，而不是整个试样在磁场方向上的总能量变化。因此，静磁能取与 $\boldsymbol{M}$ 和 $\boldsymbol{H}$ 两矢量间的夹角 θ 为 0°或者 180°，即 $\Delta G_m = -\mu_0 \boldsymbol{MH}$。

根据结构的相似可知，不同晶体相结构越相似，那么两者之间的界面能和由于晶格错配产生的晶格应变能值越小。在不同价态铁氧化物中，除 α-Fe_2O_3 外，Fe_3O_4、Fe_xO、α-Fe 之间晶格对应的方位及大小原则性强，则两相界面能 σ 较小，且 Fe_3O_4、Fe_xO 和 α-Fe 的比容（$\times10^{-3}m^3/kg$）分别为 $0.193\times10^{-3}m^3/kg$、$0.175\times10^{-3}m^3/kg$、$0.127\times10^{-3}m^3/kg$，体积错配度 $\delta=\dfrac{\Delta V}{V_\gamma}$ 很小。由于新旧两相晶格错配度和比体积差产生的弹性应变能很小，可忽略不计，故式（2.78）改写为：

$$\Delta G = V(\Delta G_{chem} + \Delta G_m) + A(\sigma + \sigma_m) \tag{2.79}$$

式中　V，A——新相的体积和表面积。

对有化学反应发生的相变体系（$aA_s + bB_g \rightleftharpoons dD_s + hH_g$，下角标 s、g 指固相和气相)，磁场对新相形核产生的附加驱动力来自反应体系的磁吉布斯自由能变化，则 $\Delta G_m = \Delta G(B) = -\dfrac{1}{2\mu_0}B^2(d\chi_D + h\chi_H - a\chi_A - b\chi_B)$。磁场下新相形核的驱动力为 $\Delta G_{chem} + \Delta G_m = \Delta G^{(B)} = [-\Delta G - \Delta G(B)]$，其中 $\Delta G = \Delta G^\Theta + RT\ln\dfrac{(a_D)^d\cdot(p_H)^h}{(a_A)^a\cdot(p_B)^b}$。

σ_m 为磁场产生的磁附加界面能，文献给出了铁渗碳过程中，界面区域单位体积铁素体（Ferrite）和渗碳体（Cementite）的磁吉布斯自由能的变化，如图 2.21 所示。据此对有化学反应参与的形核过程，其新旧两相的界面能表示为：

$$\sigma + \sigma_m = \sigma + \delta[G_D(B) + G_A(B)]$$

式中　σ_m——$\sigma_m = \delta\left(\int_0^B M_D \mathrm{d}B + \int_0^B M_A \mathrm{d}B\right) = \dfrac{1}{2\mu_0}\delta B^2(\chi_D + \chi_A)$；

　　δ——界面厚度。

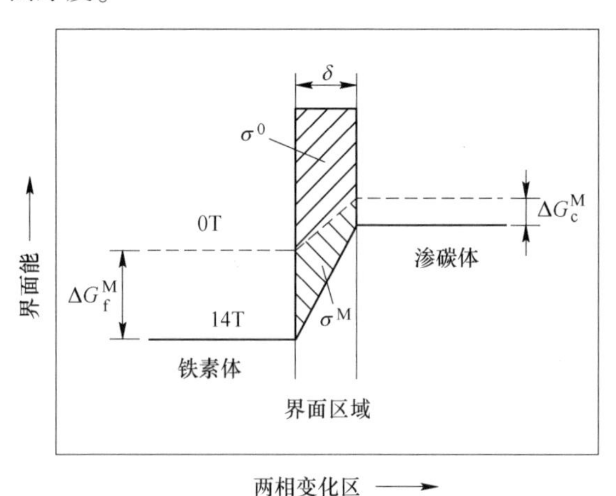

图 2.21　有、无磁场条件下渗碳过程中渗碳体和铁素体界面能关系图

假定新相晶核为球形，曲率半径为 r，加入磁能项后新相形核能量变化为：

$$\Delta G = -\frac{4}{3}\pi r^3[\Delta G + \Delta G(B)] + 4\pi r^2(\sigma + \sigma_m) \tag{2.80}$$

对 r 求微分，令 $\frac{d\Delta G}{dr} = 0$，可以求得形成稳定晶核的最小半径，即临界半径为：

$$r^* = -\frac{2(\sigma + \sigma_m)}{\Delta G + \Delta G(B)} \tag{2.81}$$

将式（2.81）代入式（2.80），可得到形成稳定晶核的最小能量，即形核功或称为形核能垒，表达式为：

$$\Delta G_m^* = \frac{16\pi(\sigma + \sigma_m)^3}{3[\Delta G + \Delta G(B)]^2} \tag{2.82}$$

2.5.2 磁场对 α-Fe 晶核形成时的影响

在本小节的研究体系中，Fe_xO 转变为 α-Fe 是含铁矿物还原过程中最重要的反应环节。以 $Fe_xO \rightarrow \alpha\text{-}Fe$ 反应为例，施加中等强度的稳恒磁场，考察气固反应过程中磁场对金属铁形核的影响。

高温状态下，浮氏体及 α-Fe 处于顺磁状态，磁化率均较低；零磁条件下，自发磁化和自发磁致伸缩产生的能量不能提供足够的磁能驱动，满足新相所需要的形核功。此时形核所需的驱动力完全来自反应界面处 Fe 原子在母相中的过饱和浓度，即化学反应 $FeO(s)+CO = Fe(s)+CO_2$ 的吉布斯自由能变化为：

$$\Delta G = -28800 + 24.26T + RT\ln\frac{\varphi_{CO_2}}{\varphi_{CO}}$$

反应界面上易于形核的位置一般是存在一定的取向关系（半共格界面）的小微区，基于晶体学理论计算可知，FCC 结构 Fe_xO 析出 BCC 结构 α-Fe 匹配最佳的位向关系是 $[0\bar{1}0]//[\bar{1}10]$ 和 $(200)//(110)$，其错配度仅为 4.17%（计算过程见第 4 章），这样的微区具有最小的新旧相界面能。严格地说，相界面能，除了与晶体结构有关外，新旧两相化学成分的改变也会在形核界面处产生化学应变能。文献指出微合金碳氮化物与铁基体（包括铁素体与奥氏体）的界面能中，化学项所占的比例为 1.3%~8.5%。在 700~1100℃ 温度范围内，NaCl 型碳氮化物与铁素体之间的界面能一般介于 0.6~0.1J/m^2，如 TiC（晶格常数 a = 0.4324nm）与铁素体之间的界面能 650℃ 时为 0.52J/m^2，750℃ 时为 0.41J/m^2；TiN（晶格常数 a = 0.422nm）与铁素体之间的界面能 650℃ 时为 0.399J/m^2，750℃ 时为 0.313J/m^2。Fe_xO 晶格常数介于 TiC 和 TiN 之间。因此，其与 α-Fe 的界面能可以认为在 0.4~0.1J/m^2 范围内变化。

施加外磁场后，反应体系将发生微观磁有序结构的一些变化，使得新旧相原子磁矩倾向于沿外场取向，产生大的磁化强度差，从而提高两相的势能差异，构成了界面微区内新相形核的磁驱动力项，有利于α-Fe 相形核。同时，随着α-Fe 相的生长，磁场对 Fe_xO 与α-Fe 两相界面能量产生了影响。

由式（2.81）和式（2.82）得出磁能作用下的临界半径 r^* 和形核能垒 ΔG_m^*，如图 2.22 所示。无论在有磁还是无磁条件下，随着反应温度升高，降低了金属铁的形核能垒和临界形核半径；在相同反应温度下，施加磁场，增加了金属铁形核的驱动力，降低了跃过形核能垒所需的自由能 ΔG_m^* 和临界形核半径，如在 $T=700$℃时，金属铁形核能垒和临界半径分别降低了 55%和 49%。随着温度的升高，热扰动增大，原子间的交换作用逐渐减弱，磁致磁化产生的能量对于α-Fe 相形核的影响变小，直至趋于零。

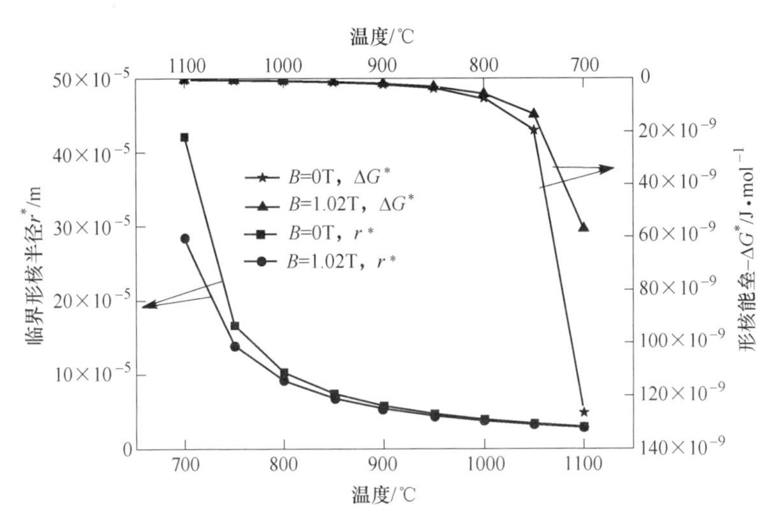

图 2.22 磁场对临界形核势垒和临界晶核半径的影响

在浮氏体还原过程中，反应界面处金属铁原子达到其饱和浓度时，会在一些能量较低的点处形成团簇，则该位置处 Fe 原子浓度降低，需要周围 Fe 富集区通过扩散将铁原子传输到这个位置，团簇生长，当团簇半径 $r>r^*$（r^* 为临界形核半径）时，晶核进入稳定生长区，开始逐渐长大；反之，当团簇尺寸小于 r^* 时，趋于缩小并最终消失，此时团簇处于消逝区不能形核。由于稳恒磁场诱发的附加自由能，降低了 Fe 的形核势垒，形成团簇的活性位点增加，即形核源增加。同时，磁场的施加减小了 Fe 形核的临界半径 r_m^*，加快了浮氏体的还原速率，Fe 源源不断供给团簇，让其稳定生长成铁晶核，这样达到临界形核尺寸的团簇数量就会增多。因此，磁场增大了金属铁形核的概率和形核数目如图 2.23 所示，图 2.24 为磁场促进 Fe 形核的示意图。

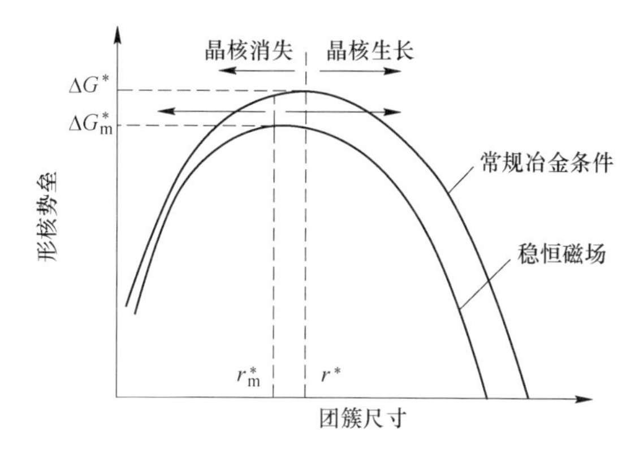

图 2.23 磁场下形核能量变化示意图

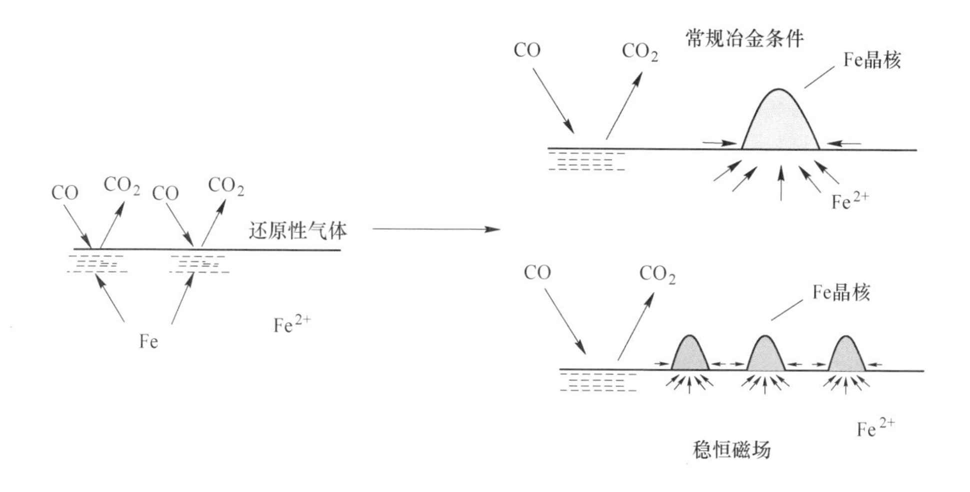

图 2.24 磁场促进 Fe 形核的示意图

因此，从铁晶粒形核热力学角度而言，除还原温度外，磁能也是诱导金属铁原子克服临界形核功的有利条件，反应温度越大或者磁场引入的能量越强，临界半径 r^* 越小，使得金属铁在浮氏体相界面上更容易形成稳定的晶核。但是随着还原温度的增加，磁场引发的效应减弱，在低还原温度条件下磁能促进形核的效果更为有效。在金属铁形核过程中，磁场引发了 Fe_xO 和 α-Fe 相的能量变化，从而改变其稳定性。但与反应的热运动相比，这部分能量变化较小。图 2.23 和图 2.24 表明，晶核的形成与生长，不仅由晶核是否具有最小的激活能势垒 ΔG^* 来控制，而且与新相原子的迁移速率密切相关。对于 Fe 晶核来说，Fe 原子的扩散必然会影响 Fe 的形核速率，这将在第 4 章中详细讨论。

参考文献

[1] 方觉 . 非高炉炼铁工艺与理论 [M]. 2 版 . 北京：冶金工业出版社，2010.

[2] 宋玉来 . 纯铁液凝固形核机理和铁-氧化物界面结构研究 [D]. 沈阳：辽宁科技大学，2016.

[3] Li W K, Zhou G D, Mak T. Advanced structural inorganic chemistry [M]. Oxford: Oxford University Press, 2008.

[4] 刘培生 . 晶体点缺陷基础 [M]. 北京：科学出版社，2010.

[5] Reilly O W. Rock and mineral magnetism [M]. Springer, 1984.

[6] 周文运 . 永磁铁氧体和磁性液体设计工艺 [M]. 成都：电子科技大学出版社，1991.

[7] 奥汉得利 R C. 周永恰，译 . 现代磁性材料原理和应用 [M]. 北京：化学工业出版社，2012.

[8] Zhu W H, Winterstein J, Maimon I, et al. Atomic structural evolution during the reduction of α-Fe_2O_3 nanowires [J]. The Journal of Physical Chemistry, 2016: 1-27.

[9] 黄希祜 . 钢铁冶金学 [M]. 3 版 . 北京：冶金工业出版社，2002.

[10] 梁希侠，班世良 . 统计热力学 [M]. 2 版 . 北京：科学出版社，2008.

[11] 周志刚 . 铁氧体磁性材料 [M]. 北京：科学出版社，1981.

[12] 豪斯 H A，梅尔砌 J R. 江家麟，周佩白，前秀英，等译 . 电磁场与电磁能 [M]. 北京：高等教育出版社，1992.

[13] 姜寿亭，李卫 . 凝聚态磁性物理 [M]. 北京：科学出版社，2003.

[14] 孙长勇，李丽华 . 磁介质力、热、磁混合效应的热力学描述 [J]. 大学物理，2005，24 (3)：25-27.

[15] Neel L. Ann. Antiferromagnetic theory [J]. De. Phys., 1936 (5): 39.

[16] 宛德福 . 磁性理论及其应用 [M]. 武汉：华中理工大学出版社，1996.

[17] 近角聪信 . 磁性体手册 [M]. 黄锡城，金龙焕，译 . 北京：冶金工业出版社，1984.

[18] 金汉民 . 磁性物理 [M]. 北京：科学出版社，2013.

[19] Kelton K F, Greer A L. 蒋青，文子，译 . 凝聚态物质中的形核-材料和生物学中的应用 [M]. 北京：国防工业出版社，2015.

[20] Porter D A, Easterling K E, Sherif M Y. Phase transformations in metals and alloys [M]. 3rd revised edition. Boca Raton: CRC Press, 2009.

[21] 刘智恩 . 材料科学基础 [M]. 4 版 . 西安：西北工业大学出版社，2013.

[22] Nabarro F R N. The strains produced by precipitation in alloys [J]. Proc. R. Soc. A, 1940, 175: 519-538.

[23] Xu Y, Ohtsuka H, Wada H. Effects of haigh magnetic field on recrystallization and coarsening behavior in Fe-Si steel [J]. Trans Mater Res Soc Jpn., 2000, 25: 501-504.

[24] Watanabe T, Tsurekawa S, Zhao X, et al. Grain boundary engineering by magentic field application [J]. Scripta Materialia, 2006, 54 (6): 969-975.

[25] Hanlumyuang Y, Ohodnicki P R, Laughlin D I, et al. Bragg -Williams model of Fe-Co order-disorder phase transformations in a strong magnetic field [J]. Journal of Applied Physics,

2006, 99 (08F): 101.

[26] Zhang Y D, Gey N, Hea C S, et al. High temperature tempering behaviors in a structural steel under high magnetic field [J]. Acta Materialia, 2004, 52 : 3467-3474.

[27] Zhang Y D, Zhao X, Bozzolo N, et al. Low Temperature tempering of a medium carbon steel in high magnetic field [J]. ISIJ International, 2005, 45: 913-917.

[28] Xia Z X, Zhang C, Lan H, et al. Effect of magnetic field on interfacial energy and precipitation behavior of carbides in reduced activation steels [J]. Materials Letters, 2011, 65: 937-939.

[29] 黄希祜. 钢铁冶金原理 [M]. 3版. 北京: 冶金工业出版社, 2002.

[30] 雍岐龙, 李永福, 孙珍宝, 等. 微合金碳氮化物与铁素体之间的半共格界面比界面能的理论计算 [J]. 科学通报, 1989, 34 (6): 467-470.

3 稳恒磁场下铁氧化物还原的实验研究

气体与铁氧化物的还原是直接还原工艺最主要的反应之一，属于较复杂的气-固反应。铁氧化物的还原是 $Fe_2O_3 \rightarrow Fe_3O_4 \rightarrow Fe_xO \rightarrow Fe$ 的连续还原过程。本章以分析纯氧化铁、四氧化三铁和浮氏体为研究对象，从反应效率、物相及显微形貌变化特征来考察稳恒磁场对氧化铁逐级还原过程的影响。

3.1 实验原料与方法

3.1.1 原料特性与制备

为了消除其他元素对还原反应产生的影响，在铁氧化物固态还原中使用 Fe_2O_3、Fe_3O_4 分析纯试剂，还原剂使用 CO 和 CO_2 的混合气体。按照实验要求，通过气体流量计将瓶装高纯 CO 和 CO_2 气体（纯度为 99.99%）进行混合，还原气体和保护气体（N_2、Ar，纯度为 99.99%）均购置于包头市富华氧气有限责任公司。

浮氏体（Fe_xO）具有典型阳离子结构缺陷，一般 $0.886<x<0.947$。它的理化性质与结构缺陷或者说与 x 密切相关，这些缺陷的不均匀分布可能会影响到 Fe 的形核与生长。为了减少固有缺陷对 α-Fe 形核的影响，需要制备空位和缺陷相对少且均匀的致密浮氏体试样。所用原料为工业纯铁棒，化学成分见表 3.1。

表 3.1 工业纯铁化学成分（质量分数） （%）

C	Si	Mn	P	S	Al	Cr	Ni	Cu	Ti
0.002	0	0.01	0.004	0.003	0.016	0.02	0.01	0	0

将工业纯铁棒切割成规格为 6mm×6mm×0.5mm 的铁片，使用不同粒度（240 号、400 号、600 号、800 号）的砂纸将其表面的铁锈、划痕除去。放入 110℃ 真空干燥箱中干燥 30min，随后置于可控气氛电阻炉中。在 Ar 气保护下以 10℃/min 的升温速率升温至 1100℃，将保护气体切换为 50%CO-50%CO_2 混合气体，

恒温氧化12h，随后将炉温降低至800℃恒温处理12h。然后将气体切换为Ar气，随炉冷却8h至室温，取样进行XRD衍射分析和形貌观察。制备过程中遵循的温度制度如图3.1所示，实验流程如图3.2所示。

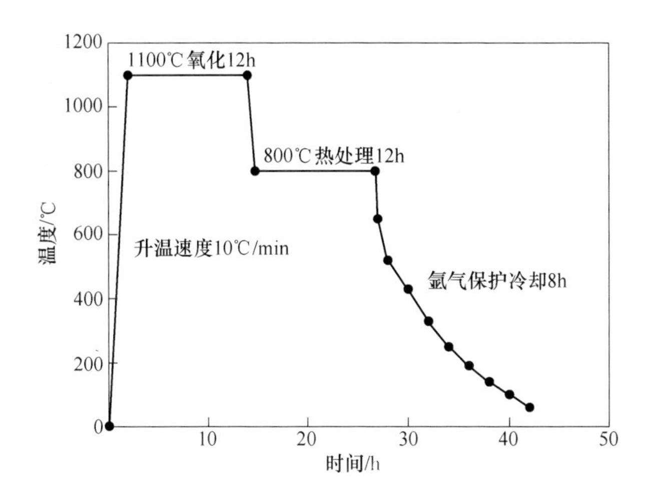

图3.1 浮氏体试样制备过程温度制度

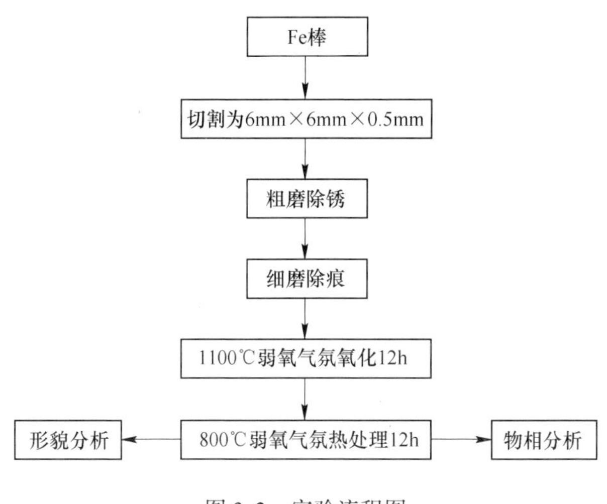

图3.2 实验流程图

将制好的浮氏体试样进行物相分析和显微形貌分析，其X射线衍射图谱如图3.3所示。通过对样品上、下表面进行检测，从X射线衍射图可以看出所制备的样品为浮氏体，晶体结构为面心立方结构，晶面取向主要为（200）和（337），晶格常数约为0.429nm，晶胞体积平均为78.95nm^3。

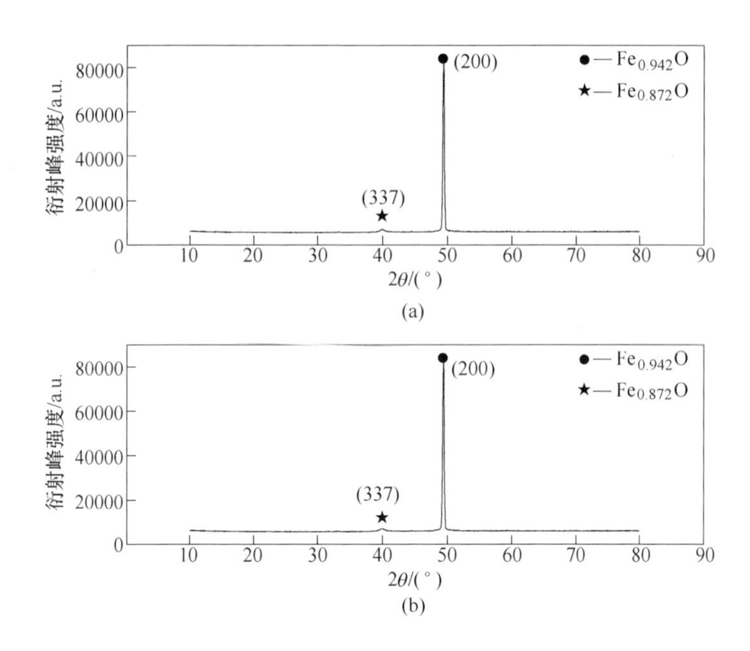

图 3.3 致密浮氏体试样表面的 X 射线衍射图

（a）上表面；（b）下表面

根据浮氏体试样面扫描结果（见图 3.4）可以看出，依据此工艺制备的浮氏体试样 Fe、O 两种元素浓度分布较均匀，没有 C 元素的聚集。

为了观察浮氏体样品内部的致密性，将试样从中间切开，经过镶样、打磨、抛光后，在扫描电镜下观察浮氏体的微观形貌，如图 3.5 和图 3.6 所示。可知，在浮氏体试样内没有观察到微孔隙、裂纹等缺陷且结晶良好，满足后续实验要求。

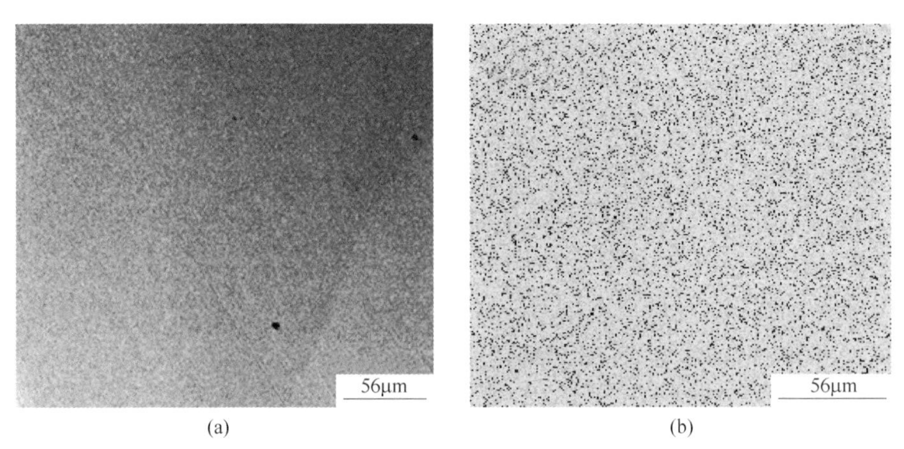

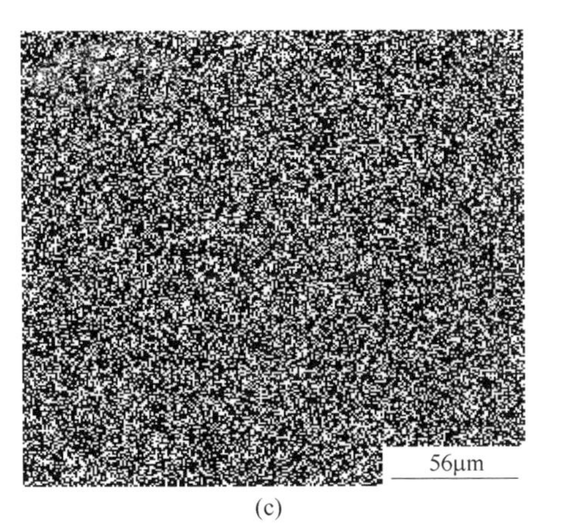

(c)

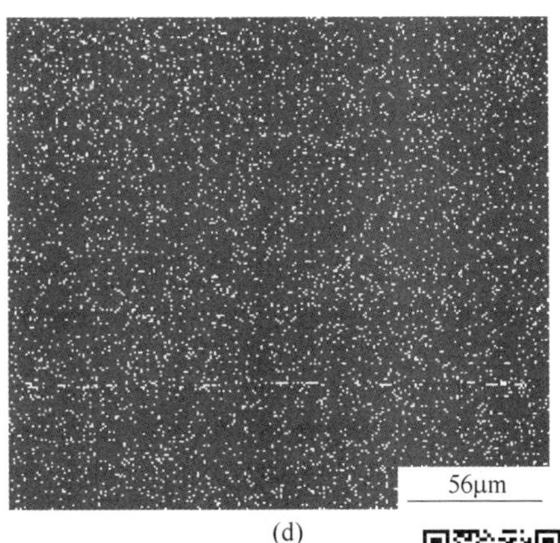

(d)

图 3.4 致密浮氏体试样表面 SEM 像（a）和 Fe（b）、O（c）、C（d）面扫描图谱

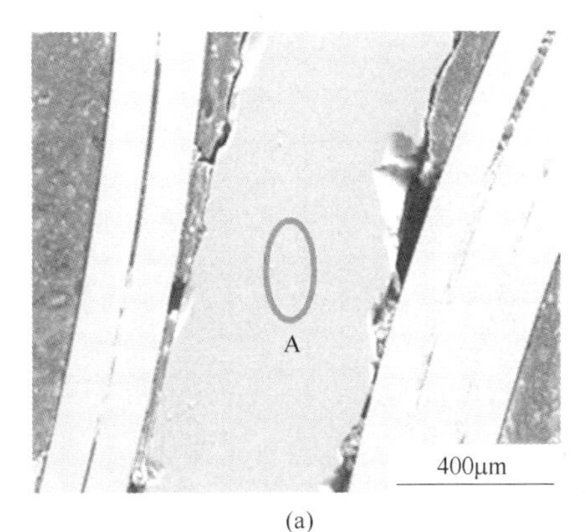

(a)

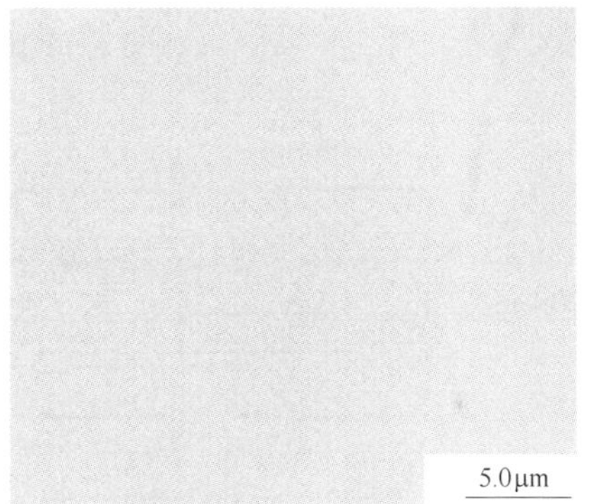

(b)

图 3.5 致密浮氏体试样断面 SEM 像

（a）样品断面的 SEM 图；（b）A 位置的局部放大图

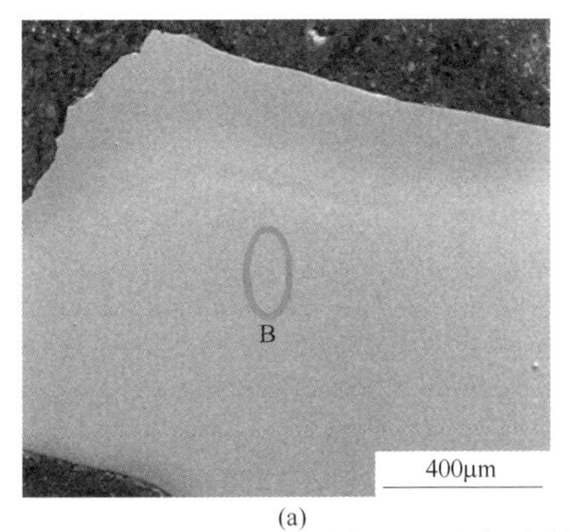

(a)

(b)

图 3.6 致密浮氏体试样表面 SEM 像

（a）样品表面的 SEM 图；（b）B 位置的局部放大图

3.1.2 实验设备与方法

磁场强化还原主体设备是本实验室自主研发的磁场还原炉，主要由炉体、磁场发生器、保温箱、控温装置和水冷装置构成，如图 3.7 和图 3.8 所示。

图 3.7 磁场还原炉实物图

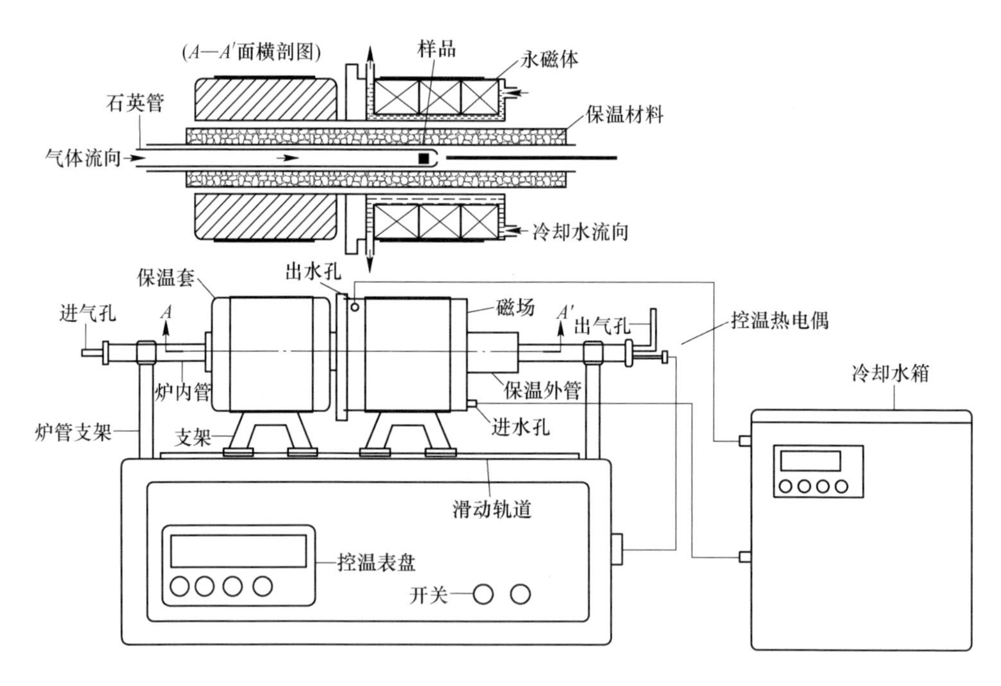

图 3.8 磁场还原炉示意图

3.1.2.1 *磁场发生器*

磁场发生器是磁场还原炉的核心部件，其内部结构如图 3.9 所示。

由图 3.9 可知，磁场发生器由三层呈环形的磁体按照顺序组合成内径为

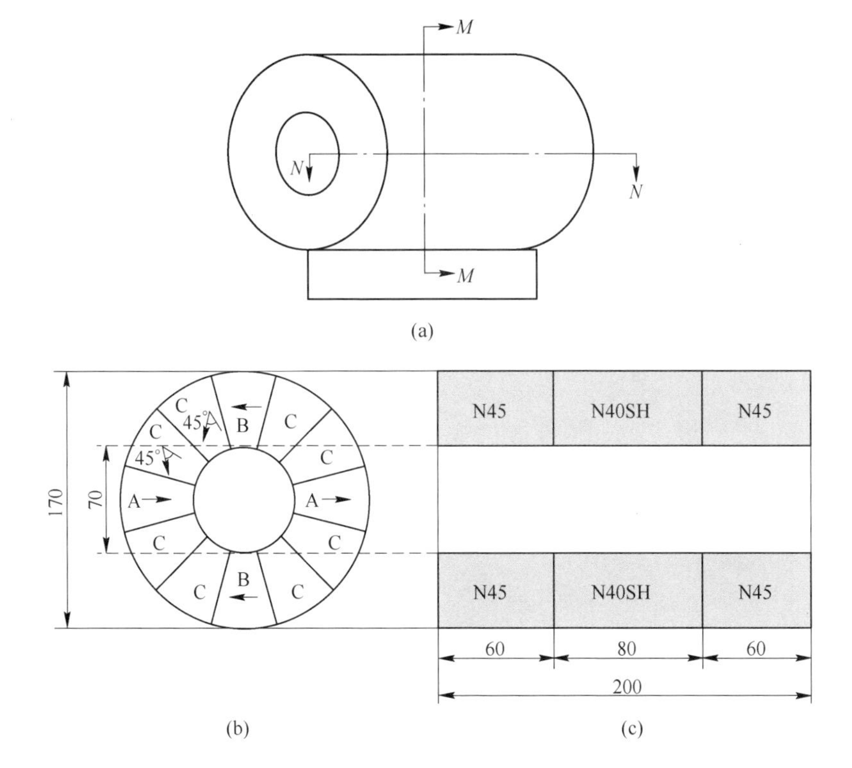

图 3.9 磁场发生器结构图

（a）磁体结构图；（b）*M—M* 剖面图；（c）*N—N* 剖面图

70mm、外径为 170mm、长为 200mm 的同心圆柱体。其中，两侧磁体均采用 N45 型钕铁硼磁性材料，长度为 60mm，中间磁体采用 N40SH 型钕铁硼磁性材料，长为 80mm。要在磁体内部获得一定范围的稳恒磁场，每层磁体由 12 块充磁方向不同的单片瓦型结构磁铁拼合而成，充磁方向如图 3.9（b）所示。要将 12 块瓦型结构的小磁铁拼合成一个完整的圆形，每一块瓦型小磁铁要严格按照一定的参数进行设计，从角度、弧度［见图 3.10（a）］及棱边长度［见图 3.10（b）］都要严格控制。将每块单片瓦型磁铁进行拼合后，最终形成图 3.9（a）所示的稳恒磁体。

磁场发生器安装完成后，使用高斯计沿磁体内腔中轴线进行磁场强度的测量，图 3.11 给出了磁场强度随轴向距离变化的情况。可知，磁体两端磁场强度较小，从两端往磁体中心靠近，磁场强度逐渐增大，并在磁体中心形成一定范围的恒磁区，该区域磁场强度 $B=(1.02\pm0.01)$T，长度 75mm，方向沿横向分布。

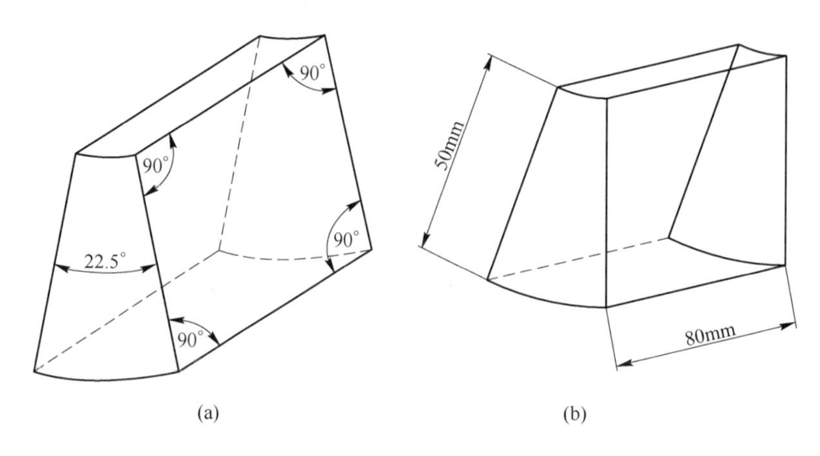

图 3.10 单片瓦型磁铁设计图
（a）角度和弧度；（b）几何尺寸

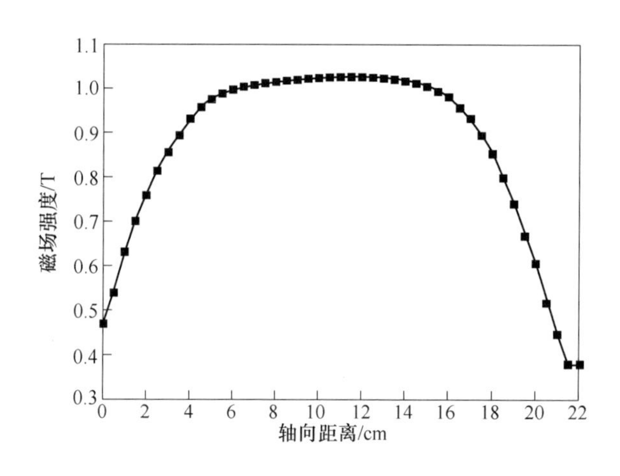

图 3.11 磁体内部磁场分布图

3.1.2.2 炉体设计

磁场还原炉炉体部分由刚玉炉管、铬镍电阻丝加热元件、K 型热电偶控温元件及保温层组成。刚玉炉管长度为 110mm，内径为 20mm，外径为 25mm。炉管中部缠绕镍铬电阻丝，缠绕长度为 50mm，电阻丝外部套有刚玉保温套（内层保温套），长度为 60mm，内径为 45mm，外径为 48mm；炉管和内层保温套之间填充保温材料，使用的保温材料为小粒径的空心氧化铝小球，其粒径范围为 0.2~1.0mm。炉管恒温区长度 60mm，额定温度（1000±2）℃，其整体结构如图 3.12 所示。

为了在升温过程中增强保温效果，除了内层保温套之外，需要设计一个外层保温箱，形状大小和磁场发生器相似，其长度为 30cm、外径为 20cm、内径为

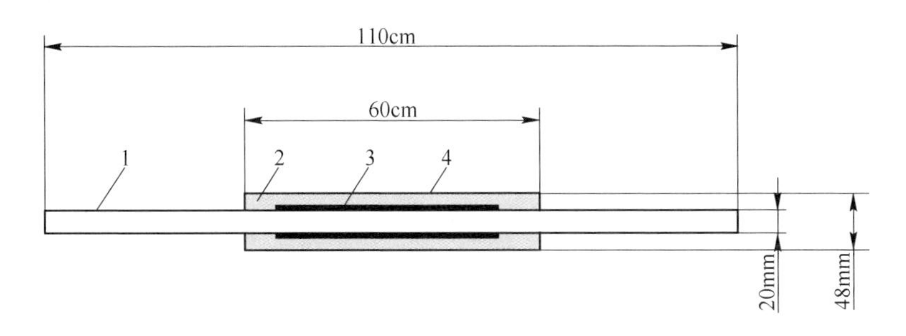

图 3.12 炉管设计图

1—炉管；2—保温氧化铝球；3—电阻丝；4—炉管内层保温套

6.5cm，外壳的制作材料是不锈钢，内部填充多晶莫来石纤维，从而实现保温的目的。磁场发生器和保温箱由不锈钢支架固定并将两者安装在水平滑动轨道上，可以沿着炉管进行移动。施加稳恒磁场时，将磁体的恒磁区域与管式炉的恒温区重合，确保试样在恒磁恒温区。在常规条件下实验时，将可移动磁体移开，保证还原过程不受磁场影响。

温度控制仪表为宇电 KSY-13-6 型，段数多，精度高，升温过程平滑无波动；触发器为智能型，60s 软启动，可保护负载避免瞬间大电流冲击，提高加热元件使用寿命。执行元件采用 MCC 模块，体积小、性能可靠、更换方便，以及运行时无噪声。测温元件采用的是镍铬镍硅热电偶，WRP130 型，分度号为 K，补偿导线分度号为 KC。在实验时调节 K 型热电偶端点与石英送样管底部紧密接触，这样确保还原过程中试样所在区域的温度与预定温度值一致，对温度的控制精度能够满足本实验要求。

3.1.2.3 磁体冷却装置

磁体在高温处理时需要进行冷却，水冷装置由水冷套、循环水箱、制冷机及水泵组成。所用的水冷套由紫铜制成，内径为 50mm，外径为 70mm。使用制冷机降低循环水的温度，由水泵将通过制冷机冷却后的循环水导入磁体水冷套，进而降低磁体的表面温度，防止其退磁。

3.1.2.4 气体控制装置

气流控制主要使用的是配有干燥器的 CS200-A、C、D 型 MFC/MFM 气体质量流量计，气流量控制的精确度可到 ±1.0% S.P.（最大量程），最大耐压为 3MPa，它能够精确控制气体的通入流量，其中 CO 流量计的最大量程为 1000sccm（1000mL），CO_2 流量计的最大量程为 3900sccm（3900mL）。按照一定配比，将高纯 CO 和 CO_2 通入不锈钢混气罐进行充分混合后通入反应管中参与还原反应。

按照表 3.2 的实验条件，称取一定质量的已经制备好的还原物料，块状料装入底部留有通气孔的石英管（内径为12mm、外径为14mm）内，粉状料装入料舟内，料舟由孔径为38μm（400目）的钼丝网编制而成。将石英管或者料舟送入刚玉炉管内，使样品处于恒温区位置，封闭炉口吹 N_2 排净炉内空气。以10℃/min的升温速率升温至预设温度时，将外保温层移开，磁场发生器移至加热区，保证恒温区和恒磁区重合。待温度稳定后，将 N_2 切换为实验所需的一定配比（体积分数）的CO、CO_2 混合气体（通过气体质量流量计精确控制各反应阶段的还原势，确保每个反应阶段没有其他铁的氧化物相的生成），气体流量为1L/min。自动恒温至规定时间后，迅速将还原后样品取出在 N_2 下急冷至室温，随后称量并记录样品质量。对冷却后的还原物料取样化验、计算还原物料还原度和金属化率，并通过X射线衍射分析还原物料的物相组成，通过光学显微镜和扫描电子显微镜及能谱分析对还原物料的微观结构进行分析。

表3.2 不同还原阶段的实验条件

序号	原料特性	反应阶段	还原气氛（体积分数）	反应温度/K	反应时间/min
1	Fe_2O_3（≥99%），粉料	$Fe_2O_3 \rightarrow Fe_3O_4$	10%CO+90%CO_2	773~1173	0~12
2	Fe_3O_4（≥99%），料柱（H=3mm，D=10mm）	$Fe_3O_4 \rightarrow Fe_xO$	50%CO+50%CO_2	973~1173	0~60
3	Fe_xO（≈100%），致密（L=6mm，W=6mm，H=0.5mm）	$Fe_xO \rightarrow Fe$	90%CO+10%CO_2	973~1123	0~220
4	Fe_2O_3（≥99%），粉料	$Fe_2O_3 \rightarrow Fe$	80%CO+20%CO_2	1073	0~120

3.2 磁场对铁氧化物还原效率的影响

一般地，反映铁矿直接还原过程反应效率、评价能量消耗的重要指标为还原度和金属化率。其中，金属化率是用还原物料中金属铁含量与其全铁含量之比表示，它表征了铁氧化物被还原的程度。其计算公式为：

$$M(t) = \frac{w(M_{Fe})}{w(TFe)} \times 100\% \tag{3.1}$$

式中 $M(t)$——t 时刻铁矿样的金属化率，%；

$w(M_{Fe})$，$w(TFe)$——t 时刻样品的金属铁和全铁的质量分数，%。

还原度是用还原物料中铁氧化物的失氧量 $m_{O失氧}$ 与铁氧化物的总含氧量 $m_{O总氧}$ 的比值来表示，即：

$$R = \frac{m_{O失氧}}{m_{O总}} \times 100\% \tag{3.2}$$

对于使用气体还原剂对铁氧化物进行还原的过程，还原度的计算公式表示为：

$$R(t) = \frac{m_0 - m_t}{m_0 \times \rho(O)} \times 100\% \tag{3.3}$$

式中 $R(t)$——t 时刻铁矿样的还原度；

m_0——初始时刻样品的实际质量；

m_t——还原开始后 t 时刻的样品实际质量；

$\rho(O)$——$Fe_2O_3 \rightarrow Fe_3O_4$、$Fe_3O_4 \rightarrow Fe_xO$ 、$Fe_xO \rightarrow Fe$、$Fe_2O_3 \rightarrow Fe$ 反应阶段单位质量样品的理论失氧量。

3.2.1 磁场对还原时间的影响

还原温度 800℃时，在稳恒磁场和无磁场条件下，铁氧化物还原过程中不同反应阶段还原度随时间的变化如图 3.13 所示。

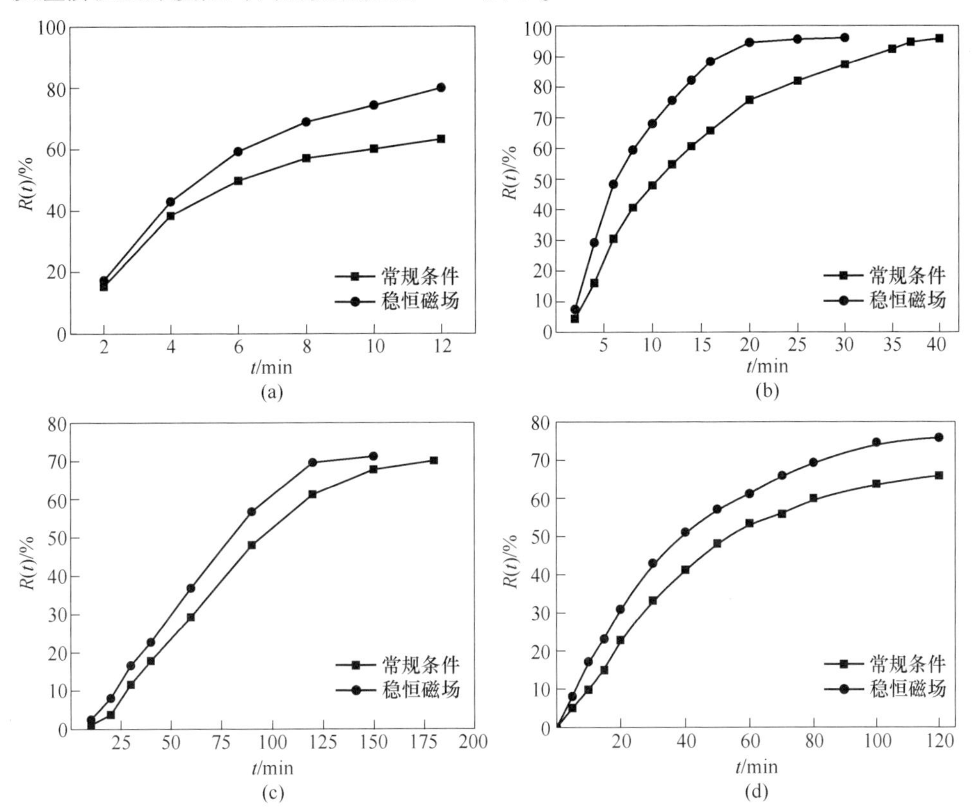

图 3.13 在有磁和无磁条件下，800℃铁氧化物还原过程不同反应阶段还原度随时间的变化

(a) $Fe_2O_3 \rightarrow Fe_3O_4$；(b) $Fe_3O_4 \rightarrow Fe_xO$；(c) $Fe_xO \rightarrow Fe$；(d) $Fe_2O_3 \rightarrow Fe$

由图 3.13 可知，无论有无磁场，在还原温度 800℃时，还原度随着还原时间的延长而升高，呈现典型的 S 形曲线和三个区域，即诱导期、加速期和滞后期。施加磁场，在 $Fe_2O_3 \to Fe_3O_4 \to Fe_xO \to Fe$ 逐级还原过程中，不同反应阶段铁氧化物还原度均高于常规条件。在 $Fe_2O_3 \to Fe_3O_4$［见图 3.13（a）］，当还原时间为 2min 时，与无磁条件相比磁场下的还原效率提高了 126%。在 $Fe_3O_4 \to Fe_xO$［见图 3.13（b）］，当还原度达到 95%时，有磁条件所需时间 20min，仅为常规条件下的一半。

表 3.3 给出了有磁和无磁条件 $Fe_3O_4 \to Fe_xO$ 反应达到相近还原度时所需的时间。

表 3.3　有磁和无磁条件 $Fe_3O_4 \to Fe_xO$ 反应达到相近还原度时所需的时间

还原度	30%	60%	82%
稳恒磁场	4min（29.21%）	8min（59.44%）	14min（82.20%）
常规条件	6min（30.52%）	14min（60.62%）	25min（81.93%）

可见，磁场能够显著缩短还原所需的时间。在 $Fe_xO \to Fe$［见图 3.13（c）］时，$t=10$min，还原度是无磁条件的 2.26 倍；$t=40$min，还原度是无磁条件的 1.27 倍；当还原度 70%时，还原时间则缩短了 60min。这说明 $B=1.02$T 稳恒磁场可以促进各阶段的反应，缩短反应时间，有利于四氧化三铁、浮氏体和金属铁的生成。同时，原料状态不会改变磁场对还原的促进作用，无论是粉状物料还是致密块料，磁场条件下铁矿的反应效率均高于无磁条件。

使用还原度的无因次变化量 β 来说明磁场对不同反应阶段铁氧化物还原的影响程度，即：

$$\beta = [R_m(t) - R_n(t)]/R_n(t) \tag{3.4}$$

式中　$R_m(t)$，$R_n(t)$——分别为有磁和无磁条件下的还原度。

从 $Fe_3O_4 \to Fe_xO$、$Fe_xO \to Fe$ 和 $Fe_2O_3 \to Fe$ 三个反应阶段 β 随时间变化规律可以看出（见图 3.14），在还原初期（即诱导期），磁场对铁氧化物还原的作用效应最为明显，随着反应的进行 β 急剧降低，说明还原机理发生了变化，从而改变了还原速率；在还原中期（即加速期），β 随反应时间的延长呈现缓慢降低的趋势，直至还原末期，磁场引发的效应出现小幅降低逐渐趋于零。

以 $Fe_xO \to Fe$ 反应阶段为例说明磁场作用随时间的变化规律，在 $t<20$min 时，浮氏体还原速率由 α-Fe 相形核速率所控制，磁场对新相 α-Fe 形核过程的影响显著大于无磁条件，这与第 2 章磁场对新相形核影响的热力学分析相一致。前述指出，磁场通过增加新相形核驱动力来降低形核势垒和形核半径，进而加快了还原的启动速度，使得还原初期的反应速率高于无磁条件。在反应 20min 后，浮氏体还原过程中速度最慢的环节是 α-Fe 相的生长，显然磁场促进了该相的生长。

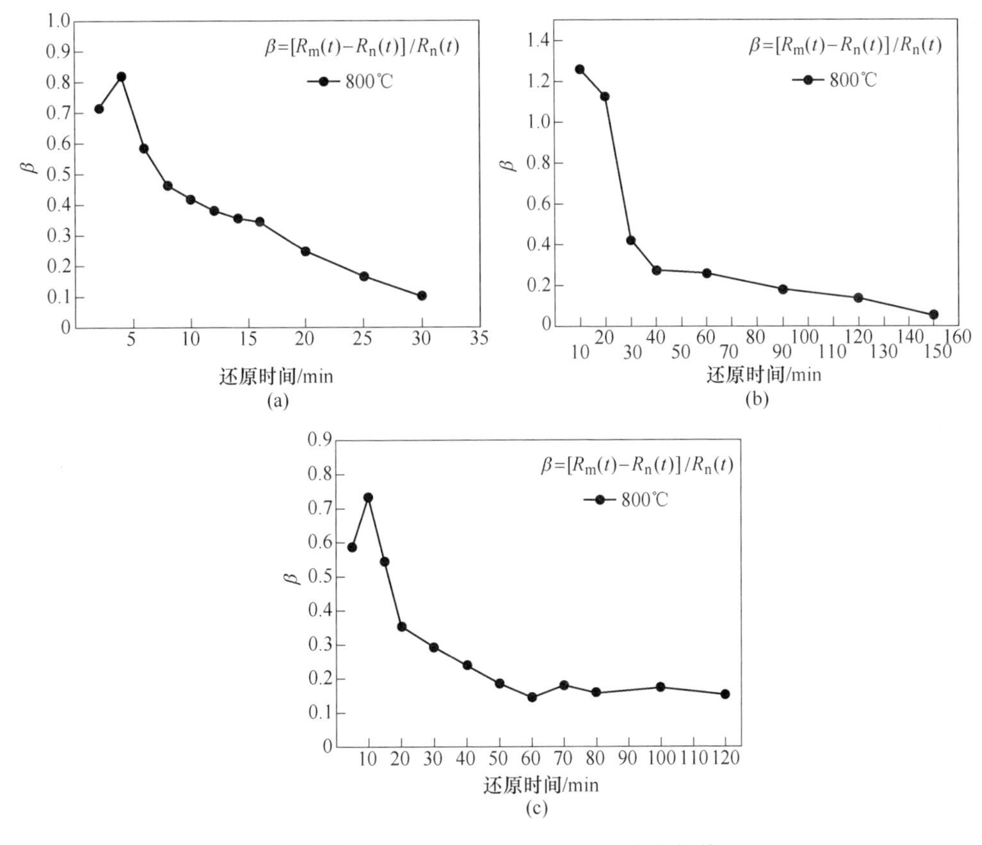

图 3.14 磁场作用强度β随时间的变化规律

(a) $Fe_3O_4 \to Fe_xO$；(b) $Fe_xO \to Fe$；(c) $Fe_2O_3 \to Fe$

随时间的推移，浮氏体还原速率快速增长，β 呈现缓慢降低趋势，直至达到 150min 后，反应进入了滞后期，即还原末期，此时 Fe_xO 浓度很低，可发生反应的界面有限。同时，由于相邻新相形核区域之间的相互干扰，无论是通过直接碰撞还是通过对 Fe 原子的长期竞争，α-Fe 相的生长速率也会降低。这些因素导致反应后期 $Fe_xO \to Fe$ 的转变速率非常缓慢趋于平衡，β 趋近于零。如果无限延长时间，无论有无磁场，在一定热力学条件下（如温度、压力恒定），浮氏体生成金属铁的反应能进行的限度和生成物理论最高产量将是一致的，说明磁场对反应进行的限度无明显影响。

3.2.2 磁场对还原温度的影响

在有磁和无磁条件下，分别对 $Fe_3O_4 \to Fe_xO$、$Fe_xO \to Fe$ 两个反应阶段进行了不同温度下的等温失重实验，图 3.15 和图 3.16 给出了在有磁和无磁条件下 $Fe_3O_4 \to Fe_xO$、$Fe_xO \to Fe$ 反应阶段还原效率随温度的变化。

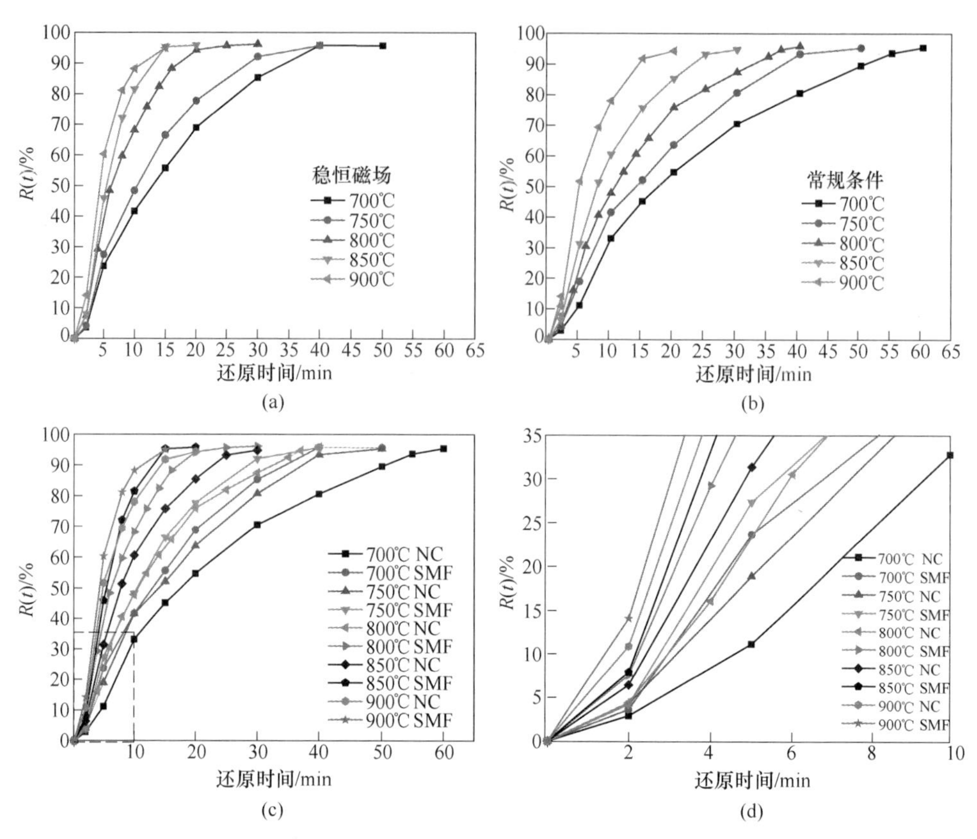

图 3.15 有磁和无磁条件下 $Fe_3O_4 \rightarrow Fe_xO$ 反应还原度随温度的变化

(a) $B=1.02$T；(b) $B=0$T；(c) $B=1.02$T 与 $B=0$T 对比图；(d) 图 (c) 的局部放大图

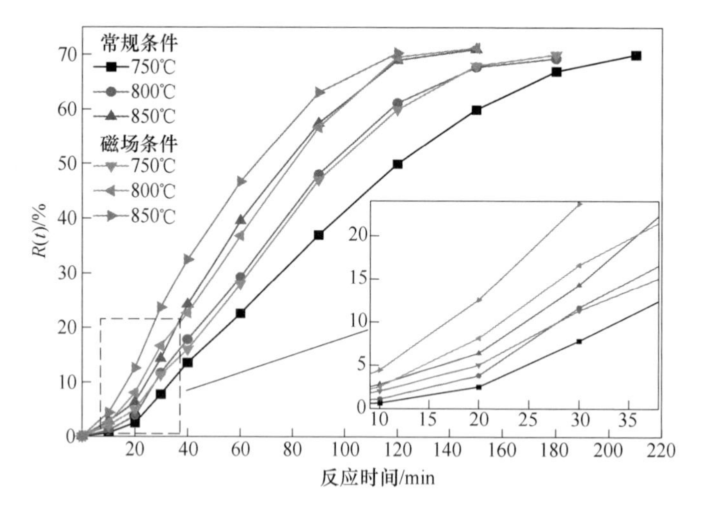

图 3.16 有磁和无磁条件下 $Fe_xO \rightarrow Fe$ 还原过程中还原度随温度的变化

由图3.15（a）、（b）可知，在温度700~900℃范围内，磁场和常规条件下$Fe_3O_4 \rightarrow Fe_xO$反应还原度随时间的变化趋势一致，呈现S形形状，即存在诱导期（还原初期）、加速期（还原中期）和滞后期（还原末期）。无论有无磁场，温度升高均有利于加快还原进程。但相同时间、磁场作用下的还原反应明显比常规条件要快，如在700℃时，磁场下还原度达到95.87%时所需时间为40min，常规条件下还原60min时还原度为95.50%。由图3.15（c）可知，当温度为700℃时，施加$B=1.02$T静磁场，在反应初期即诱导期，其还原效果与800℃无磁条件下的反应效果相当；在反应加速期即还原中期，还原度介于无磁条件下的750℃和800℃之间；在反应末期，磁场的作用减弱，反应处于停滞期。当温度为750℃和800℃时，在$Fe_3O_4 \rightarrow Fe_xO$还原初期、中期及末期，磁场产生的作用相当于反应温度提高了50~100℃。当温度为850℃时，磁场产生的作用相当于反应温度提高了50℃。可见，随着反应温度的升高，磁场的强化效果在减弱，在$Fe_3O_4 \rightarrow Fe_xO$还原过程中，1.02T稳恒磁场产生的作用相当于反应温度提高了50~100℃。

由图3.16可知，无论有无磁场，浮氏体的还原度随反应温度的升高而增加，施加$B=1.02$T稳恒磁场后，在750~850℃温度范围内，在三个区域还原度较无磁条件均有明显提高。不同温度时，750℃磁场下浮氏体还原效率与800℃无磁条件相当，800℃则与850℃无磁条件基本一致。当反应时间在10~30min时，磁场下750℃和800℃还原度分别比无磁条件800℃和850℃稍高，当反应时间$t>$40min后，还原度反而比无磁条件800℃和850℃的略低。表明在本实验条件下1.02T磁场引起的能量变化相当于还原温度提高50℃，磁场对金属铁形核的作用强于温度增加50℃时产生的热力学效应，而磁场对金属铁生长的影响比温度升高50℃时弱。在$Fe_3O_4 \rightarrow Fe_xO$和$Fe_xO \rightarrow Fe$两个反应过程中，通过比较不同反应温度下铁氧化物的还原能力可知，施加稳恒磁场能够降低铁矿的还原温度，1.02T的磁场可将反应温度降低50~100℃。

图3.17为$Fe_xO \rightarrow Fe$反应阶段β随着温度的变化规律。

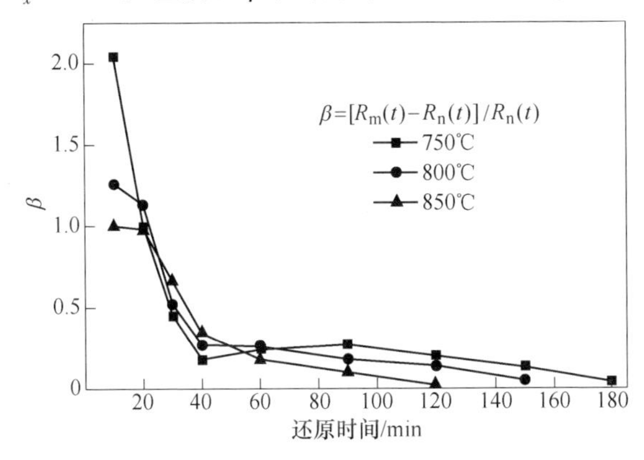

图3.17　不同温度下磁场作用强度β随时间的变化规律

由图3.17可知，相同温度时，β随着温度升高而减小，在反应20min后开始随着温度增加而增大，随着反应的进行又随着温度升高而减小。出现这样的现象，是因为在反应初始时刻浮氏体样品直接暴露在还原气氛中，反应物表面直接与CO接触，不存在反应气CO和产物CO_2传输快慢的问题。在本实验条件下失氧反应不作为限制性环节，此时反应的快慢取决于金属铁的形核，温度升高有利于形核，磁场对金属铁形核的作用强度随着温度增加逐渐减小。但随着反应的进行，金属铁晶体开始生长。Hayes指出，浮氏体在CO/CO_2混合气氛下还原，无论最终产物形态如何，铁的初始结构总是以致密铁层形式存在，恶化了气体的传输条件。施加磁场，由于磁场的力磁效应，使铁层产生内应力呈现多孔状结构，增加了反应界面，改善了气体扩散条件。随反应温度升高，提高了金属铁原子的扩散能力，生成的铁层更厚，磁场对金属铁层的碎裂作用致使β随温度升高而增加。随着反应的继续，CO会在Fe/气界面生成碳，并通过铁层扩散到FeO/Fe界面，与氧反应生成的CO_2越来越多，导致CO_2局部压力增加，会使金属铁层爆裂形成孔洞裂纹。此时，磁场的碎裂作用随反应的进行而逐渐减弱，且在CO体积浓度90%的还原势下，反应速率随反应温度的升高而加快，反应界面随时间增大的趋势逐渐减弱，因此当还原时间$t>65$min时，β随温度增加而减小。

3.3 磁场对还原过程中物相变化的影响

为了分析磁场在氧化铁还原过程中对物相变化造成的影响，采用X射线衍射技术（XRD）对氧化铁还原后物料进行物相检测。XRD图谱如图3.18所示。

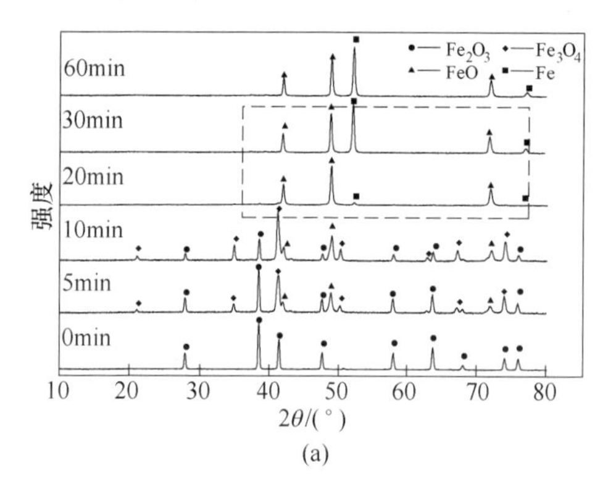

(a)

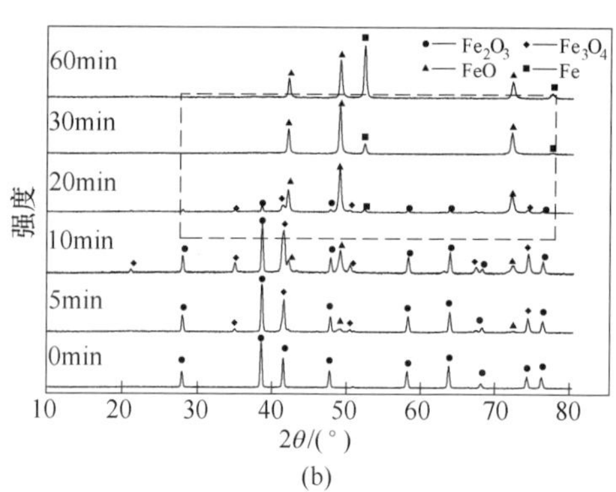

(b)

图3.18 不同还原时间纯Fe_2O_3还原样品X射线衍射图谱

（a）$B=1.02$T；（b）$B=0$T

根据图3.18可以观察到，有磁和无磁条件下Fe_2O_3还原均遵循$Fe_2O_3 \rightarrow Fe_3O_4 \rightarrow Fe_xO \rightarrow Fe$的顺序，且整个还原过程未发现碳和铁碳化合物的衍射峰，说明反应过程中并未发生析碳和渗碳或者反应很微弱。由图 3.18（a）可知，磁场条件下还原 5min 时 Fe_2O_3 因还原消耗，衍射峰强度大幅降低，Fe_3O_4 和 Fe_xO 的衍射峰出现。随着反应的进行，Fe_2O_3 和 Fe_3O_4 的衍射峰逐渐减弱，还原至 20min 时，完全消失，同时金属铁衍射峰开始出现。还原至 60min 时，随着铁氧化物的还原金属铁衍射峰强度逐渐增强。与施加磁场相比较，常规冶金条件下氧化铁失氧速度减慢，在反应过程中不同价态铁氧化物 Fe_2O_3、Fe_3O_4、Fe_xO、Fe 衍射峰出现和消失的时间均比磁场条件下滞后，说明磁场加快了还原的进行，但不会改变产物的析出顺序。

3.4 磁场对还原过程中铁氧化物显微形貌的影响

为了分析磁场下不同价态铁氧化物形貌的变化特征，将不同阶段还原后的样品进行镶样、磨样和表面喷金等处理，采用扫描电镜（SEM）进行表面微观形貌观察；根据 EDS 确定样品内各元素相对含量，并结合 XRD 判断物相组成。由于 α-$Fe_2O_3 \rightarrow Fe_3O_4$ 的转变在热力学上是不可逆的，微量的还原剂就能使 α-Fe_2O_3 还原到 Fe_3O_4。因此，针对 $Fe_3O_4 \rightarrow Fe_xO$ 和 $Fe_2O_3 \rightarrow Fe$ 的反应过程，考察在转变过程中磁场对反应物和产物形貌的影响；针对 $Fe_xO \rightarrow Fe$ 的转变过程，考察磁场对 Fe 析出形貌的影响。

3.4.1 $Fe_3O_4 \rightarrow Fe_xO$ 转变中磁场对反应物和产物形貌的影响

$Fe_3O_4 \rightarrow Fe_xO$ 反应阶段样品的 SEM 像和 EDS 分析结果如图 3.19 和表 3.4 所示。由 XRD 图谱可知，在此反应阶段只有 Fe_3O_4 和 Fe_xO 两种物相，且 Fe_xO 理论氧含量（22%~25%）比 Fe_3O_4 理论氧含量（27%）低，根据图 3.19 中 A、B、C 三点的 EDS 分析结果可知，浅灰色区域为 Fe_xO，深灰色区域为 Fe_3O_4。

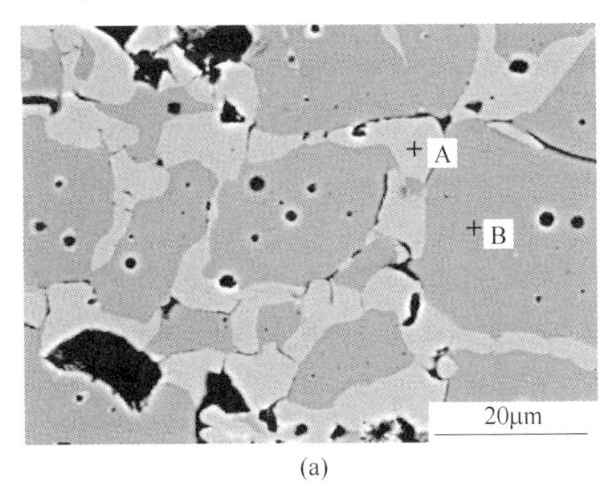

(a)

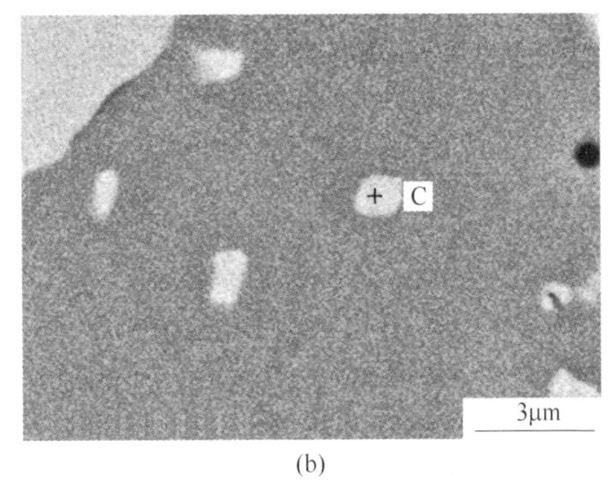

(b)

图 3.19 在 $Fe_3O_4 \rightarrow Fe_xO$ 反应阶段，磁场作用下 800℃时试样的 SEM 像

（a）1500×；（b）8000×

表 3.4 图 3.19 中各点 EDS 分析结果（质量分数） （%）

点	Fe	O
A	78.94	20.83
B	76.53	23.83
C	79.12	20.88

图 3.20～图 3.23 分别为有磁和无磁条件下，Fe_3O_4 和 Fe_xO 相的形貌变化。

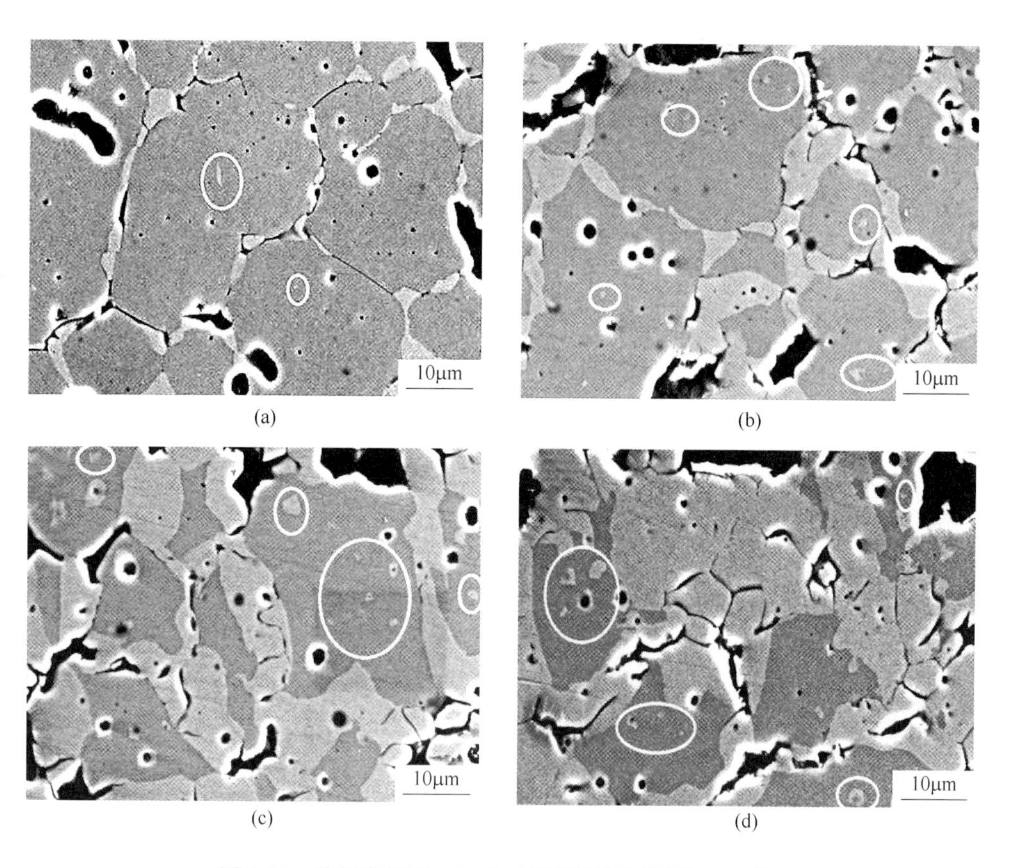

(a) (b) (c) (d)

图 3.20 稳恒磁场下，800℃时不同还原时间的 SEM 像
(a) 2min；(b) 6min；(c) 10min；(d) 14min

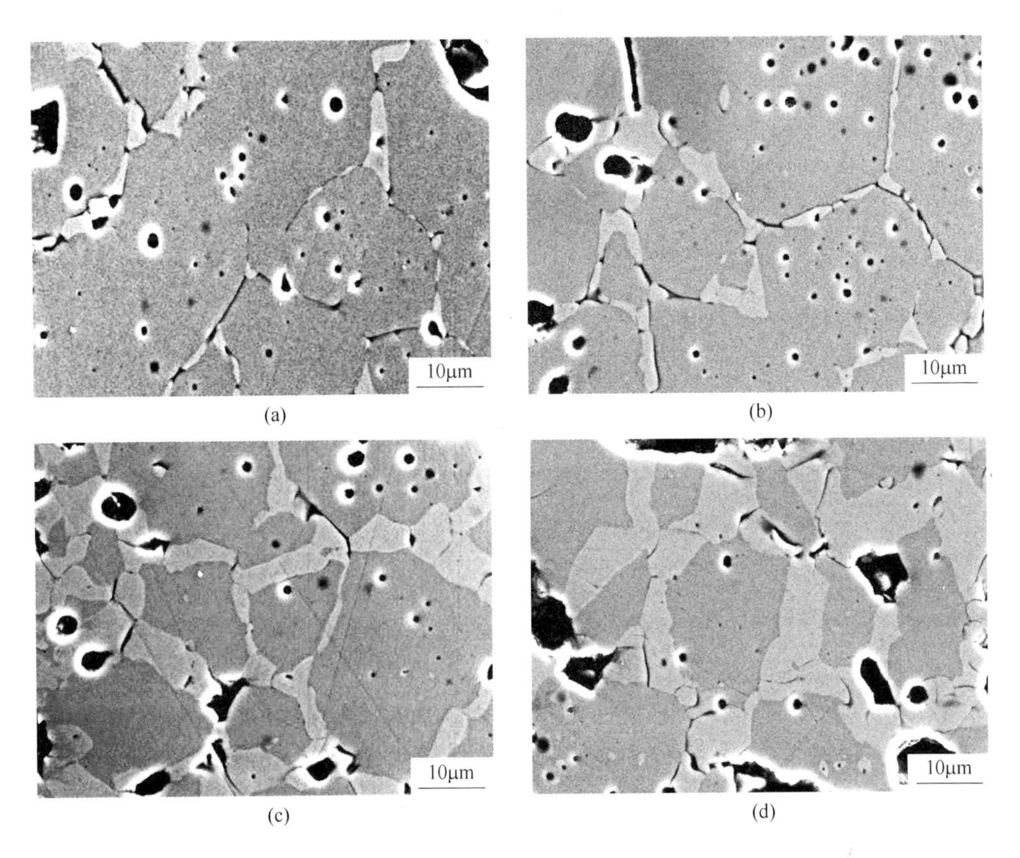

图 3.21 常规条件下，800℃时不同还原时间的 SEM 像
(a) 2min；(b) 6min；(c) 10min；(d) 14min

从图 3.20~图 3.23 可知，无论有无磁场，反应都从 Fe_3O_4 颗粒表面开始，即从颗粒表面某些活性中心开始形成 Fe_xO 晶核，逐渐向颗粒中心推进，Fe_xO 以收缩核的方式生长。施加磁场后，2min 时已有少量 Fe_xO 相生成，Fe_3O_4 和 Fe_xO 相界面不断扩大，有利于反应速率的提高，6min 时生成的 Fe_xO 相基本把 Fe_3O_4 颗粒包围，两相之间有明显的界面，生成的 Fe_xO 相随着时间的延长明显增多。与无磁条件下相比较，施加磁场后相同反应时间时浮氏体的生长厚度明显增长，在浮氏体层出现大量裂纹，且整个反应过程中致密 Fe_3O_4 内部均有点状浮氏体的生成。

依据未反应核模型速率变化特征，反应要经历诱导期、界面扩大期和界面缩小期。对于 $Fe_3O_4 \rightarrow Fe_xO$ 转变，首先在 Fe_3O_4 表面活性点开始形成 Fe_xO 新相，随着相界面的扩大，产物层厚度增加，这一系列过程主要依靠 Fe^{2+} 和 O^{2-} 在 Fe_xO 和 Fe_3O_4 相中的相对扩散及气体在 Fe_xO 层中的扩散来完成。磁场作为能量场使得 Fe_xO 晶核诱导期短，不但在 Fe_3O_4 相表面易于形核，且在致密 Fe_3O_4 相内部也有点状浮氏体生成；同时由于 Fe_3O_4 和 Fe_xO 相晶格常数不同，会产生明显的

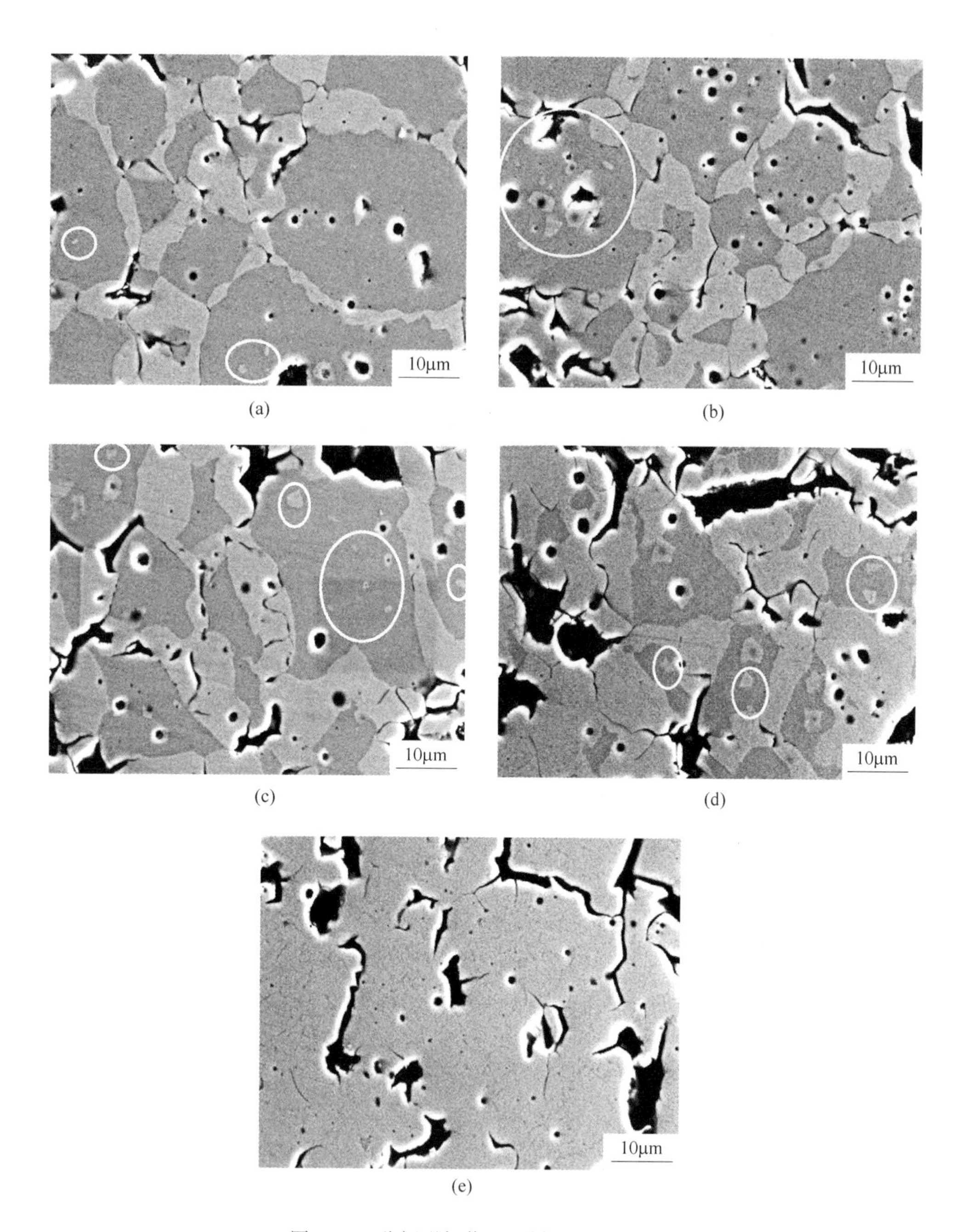

(a) (b) (c) (d) (e)

图 3.22 稳恒磁场作用下样品的 SEM 图

(a) 700℃, 10min; (b) 750℃; 10min; (c) 800℃, 10min; (d) 850℃, 10min; (e) 900℃, 10min

体积收缩，且磁场产生的作用力使生成的 Fe_xO 层出现大量裂纹，还原性气体沿这些裂纹扩散，加速了 Fe_3O_4 的还原。

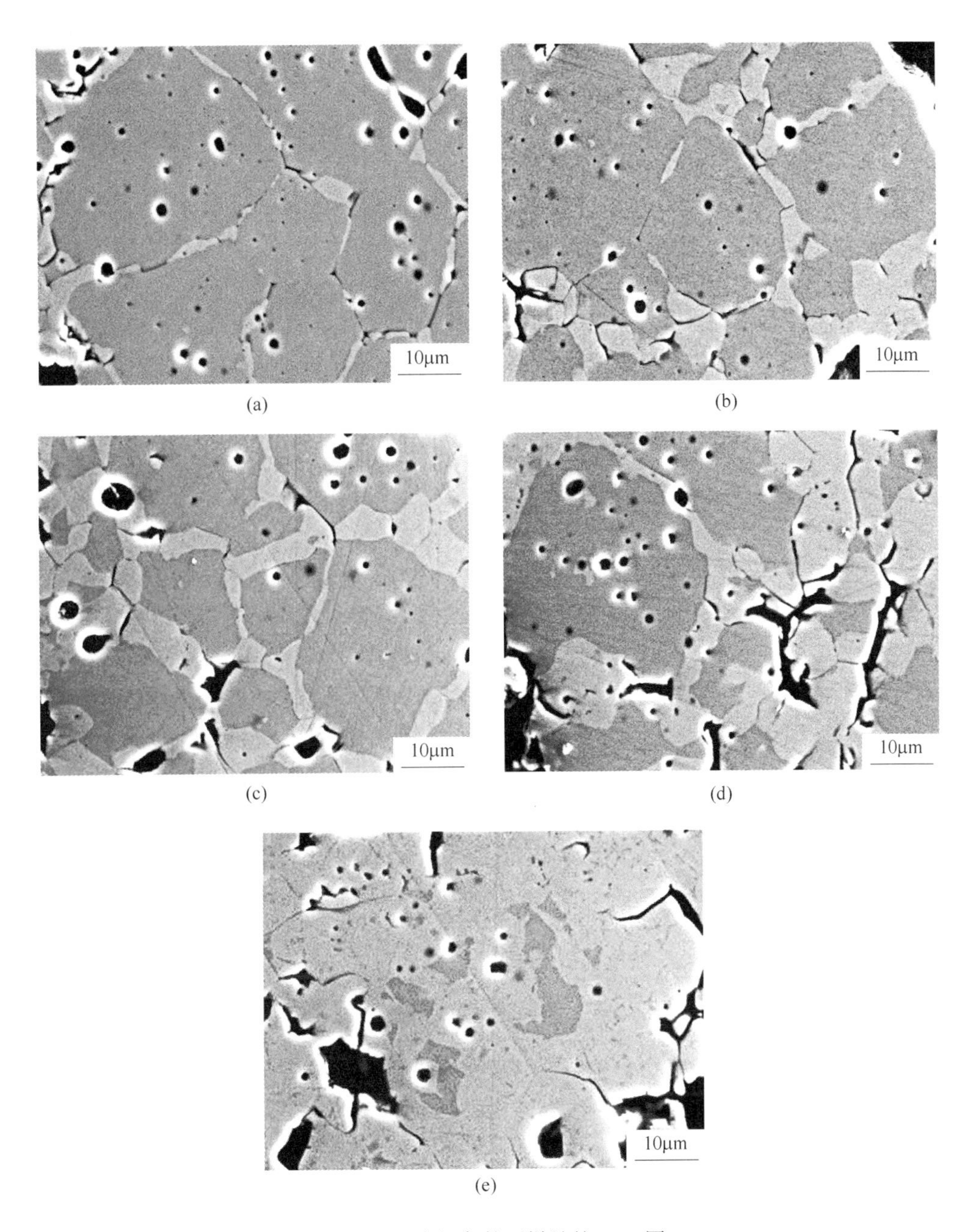

图 3.23 常规条件下样品的 SEM 图

(a) 700℃，10min；(b) 750℃，10min；(c) 800℃，10min；(d) 850℃，10min；(e) 900℃，10min

从图 3.22 和图 3.23 可以看出，无论有无磁场，在不同温度下浮氏体都是以缩核的形式生长，随着温度升高，产物层越来越厚，还原反应更加充分。与无磁条件相比较，磁场不仅加快了 Fe_xO 相的生成，同时改变了 Fe_xO 相的形核位置。在图 3.22（a）~（d）中，在致密 Fe_3O_4 样品内部存在大量点状 Fe_xO 的形核生长，且温度升高加剧了 Fe_xO 相的形核数量。而在图 3.23（a）~（e）中未发现点状 Fe_xO 相。此外，从不同温度下反应物和产物的疏松程度来看，磁场促使裂纹、空隙、孔洞等缺陷的生成。这与第 2 章中磁场对于磁介质能够产生力磁效应，从而使其外形发生变化的分析相一致。

3.4.2 Fe_2O_3→Fe 转变中磁场对反应物和产物形貌的影响

Fe_2O_3→Fe 反应过程中样品的 SEM 像和 EDS 分析结果如图 3.24 和表 3.5 所示。根据 EDS 能谱分析并结合 XRD 物相检测结果可知，图 3.24 中浅灰色颗粒（点 1 处）为 Fe_xO，白色物质（点 2 处）为 Fe。由图 3.24 可观察到 Fe 首先在 Fe_xO 颗粒边缘生长，并逐渐向颗粒中心推进，呈未反应核模型生长。由于还原过程中铁氧化物晶格结构发生改变，导致铁氧化物产生疏松、裂缝，碎裂为小颗粒。磁场条件下，还原 20min 时，碎裂后的 Fe_xO 小颗粒分散在体系内，颗粒间

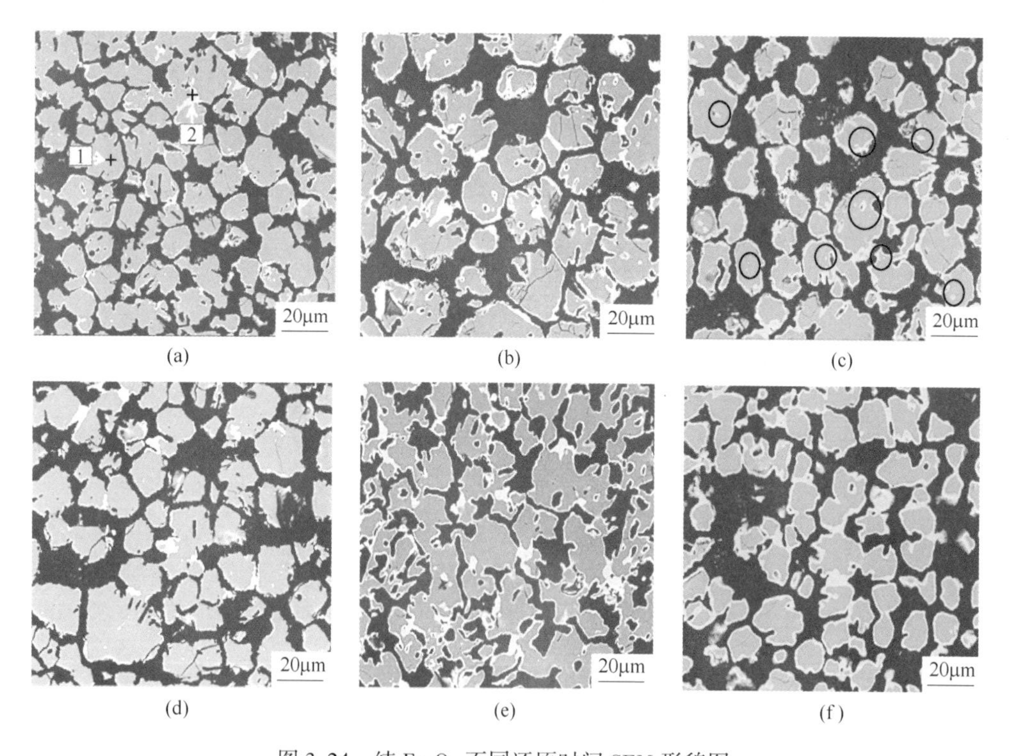

图 3.24 纯 Fe_2O_3 不同还原时间 SEM 形貌图

（a）磁场，20min；（b）磁场，60min；（c）磁场，100min；
（d）常规，20min；（e）常规，60min；（f）常规，100min

形成许多孔隙，同时 Fe_xO 内部也形成了大量的孔洞和裂纹，此时已有少量 Fe 在 Fe_xO 颗粒边缘快速生长。还原至 60min 时，生成的 Fe 层将 Fe_xO 颗粒包裹住，可以观察到明显的界面，还原以未反应核模型进行。还原至 100min 时，Fe 层厚度明显增加，遵循能量最低原理，为了降低界面能，Fe 层以球状生长，其界面能最低，这样的生长方式增大了 Fe_xO 颗粒间的空隙，防止粘连。磁场改变了金属铁的形核位置，不仅在 Fe_xO 颗粒表面、孔隙、裂纹等处易于与 CO 气体接触的区域内形核生长，而且在致密的 Fe_xO 颗粒内部也有点状金属铁的生成。

表 3.5 图 3.24 中各点 EDS 分析结果（质量分数） （%）

点	Fe	O
1	87.25	12.75
2	100	—

常规条件下 Fe_2O_3 还原的形貌变化规律与磁场条件大致相同，对比图 3.24（a）和（d）可以看出，还原 20min 时，磁场条件下体系内 Fe_xO 断裂得更剧烈，生成的 Fe_xO 颗粒尺寸更小，这些变化显著增大了还原气体与铁氧化物的反应界面，同时有利于还原气体在固体介质中的扩散。对比图 3.24（b）和（e）可以看出，常规条件下由于较高的还原温度使 Fe_xO 颗粒间相互连接形成网状结构，减少了体系内气体流通通道。然而施加磁场抑制了这种现象的出现，有利于还原气体的扩散。对比图 3.24（c）和（f）可以看到，磁场条件下 Fe_xO 颗粒内部可以观察到更多点状金属铁生成，而在无磁条件下未见此类金属铁晶核的出现。可见，磁场产生的力磁效应在使 Fe_xO 晶体出现畸变的同时，削弱了 Fe^{2+}、O^{2-} 晶格约束作用（键合作用），增强了离子活性，提高了离子扩散速率，促进金属铁形核；使还原样品变得更加疏松，改善了气体在产物层中的扩散条件。

在 $Fe_2O_3 \rightarrow Fe$ 反应过程中，磁场对还原效率及样品形貌产生的影响与 $Fe_3O_4 \rightarrow Fe_xO$ 转变过程相一致，其还原过程如图 3.25 所示。在有磁和无磁条件下，还原气体 CO 与氧化铁接触，形成明显的反应界面，低价态铁氧化物在母相颗粒边缘生长，并逐渐向颗粒中心推进，具有未反应核的特点。施加磁场下，磁应力、热应力及铁氧化物晶格结构改变等产生的应力应变，导致铁氧化物产生疏松、裂纹，这不仅增加了反应的比表面积，同时为还原性气体 CO 传输和 CO 气体还原氧化物相提供了便利，使其具有快速还原的特点。

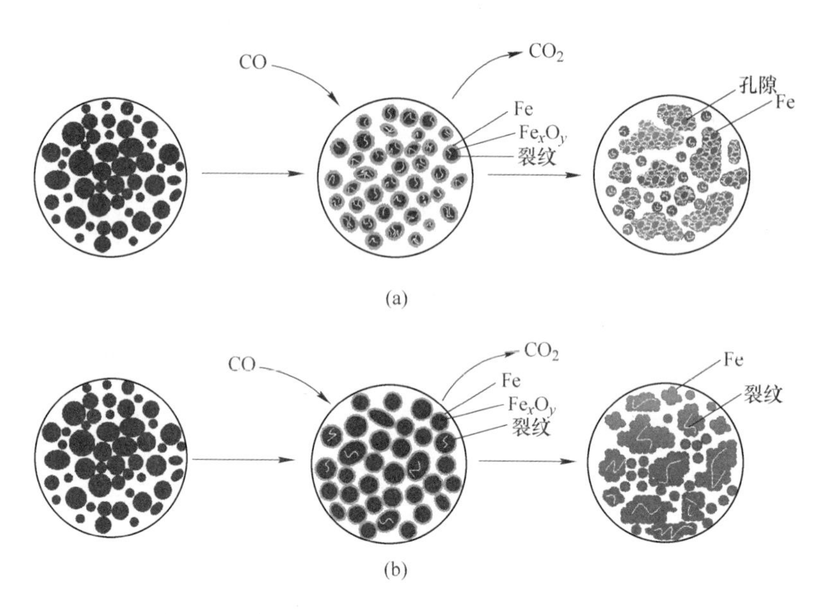

图 3.25 有无磁场条件下铁氧化物还原过程示意图

(a) B=1.02T；(b) B=0T

3.4.3 Fe_xO→Fe 转变中磁场对金属铁析出形貌的影响

Fe_xO→Fe 是铁矿还原最重要也是最为困难的一个环节，是 Fe 相开始析出的转变过程。Fe_xO→Fe 转变过程中，样品的 SEM 像和 EDS 分析结果如图 3.26 和表 3.6 所示。根据图 3.26 中点 A、点 B 的 EDS 分析结果可知，白色凸起为金属铁，深灰色为浮氏体。

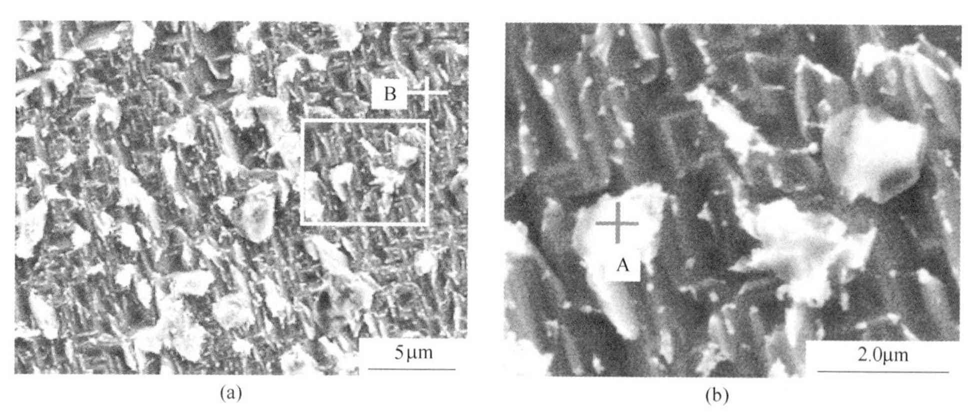

图 3.26 800℃还原 10min 样品 SEM 像

(a) 样品的显微形貌；(b) 图 (a) 的局部放大图

表 3.6 图 3.26 中各点 EDS 分析结果（质量分数） (%)

点	Fe	O
A	100	—
B	75.08	22.63

由图 3.27 和图 3.28 可知，无论有无磁场，浮氏体还原都包含表面重排和金属铁的形核与长大两个过程。在反应开始，Fe_xO 表面处于较高的能量状态，但因为固体不能流动，必须借助于粒子的变形、排列等来降低表面能，使原来平整的晶面转变为方向各异的小角度晶面。无磁场条件下还原时，表面重排杂乱无章，没有固定的方向。稳恒磁场下，Fe_xO 晶体在磁场内部产生的磁化作用会使其偏转向能量最低的位置，从而实现稳定排列，因此小角度晶面出现了取向一致的现象。对于高温下呈现顺磁性特征的浮氏体和铁晶体来说，在外磁场的作用下，其磁化率最大的方向与外磁场方向平行。因此，磁场作用下晶体的排列方式表现为：重排方向=磁化率最大方向=能量最低方向=外磁场方向。

当晶面的 Fe/O 摩尔比达到平衡后，Fe 开始形核，无论有无磁场，Fe 晶核大多形成于晶粒棱边或晶粒角隅。与无磁条件相比较，施加磁场后晶核数量增多且在晶粒内部也发现少量形核点存在，如图 3.27（a）和图 3.28（a）所示。高温状态下，浮氏体及 α-Fe 处于顺磁状态，磁化率均较低；无磁条件下，自发磁化和自发磁致伸缩产生的能量不能提供足够的磁能驱动，满足新相所需要的形核功。而施加外磁场后，反应体系将发生微观磁有序结构的一些变化，使得新旧相原子磁矩倾向于沿外场取向，产生大的磁化强度差，从而提高两相的势能差异，构成了界面微区内新相形核的磁驱动力项，有利于 α-Fe 相形核。

随着反应的进行，呈星点式分布的 Fe 晶粒进一步长大、聚集，在磁场条件下呈现片层堆叠平铺形状；与磁场的作用方向相平行，在无磁条件下，金属铁以晶须形式生长，呈扁豆或岛状形态，如图 3.27（b）、（c）和图 3.28（b）、（c）所示。Komatina 等研究均指出造成金属铁析出形态差别的主要原因是还原过程中不同扩散条件和成核现象，如果扩散控制将产生铁的晶须，若化学反应控制会出现大面积软融，在氧化物表面形成铁层。这说明磁场改变了 $Fe_xO \rightarrow Fe$ 转变机理，对界面化学反应和 Fe 的扩散产生了影响。

在金属铁持续长大的过程中，首先 Fe 晶粒聚集、连接成片，形成一层相对致密的薄膜，如图 3.29 所示。根据 EDS 线扫描结果（见图 3.29）可知，浮氏体基底上的致密层为金属铁。

在浮氏体碳热还原过程中，形成的致密铁层会随着反应的进行发生破裂，形成裂纹和缩孔等细微缺陷，也可能在局部形成多孔铁。分析认为，产生这些现象的主要原因如下。

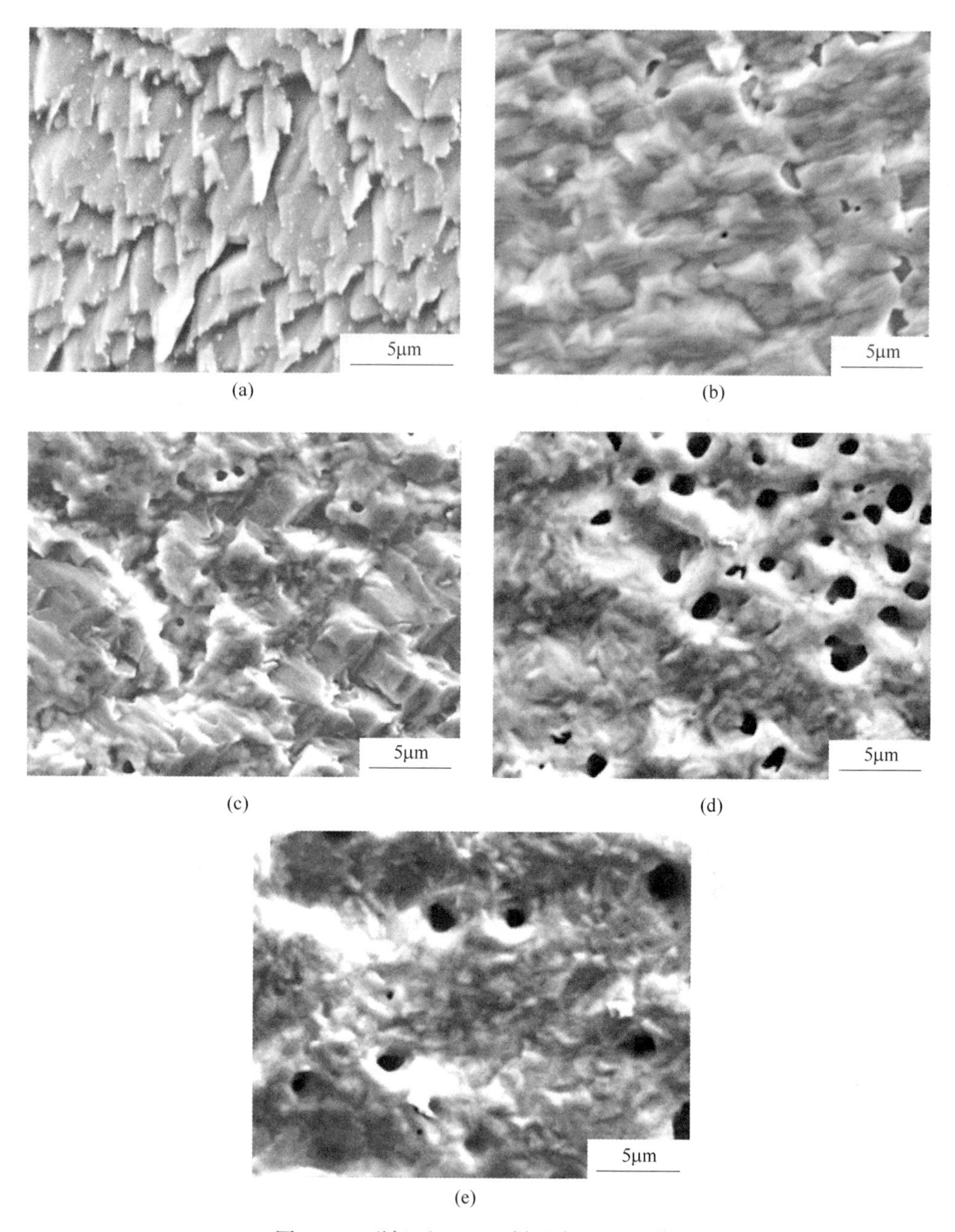

图 3.27 磁场下，800℃样品表面 SEM 像

（a）5min；（b）30min；（c）60min；（d）90min；（e）120min

（1）由于浮氏体与金属铁的晶格对应性有差别，在还原过程中受到较大的束缚力（体积发生变化），使得形成的 Fe 层出现孔隙，磁场条件下原子间交换作用和磁晶各向异性作用相互影响，使得 Fe 相晶体发生形变，宏观表现为金属铁

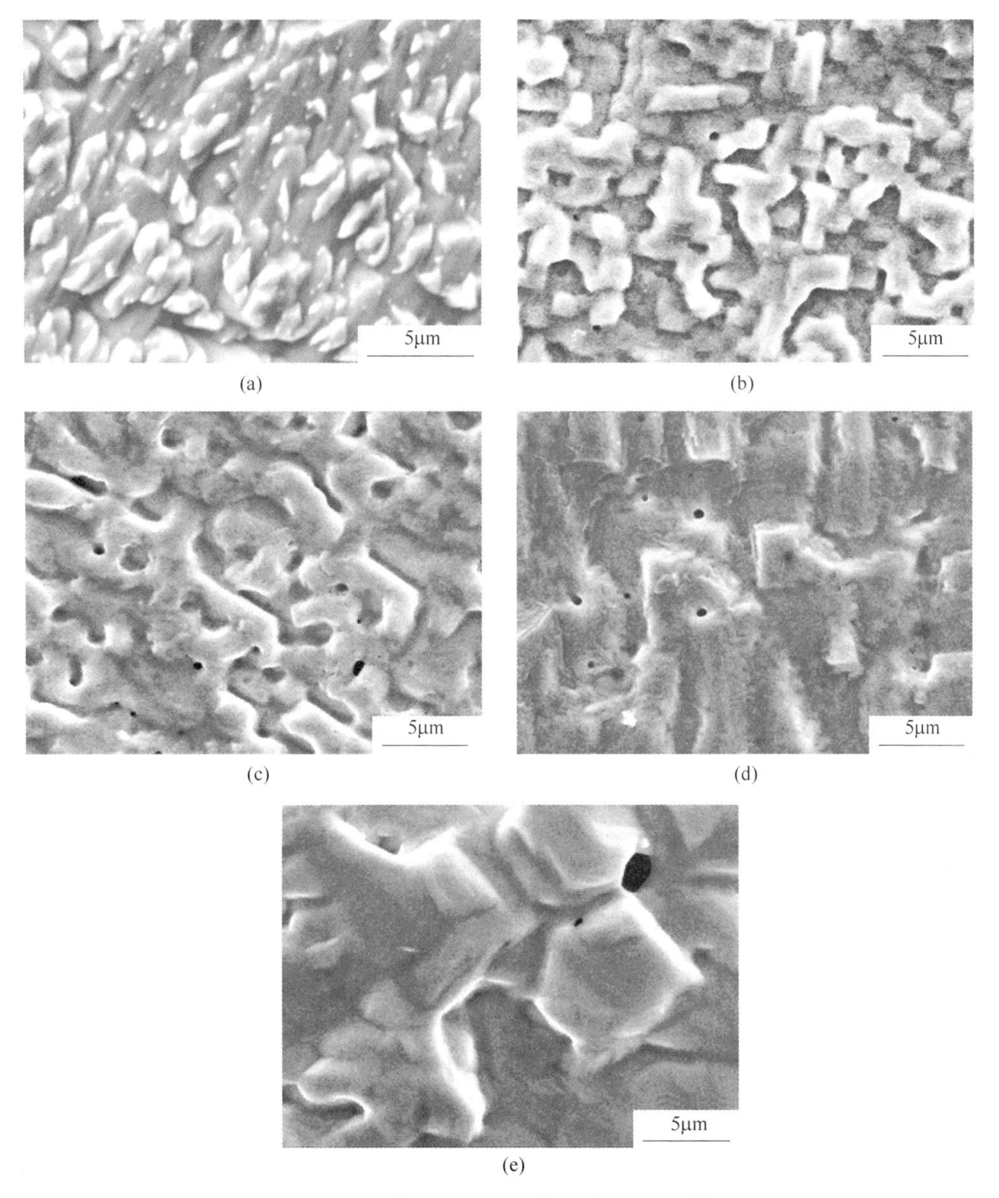

图 3.28 常规下，800℃样品表面 SEM 像

（a）5min；（b）30min；（c）60min；（d）90min；（e）120min

层更加疏松化（见图 3.30），其孔隙率远大于无磁条件。

（2）在 CO/CO_2 气氛下，CO 的析碳反应会使致密的铁层出现渗碳现象，同时铁中的碳与浮氏体中的氧也会发生燃烧，这些反应产生的 CO_2 聚集在铁层与浮氏体相界面处及铁层内部，形成气泡；当气泡内的压力大于外界压力时，金属铁层发生爆裂，形成多孔铁。施加磁场可有效地加速多孔铁的生成，如图 3.30 和

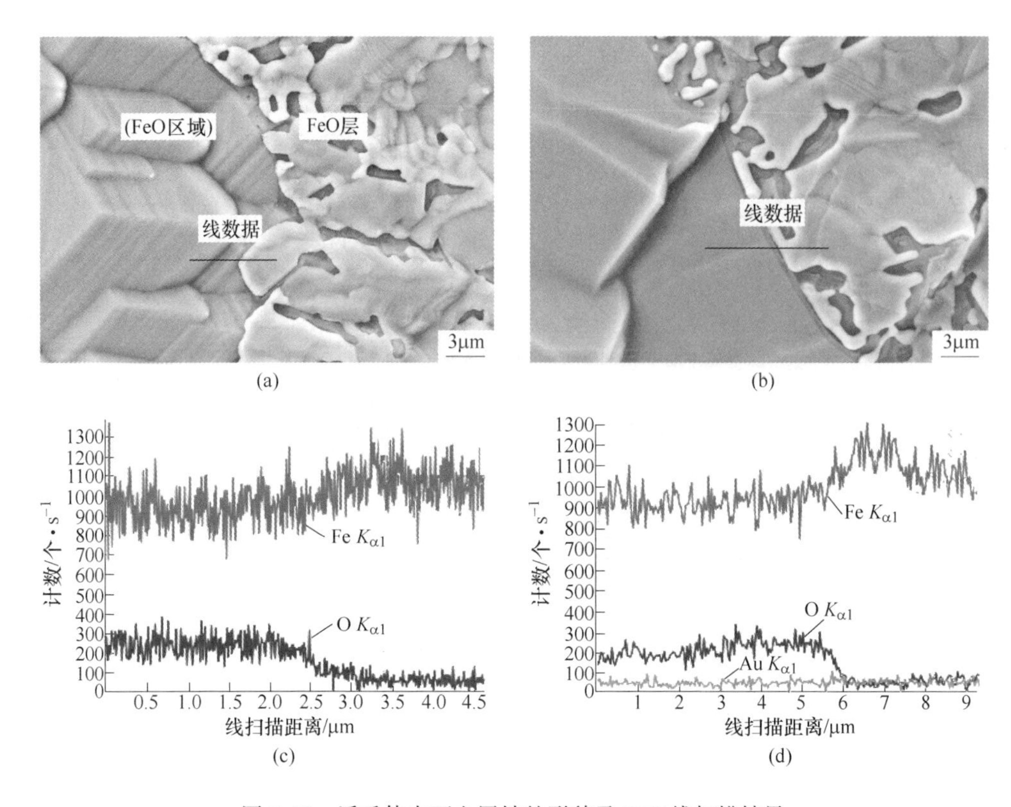

图 3.29 浮氏体表面金属铁的形貌及 EDS 线扫描结果

(a) B=1.02T，30min，3000×；(b) B=0T，30min，3000×；

(c) 图 (a) 中元素线扫描结果；(d) 图 (b) 中元素线扫描结果

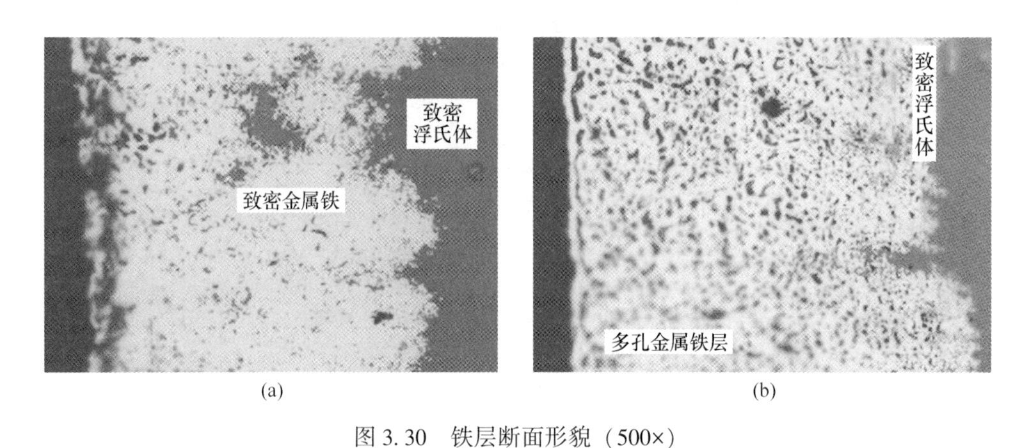

图 3.30 铁层断面形貌（500×）

(a) B=0T，60min；(b) B=1.02T，60min

图 3.31 所示。多孔铁的生成有利于还原性气体 CO 进入样品的内部及离子的扩散，促使还原反应进程加快。

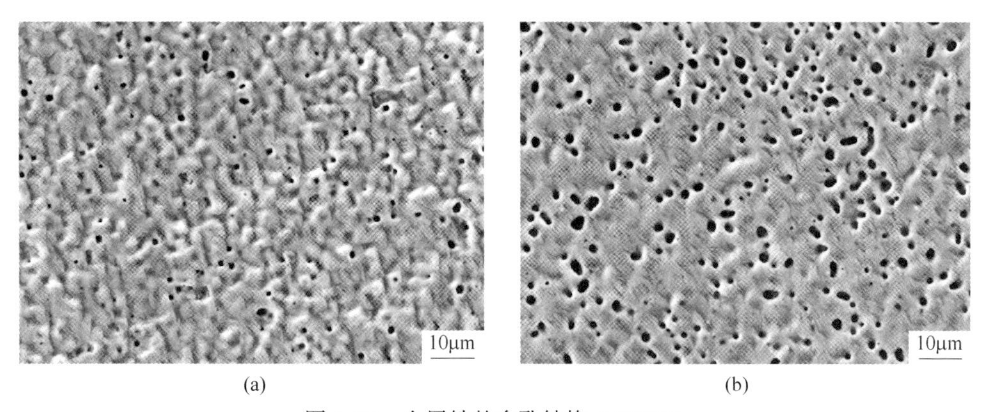

(a) (b)

图 3.31 金属铁的多孔结构（1000×）

（a）B=0T，90min；（b）B=1.02T，90min

参考文献

[1] John D H S, Matthew S R, Hayes P C. Establishment of product morphology during the initial stages of wustite reduction [J]. Metallurgical Transactions B, 1984, 15B: 709-713.

[2] Hayes P C, Matthew S R, John D H S. The breakdown of dense iron layers on wustite in CO/CO_2 and H_2/H_2O wystems [J]. Metallurgical Transactions B, 1995: 825.

[3] Komatina M, Gudenau H W. The sticking problem during direct reduction of fine Iron ore in the fluidized bed [J]. Metalurgija, 2004, 10: 309-328.

[4] Nicolle R, Rist A. The mechanism of whisker growth in the reduction of wustite [J]. Metallurgical Transactions B, 1979, 108B: 429-438.

[5] Jozwiak W K, Kaczmarek E, Maniecki T P. Reduction behavior of iron oxides in hydrogen and carbon monoxide atomspheres [J]. Applied Catalysis A, 2007, 326: 17-27.

[6] Moujahid S E, Rist A. The nucleation of iron on dense wustite: A morphological study [J]. Metallurgical Transactions B, 1988, 19B: 787-802.

[7] 赵志龙，唐惠庆，郭占成. CO 还原 Fe_2O_3 过程中金属铁析出的微观行为 [J]. 钢铁研究学报，2012，24（11）：23-28.

[8] 陈林. 磁场对 CO 气氛下 Fe_2O_3 还原为 Fe_3O_4 的影响研究 [D]. 包头：内蒙古科技大学，2015.

[9] 张清泉. 磁场对 CO 气氛下 Fe_3O_4 还原为浮氏体的化学反应影响 [D]. 包头：内蒙古科技大学，2016.

[10] 张祥. 稳恒磁场下浮氏体还原为铁的形貌和晶体取向变化研究 [D]. 包头：内蒙古科技大学，2018.

[11] 段金文. 磁场对浮氏体气固反应过程中金属铁扩散的影响 [D]. 包头：内蒙古科技大学，2018.

[12] 侯艳超. 磁场对铁析出过程中晶体结构及取向的影响 [D]. 包头：内蒙古科技大学，2020.

4 磁场作用下铁氧化物还原的动力学分析

动力学的主要任务是确定反应过程的途径及环节，进而研究如何促进反应过程以提高反应速率和缩短反应时间。铁氧化物的还原具有明确的顺序性，热力学分析表明，Fe_2O_3 还原至 Fe_3O_4 所需的还原气体平衡浓度低，反应易生成 Fe_3O_4；还原过程仍遵循逐级还原模式（大于570℃），在 Fe_3O_4 还原至 Fe_xO 过程中，将脱去总氧量的约25%；在 Fe_xO 还原至Fe过程中，剩余的约75%氧被脱除。

关于铁氧化物还原的气固反应动力学，研究者提出了许多数学模型。这些模型既具有较明确的物理意义，又能以一定的精度表述铁氧化物还原过程的模型主要有未反应核模型、区域反应模型、微颗粒反应模型、孔隙模型等，其中未反应核模型数学处理较简单，应用最多。目前，在常规冶金条件下，常采用未反应核模型处理铁矿的还原过程。本章在分析磁场下铁氧化物还原动力学特点的基础上，依据常规冶金条件下未反应核动力学模型，建立磁场条件下氧化铁还原反应的动力学模型。

4.1 磁场强化还原铁氧化物的动力学机理与模型

由物相和显微形貌分析可知，与常规条件相比，磁场下铁氧化物的还原动力学具有下列特点：

（1）磁场下，铁氧化物的还原按照 $Fe_2O_3 \rightarrow Fe_3O_4 \rightarrow Fe_xO \rightarrow Fe$ 的顺序进行，磁场没有改变产物的析出顺序，但是加快了产物的析出速度；

（2）铁氧化物还原是逐层进行的，具有未反应核的特点；

（3）施加磁场，由于力磁效应，在铁氧化物中出现了明显的撕裂裂纹，在产物层中出现疏松多孔，增加了反应的比表面积，气体的传输距离显著缩短，还原速度显著加快。

铁氧化物还原过程机理可采用图4.1进行描述。由图4.1可知，磁场下铁氧化物还原过程由以下环节构成：

（1）还原性气体CO通过气相扩散边界层到达铁氧化物表面；

（2）CO在反应界面与铁氧化物发生化学反应，逐级生成 Fe_3O_4、Fe_xO 和Fe层，并放出 CO_2 气体；

（3）CO气体通过多孔的产物层和磁热碎裂缝隙扩散至化学反应界面；

（4）产物 CO_2 通过多孔的产物层和磁热碎裂缝隙扩散至多孔层表面；

（5）产物 CO_2 通过气相扩散边界层扩散到气相本体内。

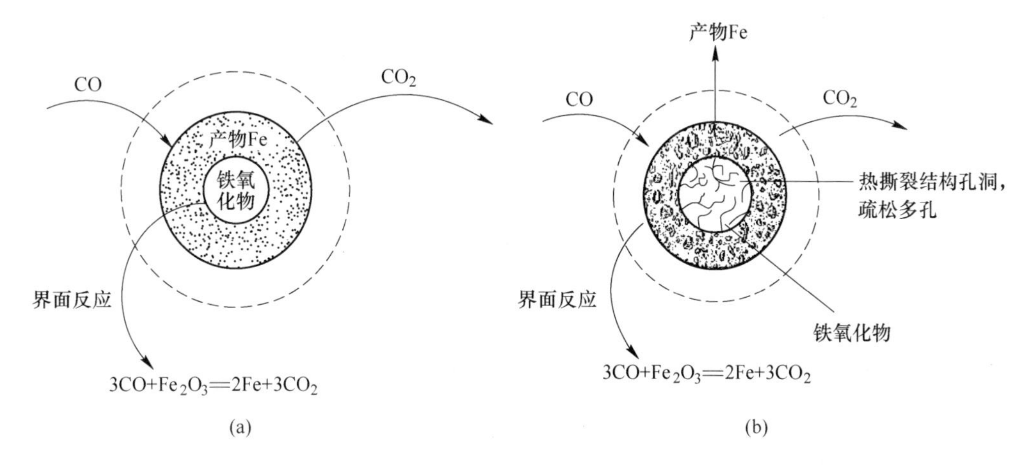

图 4.1 CO 与铁氧化物的还原反应机理示意图

（a）$B=0T$；（b）$B=1.02T$

因此，稳恒磁场作用下铁氧化物的动力学模型可看作气体外扩散、气体通过多孔固体的内扩散和界面化学反应组成的未反应核模型。本质上讲，与常规铁矿还原动力学主要环节基本一致。因此，可以参照常规冶金条件下的未反应核模型，建立磁场条件下氧化铁还原反应动力学模型，如图 4.2 所示。

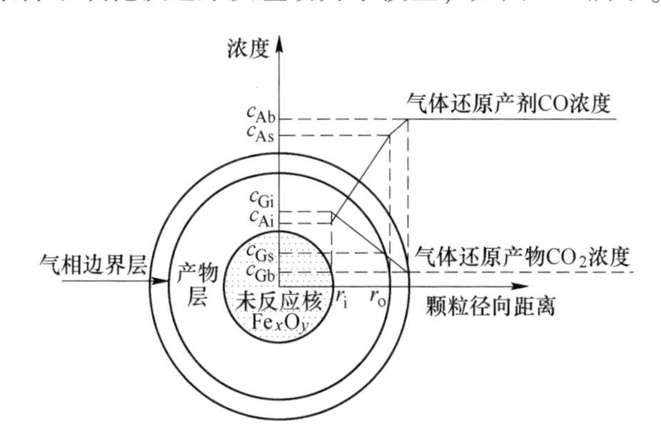

图 4.2 磁场下铁氧化物还原过程未反应核模型示意图

根据动力学原理，这三类环节中若某一环节的阻力比其他步骤阻力大得多，则整个还原反应的动力学速率由该环节决定，该环节则成为反应速率的控速环节和限制性环节。本实验气流线速度大于 0.05m/s，气体外扩散受到的阻力可以忽略。因此，在铁氧化物还原过程中只需考虑界面化学反应、CO 气体在多孔产物层中的扩散。下面分别分析界面化学反应、CO 气体在多孔产物层中的扩散单独控速时的动力学方程。

4.1.1 气体反应物 CO 在固相产物层中的内扩散

假设铁氧化物颗粒半径为 r_0，CO 通过固相产物层中的扩散速率即内扩散速率为：

$$v_D = -\frac{dn_{CO}}{dt} = 4\pi r_i^2 D_{eff} \frac{dc_{CO}}{dr_i} \tag{4.1}$$

式中 n_{CO}——气体反应物 CO 通过产物层的物质的量，mol；

D_{eff}——CO 的有效扩散系数，m^2/s；

r_i——在反应时间 t 时的未反应核半径，cm。

在稳态或准稳态下，CO 通过固相产物层中的扩散速率可看成一个常数。由式（4.1）得：

$$dc_{CO} = -\frac{1}{4\pi D_{eff}} \times \frac{dn_{CO}}{dt} \times \frac{dr_i}{r_i^2} \tag{4.2}$$

对式（4.2）积分得：

$$v_D = -\frac{dn_{CO}}{dt} = 4\pi D_{eff} \frac{r_0 r_i}{r_0 - r_i}(c_{As} - c_{Ai}) \tag{4.3}$$

当产物层中 CO 内扩散为控速环节时，CO 在球体外表面浓度 c_{As} 等于其在气相本体内的浓度 c_{Ab}，即 $c_{As} = c_{Ab}$。若界面上发生的是不可逆化学反应，可以认为通过产物的反应气体 CO 扩散至未反应核（铁氧化物）界面上，立即与铁氧化物发生化学反应，故认为 $c_{Ai} \approx 0$。则式（4.3）改写为：

$$v_D = -\frac{dn_{CO}}{dt} = 4\pi D_{eff} \frac{r_0 r_i}{r_0 - r_i} c_{Ab} \tag{4.4}$$

在反应时间 t，反应气体 CO 内扩散速率 v_D 等于未反应核界面化学反应消耗铁氧化物 Fe_xO_y 的速率 v_c。则 v_c 表示为：

$$v_c = -\frac{dn_{Fe_xO_y}}{b dt} = -\frac{4\pi r_i^2 \rho_{Fe_xO_y}}{b M_{Fe_xO_y}} \times \frac{dr_i}{dt} \tag{4.5}$$

式中 b——气固反应中 Fe_xO_y 化学计量数，在铁氧化物逐级还原过程中，取$b=1$。

则式（4.5）变为：

$$v_c = -\frac{dn_{Fe_xO_y}}{b dt} = -\frac{4\pi r_i^2 \rho_{Fe_xO_y}}{M_{Fe_xO_y}} \times \frac{dr_i}{dt} \tag{4.6}$$

式中 $n_{Fe_xO_y}$——铁氧化物（Fe_xO_y）物质的量，mol；

$\rho_{Fe_xO_y}$ ——铁氧化物（Fe_xO_y）密度，g/cm³；

$M_{Fe_xO_y}$ ——铁氧化物（Fe_xO_y）平均摩尔质量，g/mol。

联立式（4.4）和式（4.6），得到：

$$-\frac{4\pi r_i^2\rho_{Fe_xO_y}}{M_{Fe_xO_y}}\times\frac{dr_i}{dt}=4\pi D_{eff}\frac{r_0 r_i}{r_0-r_i}c_{Ab} \tag{4.7}$$

进行分离变量积分，得：

$$t=\frac{\rho_{Fe_xO_y}r_0}{6D_{eff}M_{Fe_xO_y}c_{Ab}}\left[1-3\left(\frac{r_i}{r_0}\right)^2+2\left(\frac{r_i}{r_0}\right)^3\right] \tag{4.8}$$

令 $k_1=\dfrac{6D_{eff}M_{Fe_xO_y}c_{Ab}}{\rho_{Fe_xO_y}r_0}$，即 k_1 为反应气体 CO 内扩散作为控速环节的表观速率常数，min^{-1}。定义消耗的反应物 Fe_xO_y 的量与其原始量之比为反应分数，以 X 表示，得出：

$$X=\frac{\frac{4}{3}\pi r_0^3\rho_{Fe_xO_y}-\frac{4}{3}\pi r_i^3\rho_{Fe_xO_y}}{\frac{4}{3}\pi r_0^3\rho_{Fe_xO_y}}=1-\left(\frac{r_i}{r_0}\right)^3 \tag{4.9}$$

将式（4.9）代入式（4.8），得到气体内扩散是限制性环节的动力学方程为：

$$k_1 t=1+2(1-X)-3(1-X)^{\frac{2}{3}} \tag{4.10}$$

以时间 t 为横坐标，$[1+2(1-X)-3(1-X)^{\frac{2}{3}}]$ 为纵坐标，若具有良好的线性关系，则说明 CO 还原铁氧化物的气固反应属于气体内扩散控速环节。

4.1.2 界面化学反应

对于球形铁氧化物反应物，在未反应核和多孔产物层的界面上，气-固反应速率为：

$$v_B=-\frac{dn_{CO}}{dt}=4\pi r_i^2 k_{rea}c_{Ai} \tag{4.11}$$

当界面化学反应阻力比内扩散阻力大得多时，过程为界面化学反应阻力控速。此时气体反应物 CO 在气相本体内、铁氧化物球形颗粒的表面及未反应核界面上的浓度都相等，即 $c_{Ai}=c_{As}=c_{Ab}$。界面化学反应控速时，球形铁氧化物反应速率方程为：

$$v_B=-\frac{dn_{CO}}{dt}=4\pi r_i^2 k_{k_{rea}}c_{Ab} \tag{4.12}$$

由于 $-\dfrac{\mathrm{d}n_{CO}}{\mathrm{d}t}=-\dfrac{\mathrm{d}n_{Fe_xO_y}}{\mathrm{d}t}=-\dfrac{4\pi r_i^2\rho_{Fe_xO_y}}{M_{Fe_xO_y}}\times\dfrac{\mathrm{d}r_i}{\mathrm{d}t}$，则：

$$-\frac{4\pi r_i^2\rho_{Fe_xO_y}}{M_{Fe_xO_y}}\times\frac{\mathrm{d}r_i}{\mathrm{d}t}=4\pi r_i^2 k_{rea}c_{Ab} \tag{4.13}$$

进行分离变量积分，得：

$$t=\frac{\rho_{Fe_xO_y}r_0}{M_{Fe_xO_y}k_{rea}c_{Ab}}\left(1-\frac{r_i}{r_0}\right) \tag{4.14}$$

令 $k_2=\dfrac{M_{Fe_xO_y}k_{rea}c_{Ab}}{\rho_{Fe_xO_y}r_0}$，即 k_2 为界面化学反应为控速环节的表观速率常数，min^{-1}。

将式（4.9）代入式（4.14），得到界面化学反应是限制性环节的动力学方程为：

$$k_2t=1-(1-X)^{\frac{1}{3}} \tag{4.15}$$

以时间 t 为横坐标，$[1-(1-X)^{\frac{1}{3}}]$ 为纵坐标，若呈良好的线性关系，则说明 CO 还原铁氧化物反应属于界面化学反应限制性环节。

4.2 $Fe_3O_4 \rightarrow Fe_xO$ 转变的动力学分析

将磁场和常规条件下 CO 还原铁氧化物的实验数据，采用 4.1 节建立的动力学模型进行分析处理。

CO 还原铁氧化物的反应分数 X 计算式为：

$$X=\frac{m_0-m_t}{m_0\times\rho(\mathrm{O})} \tag{4.16}$$

式中 m_0——初始时刻样品的实际质量，g；

m_t——t 时刻的样品实际质量，g；

$\rho(\mathrm{O})$——$Fe_3O_4 \rightarrow Fe_xO$、$Fe_xO \rightarrow Fe$ 反应阶段单位质量样品的理论失氧量。

由式（4.16）可知，CO 还原铁氧化物的反应分数与 t 时刻铁矿样的还原度 $R(t)$ 之间的关系为：

$$X=\frac{R(t)}{100} \tag{4.17}$$

还原开始时 $X=0$，还原结束时 $X=1$。

依据式（4.10）和式（4.15），对 $Fe_3O_4 \rightarrow Fe_xO$ 反应的动力学数据进行拟合，其拟合后的相关系数（R^2）分别列入表 4.1 和表 4.2 中。

表 4.1 磁场作用下动力学数据拟合的相关系数 R^2

反应温度/℃	700	750	800	850	900
界面反应控速	0.9718	0.9441	0.9133	0.9114	0.9200
内扩散控速	0.9225	0.9835	0.9799	0.9620	0.9678

表 4.2 常规作用下动力学数据拟合的相关系数 R^2

反应温度/℃	700	750	800	850	900
界面反应控速	0.9956	0.9875	0.9636	0.9554	0.9274
内扩散控速	09366	0.9265	0.9965	0.9890	0.9648

由表 4.1 和表 4.2 可知，无论有无磁场，氧化铁还原反应的限速环节随着反应温度的升高发生了变化。在磁场作用下，700℃时为界面化学反应控速，750~900℃为 CO 气体在多孔固体中的三维扩散控速。常规条件下，700℃、750℃是界面化学反应作为限速环节，800~900℃限速环节为三维扩散。

磁场和常规作用下，不同温度时，Fe_3O_4 生成浮氏体的表观反应速率常数列入表 4.3 中。可知，不同温度下施加磁场，表观反应速率常数 k 均比无磁条件下大，在 700~900℃温度范围内，k 增大了 31.78%~67.04%。

表 4.3 磁场和常规作用下表观反应速率常数

温度/℃	速率常数 k/m·s^{-1}		$\Delta k = \frac{k_M - k}{k} \times 100$/%
	k_M（B=1.02T）	k（B=0T）	
700	2.35×10^{-4}	1.78×10^{-4}	31.78
750	3.42×10^{-4}	2.27×10^{-4}	50.73
800	5.02×10^{-4}	3.32×10^{-4}	51.26
850	7.43×10^{-4}	4.45×10^{-4}	67.04
900	9×10^{-4}	6.57×10^{-4}	37.06

反应速率常数随着温度的变化关系一般可用 Arrhenius 公式表示：

$$k = k_0 e^{-E_a/(RT)} \tag{4.18}$$

式中 E_a——表观活化能，kJ/mol；

k_0——指前因子，m/s；

R——气体常数，8.314×10^{-3}kJ/(mol·K)；

T——反应温度，K。

对式（4.18）取对数，得：

$$\ln k = \ln k_0 - \frac{E_a}{R} \times \frac{1}{T} \tag{4.19}$$

根据式（4.19），采用线性回归法可拟合出磁场条件下表观速率常数的对数（$\ln k$）与温度倒数（$1/T$）的关系曲线，常规及磁场条件下拟合结果如图 4.3 所示。

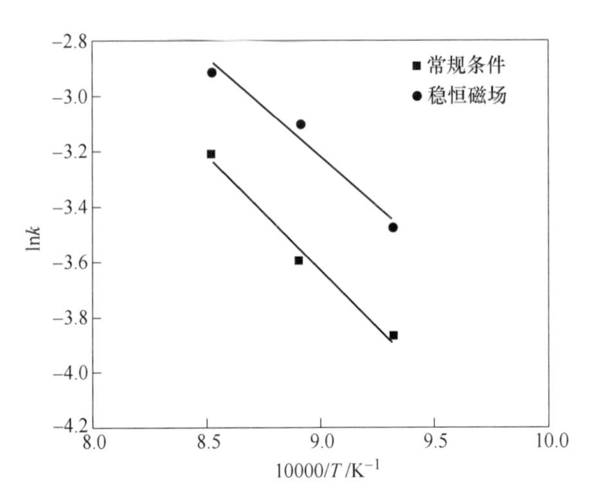

图 4.3 $Fe_3O_4 \to Fe_xO$ 转变过程中 $\ln k - \frac{1}{T}$ 曲线

图 4.3 表明 $\ln k$ 对 $\frac{1}{T}$ 有较好的线性关系，符合 Arrhenius 方程。有、无磁场条件下，$Fe_3O_4 \to Fe_xO$ 转变过程中的表观活化能分别为 61.44kJ/mol 和 71.17kJ/mol，与 F 等等人的工作比较接近（见表 4.4 中 2、3），指前因子分别为 30.47m/s 和 74.22m/s。

表 4.4 CO 气氛下 $Fe_3O_4 \to Fe_xO$ 转变过程的表观活化能

序号	反应步骤	活化能/kJ · mol⁻¹	实验条件
1	$Fe_3O_4 \to Fe_xO$	121	粒径 5mm，孔隙率 13%，800~1050℃
2	$Fe_3O_4 \to Fe_xO$	78	多孔粒料
3	$Fe_3O_4 \to Fe_xO$	64.4	600~900℃，粒径 6.35mm，多孔

根据现代反应速率理论中活化能的解释，活化能为活化分子的平均摩尔能量与反应物全部分子平均摩尔能量之差。在 $Fe_3O_4 \to Fe_xO$ 转变过程中，磁场条件下的反应活化能比常规下低，这是否意味着磁场降低了活化分子的平均摩尔能量，即 Fe_3O_4 分子从常态转变为容易发生化学反应的活跃状态所需要的能量降低，此时磁场条件下参与反应的 Fe_3O_4 活化分子浓度比常规条件下要高。

关于磁场对活化分子的影响，可以由 Maxwell-Boltzmann 分配定律计算：

$$C = \frac{n}{N} = e^{-\frac{E_a}{RT}} \tag{4.20}$$

式中 C——活化分子浓度；

n——活化分子数；

N——体系总分子数。

磁场下活化分子浓度（C_M）、无磁场条件下活化分子浓度（C），以及两种条件下的比值 C_M/C 分别见表 4.5。

表 4.5 磁场和常规条件下活化分子浓度

温度/℃	活化分子浓度 C		C_M/C
	$B=1.02T$	$B=0T$	
800	10.18×10^{-4}	3.457×10^{-4}	2.94
850	13.86×10^{-4}	4.891×10^{-4}	2.83
900	18.36×10^{-4}	6.776×10^{-4}	2.71

相同温度时，磁场下活化分子浓度分别是常规的 2.94 倍、2.83 倍、2.71 倍。依据有效碰撞理论，化学反应速度与反应物分子的活化浓度有关。而外加磁场强化了分子、离子的活性，使其有更多的机会参与反应，Fe_xO 在本不能发生反应的位置处生成，这与还原样品的形貌特征相一致。从这个角度来讲，磁场实际上增加了新相形核的晶核源数量。

根据拟合直线的斜率可以计算磁场和常规条件的还原反应的扩散系数 D_e 见表 4.6。可知，相同温度时，磁场有效扩散系数 D_e 分别是常规的 1.57 倍、1.72 倍、1.40 倍。表明在磁场作用下，CO 向物料内扩散阻力比常规条件小，这与磁场下样品显微形貌特征相一致。

表 4.6 磁场及无磁场条件下气体在多孔介质中的扩散系数 D_e

温度/℃	扩散系数 $D_e/m^2 \cdot s^{-1}$		$\Delta D_e = \frac{D_{eM} - D_e}{D_e} \times 100/\%$
	$B=1.02T$	$B=0T$	
800	1.187×10^{-7}	0.756×10^{-7}	57
850	1.536×10^{-7}	0.894×10^{-7}	72
900	1.713×10^{-7}	1.221×10^{-7}	40

磁场促进体系内气体扩散的示意图如图 4.4 所示。外加磁场后样品内铁氧化物颗粒分布更加松散，同时铁氧化物颗粒表面裂纹和微孔更多，改善了气体扩散动力学条件，降低了还原气体内扩散阻力，单位时间内通过铁氧化物颗粒表面的 CO 气体量增大，还原气体与铁氧化物接触面积增大，促进了还原反应进行。

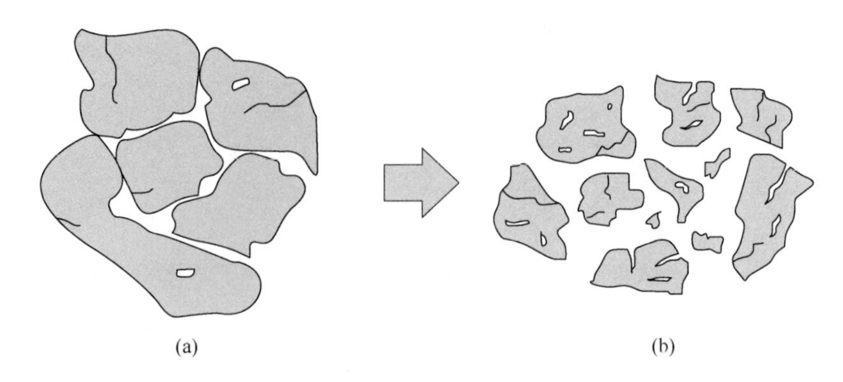

图 4.4 磁场促进体系内气体扩散示意图
(a) $B=0T$; (b) $B=1.02T$

4.3 Fe_xO→Fe 转变的动力学分析

与 Fe_3O_4→Fe_xO 反应阶段相似，对 Fe_xO→Fe 反应阶段进行宏观动力学分析，控速环节只需考虑界面化学反应和 CO 在产物层中的内扩散。按照前面推导的动力学模型进行线性拟合，根据拟合曲线的斜率可以计算磁场和常规作用下不同温度时 Fe_xO→Fe 的表观反应速率常数 k 和扩散系数 D_e，见表 4.7 和表 4.8。

表 4.7 磁场和常规作用下 Fe_xO→Fe 表观反应速率常数

温度/℃	表观反应速率常数 $k/m \cdot s^{-1}$		$\Delta k = \frac{k_M - k}{k} \times 100/\%$
	$B=1.02T$	$B=0T$	
750	4.02×10^{-5}	3.17×10^{-5}	27
800	4.92×10^{-5}	4.15×10^{-5}	17
850	5.65×10^{-5}	5.18×10^{-5}	9

表 4.8 磁场和常规作用下气体内扩散系数

温度/℃	扩散系数 $D_e/m^2 \cdot s^{-1}$		$\Delta D_e = \frac{D_{eM} - D_e}{D_e} \times 100/\%$
	$B=1.02T$	$B=0T$	
750	0.995×10^{-7}	0.349×10^{-7}	85
800	1.612×10^{-7}	0.637×10^{-7}	53
850	3.705×10^{-7}	1.711×10^{-7}	17

根据 Arrhenius 公式，计算浮氏体还原的表观活化能 E_a，见表 4.9。计算结果表明，在 Fe 形成过程中，施加磁场，表观反应速率常数和气体内扩散系数比常规条件显著增高，尤其是对气体内扩散系数的影响更大。随着反应温度的升

高，磁场的作用效应逐渐减弱。磁场和无磁场条件下浮氏体还原的表观活化能分别为 135kJ/mol 和 167kJ/mol，指前因子分别为 78m/s 和 90m/s。

表 4.9 浮氏体还原过程表观活化能 E_a

条件	活化能 E_a/kJ · mol^{-1}	指前因子 k_0/m · s^{-1}	R^2
$B=0$T	167	90	0.99806
$B=1.02$T	135	78	0.99648

在此基础上，可以由 Maxwell-Boltzmann 分配定律式（4.20）计算，有无磁场条件下活化分子浓度的变化，结果见表 4.10。在 Fe_xO→Fe 反应阶段，磁场对反应物分子活化程度的作用非常显著，磁场下 Fe_xO 活化分子浓度提高了两个数量级。

表 4.10 磁场和常规作用下活化分子浓度的变化

温度/℃	活化分子浓度 C		C_M/C
	$B=1.02$T	$B=0$T	
750	12.78×10^{-8}	0.30×10^{-8}	43.05
800	26.78×10^{-8}	0.74×10^{-8}	36.13
850	52.53×10^{-8}	1.71×10^{-8}	30.80

综上所述，通过动力学计算表明磁场对氧化铁还原的强化作用，主要是提高了界面化学反应速率，改善了气体在固体材料中的传输条件，且对气体内扩散的影响更明显。依据有效碰撞理论，化学反应速率不仅与反应物分子的活化浓度有关，而且取决于活化分子的碰撞次数，活化分子只有发生碰撞才能够破坏原来的化学键形成新的化学键。磁场作用下活化分子数增多，这已经通过实验结果与计算证实。那么磁场是否能加剧反应物分子碰撞频率，这取决于分子、离子等在外加磁场中的磁特性和跃迁能力。第 2 章的 Fe 形核热力学表明，磁场能够增加形核驱动力，降低 Fe 晶核的形核势垒和临界形核半径，有利于 Fe 晶核的形成；而反应物活化分子浓度的增加，间接证明磁场增加了 Fe 晶核形成的晶核源。但是有效的反应是否能发生，活性位点处的 Fe 团簇是否能够长大形成稳定的晶核，均与 Fe 原子的扩散能力密切相关。因此，在 Fe_xO→Fe 的还原过程中，研究 Fe 原子在外加磁场中的磁特性和跃迁能力。

4.4 磁场下 Fe 原子扩散的动力学分析

由于大量原子的迁移引起的物质宏观流动现象，称为扩散。在固态物质中，扩散是唯一的迁移方式。固态扩散的本质是原子热激活过程，即原子越过势垒而跃迁，在扩散驱动力（包括浓度场、应力场、磁场等梯度）的作用下，分子、原子或离子等微观粒子的定向、宏观地迁移。

无磁场条件下，扩散通量的表达式为：

$$J_{\mathrm{i}} = -D_{\mathrm{i}} \frac{\partial C_{\mathrm{i}}}{\partial z} \tag{4.21}$$

式中 J_{i}——i 原子扩散通量，kg/(m² · s)；

C_{i}——组元 i 的浓度，mol/L；

z——扩散方向；

D_{i}——扩散系数。

liu 等在研究固/固扩散实验中，指出在磁场条件下的扩散通量表达式应该包含磁自由能 $G(B)$ 这一项，具体表达式为：

$$J_{\mathrm{i}}' = -D_{\mathrm{i}}\left(\frac{\partial C_{\mathrm{i}}}{\partial z} + \frac{C_{\mathrm{i}}}{RT} \times \frac{\partial G_{\mathrm{i}}(B)}{\partial z}\right) \tag{4.22}$$

对比式（4.21）与式（4.22）可知，施加磁场后，扩散速率除了受到浓度梯度的影响外，还受磁自由能梯度的影响。施加磁场，是促进原子的扩散还是抑制原子的扩散，取决于 $\frac{\partial G_{\mathrm{i}}(B)}{\partial z}$。当 $\frac{\partial G_{\mathrm{i}}(B)}{\partial z} > 0$ 时，磁自由能的引入增大了原子的化学势梯度，当原子沿着平行磁自由能梯度的方向扩散时，受到的扩散驱动力最大，此时，外加磁场有利于原子的扩散；当 $\frac{\partial G_{\mathrm{i}}(B)}{\partial z} < 0$ 时，磁自由能的引入减小了原子的化学势梯度，成为原子扩散的阻力，当原子沿着平行磁自由能梯度的方向扩散时，受到的扩散阻力最大，此时，外加磁场抑制了原子的扩散。

为了便于分析磁场对于 Fe 原子扩散的影响，将式（4.22）依然用式（4.21）表示，此时将磁自由能梯度对扩散驱动力的影响归结到扩散系数中。因此，比较有磁和无磁两种条件下扩散系数的变化，就可以知道磁场的作用效应。然后，建立扩散原子的微观行为（比如跃迁频率、跃迁距离）和宏观参数（如扩散系数、浓度、温度等）之间的关系，分析磁场影响扩散的微观机制。

4.4.1 Fe 原子扩散的动力学分析

为了研究 Fe 原子的形核和扩散特性，将制备好的缺陷均匀分布的致密浮氏体样品，在 90%CO-10%CO_2 混合气体进行等温还原（750℃、800℃、850℃）。铁层的形成过程主要由 Fe 原子的固相扩散所控制。还原温度 800℃时，在 0T 和 1.02T 作用下，金属铁生长层厚度随时间的变化如图 4.5 所示。

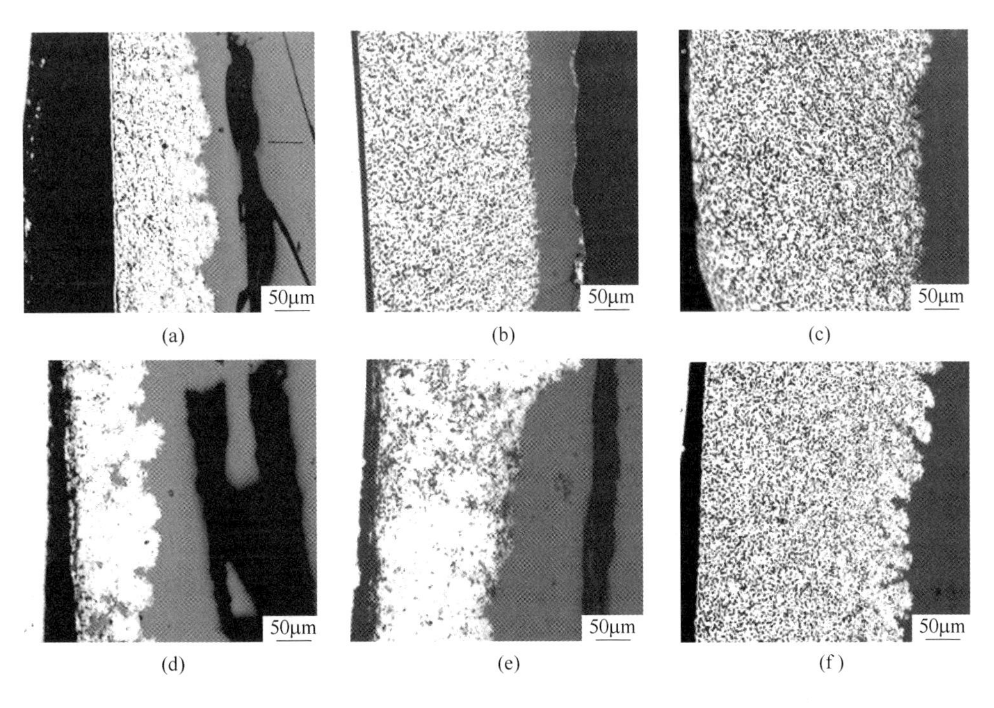

(a) (b) (c)

(d) (e) (f)

图 4.5 磁场与无磁场下，金属铁生长层厚度的金相图片（200×）
（a）60min，磁场；（b）90min，磁场；（c）120min，磁场
（d）60min，无磁场；（e）90min，无磁场；（f）120min，无磁场

由图 4.5 可知，无论有无磁场，在浮氏体反应界面均产生了明显的金属铁扩散现象，铁层的生成厚度随着还原时间的延长而增加，施加 1.02T 稳恒磁场加快了金属铁的扩散。同时可以发现，无论有无磁场，反应界面均存在两个相区，即浮氏体相区和金属铁相区。磁场条件下，生成的铁层一开始就呈现多孔的海绵铁形貌，而无磁场条件下新产生的铁层较为致密，随着时间的延长，在表面能最小加持下，金属铁呈球状收缩，铁层开始变得疏松，出现了多孔形貌。这说明磁场的施加对反应过程相组成不产生影响，但对铁层生长速度和形貌产生一定影响。

为了描述铁层生长厚度与时间的关系，在还原后样品[6mm×(0.3~0.5)mm]中连续选取 5 个视场（1.2mm×0.1mm，见图 4.5）。采用 Image-Pro Vlus 6.0 软件，测量每个视场中所有铁层的面积，除以视场中样品的高度，能够得到每个视场中铁层的厚度，然后取平均值，即为某一时刻下的 Fe 层厚度。

假设还原时间 t_i 内，Fe 层厚度为 d_i，根据不同温度、磁场条件下测得的铁层厚度随时间的变化数据，以 d 为纵坐标，$t^{1/2}$ 为横坐标作图，如图 4.6 所示。

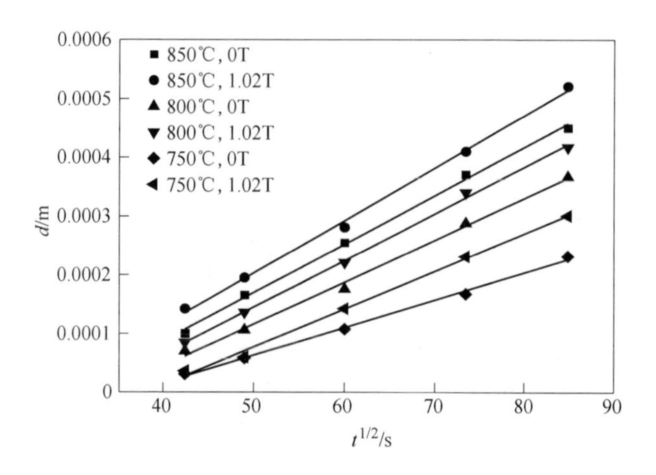

图 4.6 铁层的厚度 d 与时间 $t^{1/2}$ 关系

从图 4.6 中可以看到，铁层厚度和时间的平方根成正比，遵循抛物线规律。也就是说在浮氏体还原过程中，铁层的生长受 Fe 原子的扩散速率控制，并非化学反应控制（注：如果受化学反应控制，厚度与时间应该呈直线关系）。

$$d^2 = Dt \tag{4.23}$$

式中 D——Fe 在金属铁层中的扩散系数，m^2/s；

d——铁层的厚度，m；

t——还原时间，s。

根据已有数据，利用最小二乘法可以得到不同温度下 Fe 原子有效扩散系数 D 值，见表 4.11。

表 4.11 金属铁扩散系数 D 的计算值

还原温度/℃	磁场强度/T	扩散系数 D /$m^2 \cdot s^{-1}$	R^2	$\Delta D_e = \frac{D_{eM} - D_e}{D_e} \times 100$ /%
750	0	4.39×10^{-11}	0.99572	8
	1.02	4.76×10^{-11}	0.99498	
800	0	5.98×10^{-11}	0.99493	29
	1.02	7.69×10^{-11}	0.99592	
850	0	7.38×10^{-11}	0.99813	26
	1.02	9.34×10^{-11}	0.99689	

由表 4.11 可知，不同温度下，施加磁场，Fe 扩散系数均比无磁场条件下大。

$B=1.02$T 磁场下，800℃时金属铁扩散系数较无磁场下增加了 29%。在相同扩散时间内，由于磁场的施加导致金属铁扩散系数增大，使得铁层厚度增加。磁场对扩散系数的影响进一步说明，施加磁场促进了金属铁在铁层的扩散。

根据经典的扩散理论，铁原子的扩散系数可以用式（4.24）来表示：

$$D = D_0 e^{-Q/(RT)} \tag{4.24}$$

式中 D_0——扩散常数，m^2/s；

Q——扩散激活能，kJ/mol；

R——气体常数；

T——绝对温度，K。

根据表 4.11 中扩散系数和式（4.24），可以计算扩散激活能 Q 和扩散常数 D_0，计算结果见表 4.12。

表 4.12 Q 及 D_0 的计算值

磁场强度/T	扩散激活能 Q/kJ · mol^{-1}	扩散常数 D_0/$m^2 \cdot s^{-1}$
0	95.24	1.07×10^{-7}
1.02	72.55	1.55×10^{-8}

从表 4.12 中可以看出，在磁场条件下，铁原子的扩散激活能为 72.55kJ/mol，扩散常数为 $1.5510^{-8}m^2/s$。与常规条件相比较，铁原子的扩散激活能减少了 23.82%，扩散常数降低了 85.51%。采用控制变量法对式（4.24）进行分析，扩散常数 D_0 对扩散系数 D 是以线性的方式产生影响，随着 D_0 的减少 Fe 的扩散能力降低；而扩散激活能 Q 是以指数的形式发生作用，Q 的降低促进了 Fe 在金属层中的扩散。当扩散激活能降低的作用大于指前因子降低的作用时，磁场的作用就表现为加快了扩散速度；当指前因子降低的作用大于扩散激活能降低的作用时，磁场的作用就表现为减缓扩散速度。本节中，磁场的施加促进了 Fe 在金属铁层的扩散，说明扩散激活能 Q 对扩散系数 D 的影响作用更大。

固体中原子无论按照间隙机制还是空位机制进行扩散，都必须克服能垒所需的额外能量，才能从一个平衡位置跃迁到另一个平衡位置，此即为扩散激活能 Q。通过上述计算结果可以看出，磁场能显著降低 Fe 原子在 Fe 层中的扩散激活能，从而降低了 Fe 原子跃迁的能垒，原子更容易跃迁。金属铁的生长包含了金属铁的形核及铁层的长大，下面从金属铁形核与长大出发揭示磁场作用下 Fe 原子的磁特性和跃迁能力。

磁场是能量的携带者。从第 2 章分析中可知，在金属铁形核过程中，磁场引起了能量变化，但与反应的热运动相比，这部分能量变化较小。从动力学角度来考虑，磁场作用下金属铁晶核出现有多快，通常用单位时间内单位体积母相中形成的新相晶核数来表征形核速率，以 I 表示。这不仅取决于临界尺寸晶核中包含的 Fe 原子数，而且与晶核的表面积和金属铁原子的扩散速率密切相关。也就是说，形核速率与形核势垒 ΔG_{m}^{*} 和金属铁原子扩散激活能 Q 相关，具体表达式如下：

$$I = I_0\exp\left(-\frac{\Delta G_{m}^{*}}{kT}\right)\exp\left(-\frac{Q}{kT}\right) = I_0\exp\left[-\left(\frac{\Delta G_{m}^{*}+Q}{kT}\right)\right] \tag{4.25}$$

式中 I_0——一个包括原子振动频率、临界晶核面积和单位体积原子数的因子，假定为常数；

k——玻耳兹曼常数。

图 4.7 给出了磁场下形核率 I_m 与无磁条件下形核率 I_n 之比 ΔI 随还原温度的变化规律。可见，形核速率与浮氏体还原生成金属铁的反应温度和磁场强度相关。施加磁场，金属铁原子的形核速率远大于无磁场条件，在 T=700℃时，形核速率是无磁场条件的 16.53 倍；即使在较高反应温度 1100℃时，形核速度也很快，是无磁场条件的 7.33 倍。而从能量变化看，施加 B=1.02T 的稳恒磁场，Fe 形核速率比 ΔI 与还原温度 T（℃）的关系式为 $\Delta I = 65.402e^{-0.002T}$，$R^2 = 0.997$；当还原温度为 2090℃，两种条件下 Fe 形核速率相同，此时磁场对金属铁形核产生的效应为零。这表明在形核速率方面，施加 1.02T 磁场对于铁原子的扩散迁移效果更明显。

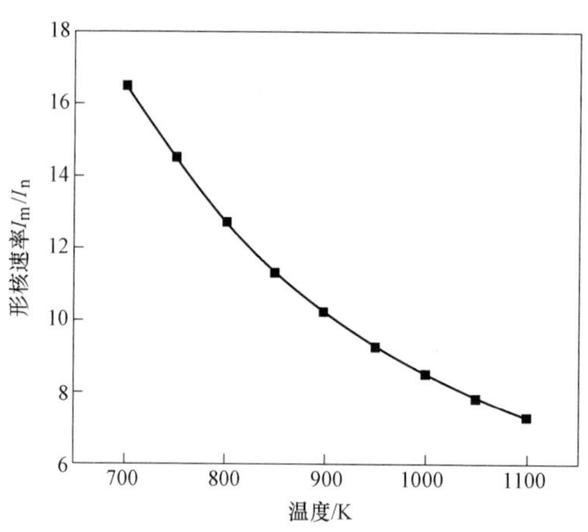

图 4.7 有磁场和无磁场条件下形核速率比 ΔI 随反应温度的变化

4.4.2 磁场对 Fe 原子扩散的作用机理

磁场对材料产生的显著影响，可以作用到原子尺度。为了更进一步研究磁场对 Fe 自扩散系数的影响，用基于原子模型的方程来描述：

$$D = \alpha^2 P\Gamma \tag{4.26}$$

式中 α——相邻原子面间距；

P——原子由一个晶面跃迁到另一个晶面的概率；

Γ——原子跃迁频率，可由式（4.27）表示。

$$\Gamma = Z\nu e^{(\Delta S+\Delta S_V)/R} \cdot e^{-(\Delta E+\Delta E_V)/(RT)} \tag{4.27}$$

式中 Z——晶体的配位数；

ν——原子的振动频率；

ΔS——原子跃迁的熵变；

ΔS_V——空位形成熵变；

ΔE——原子跃迁激活能；

ΔE_V——空位形成能。

结合式（4.26）与式（4.27）可知扩散系数为：

$$D = \alpha^2 PZ\nu e^{(\Delta S+\Delta S_V)/R} \cdot e^{-(\Delta E+\Delta E_V)/(RT)} \tag{4.28}$$

磁场对金属铁扩散系数的影响有两种：一是改变了 $Fe_xO \rightarrow Fe$ 体系中的扩散激活能 Q，即空位形成能 ΔE 与原子迁移能 ΔE_V，使其降低；二是改变扩散常数 D_0，使扩散常数降低，但原子跳跃概率 P、晶格常数 α、配位数 Z，基本不受磁场影响，且原子跳跃概率 P 仅与磁场的方向变化有关，所以磁场主要是通过影响原子的振动频率 ν 或空位形成熵 ΔS_V 或原子迁移熵 ΔS 来改变扩散常数 D_0。Ren 认为磁场影响的是原子振动频率而不是空位形成熵及原子迁移熵。因此，下面讨论磁场对原子振动频率 ν 的影响。

磁场下，铁原子的运动方式可以用拉莫尔旋进（进动）理论进行描述，在施加稳恒磁场后，铁原子的磁矩是它内部所有电子的轨道磁矩、自旋磁矩和核磁矩的矢量和。原子核具有磁矩，但核磁矩很小，比电子磁矩小 3 个数量级，一般可忽略；同时铁原子在稳恒磁场中要受到力矩$\boldsymbol{L}=\boldsymbol{\mu}_J\times\boldsymbol{B}$，力在力的方向上产生位移，要额外地消耗部分能量，而如果磁矩与磁感应强度的夹角为零，此时铁原子在磁场中受到的力矩就为零，即扩散原子（铁原子）的磁矩$\boldsymbol{\mu}_J$将尽可能与磁感应强度 $\boldsymbol{B}$ 的方向保持一致，才能使得体系的能量最低。但由于铁原子外层电子的角动量 J 与磁场的相互作用，从宏观角度来讲扩散原子（铁原子）沿磁场方向（也就是垂直于扩散方向）产生旋进运动，如图 4.8（a）所示，旋进频率即拉莫尔频率可由式（4.29）表示。

$$\overline{w}_L = g\frac{e}{2m}\boldsymbol{B} \tag{4.29}$$

式中 $\overline{w}_L$——拉莫尔旋进频率；

g——朗德因子；

e——电子电量；

m——电子质量；

B——磁感应强度。

很明显，磁感应强度 **B** 越大，扩散原子（铁原子）外层电子的角动量 J 的拉莫尔旋进频率 $\overline{w}_L$ 越大，这也表明角动量绕磁场方向的旋转速度将更快。因此可以推论，施加稳恒磁场后，根据角动量守恒定律得知，这种旋进运动将阻碍扩散原子（铁原子）由浓度梯度或化学位能导致的垂直于磁场方向的宏观定向移动，如图 4.8（b）所示，结果导致铁原子的振动频率 $\boldsymbol{\nu}$ 降低，进而就降低了铁原子的扩散常数 D_0。

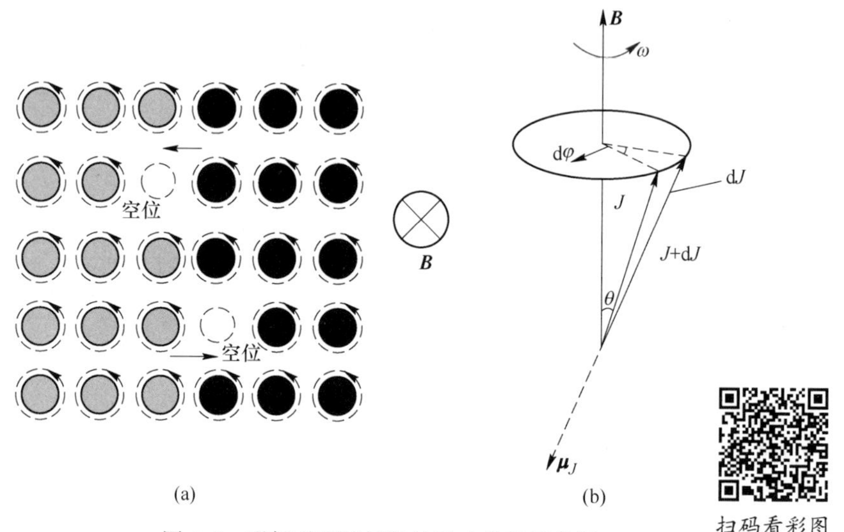

图 4.8　磁场对原子扩散的影响机理示意图

（a）原子的热振动导致的扩散；（b）磁场引起原子外层电子角动量的拉莫尔旋进

众所周知，原子扩散激活能是由空位形成能和迁移能构成，而原子迁移能在本研究条件下可忽略（一般来说只有反应过程涉及液相时才考虑迁移能对扩散的影响），只考虑空位形成能。无论产生空位或间隙原子的方式有几种，但在一定宏观条件下，达到平衡时，它们的数目是一定的。假设晶体中包含 N 个原子，晶格中存在 n 个空位，此时所对应的自由能函数为：

$$F = U - TS \tag{4.30}$$

F 取极小值的平衡条件为 $(\partial F/\partial n)_T = 0$，令 ω 表示形成空位的能量，单位 J/mol；本实验条件是将迁移能忽略后的扩散激活能 Q，则晶体中含有 n 个空位时的内能增加量为：

$$\Delta U = n\omega \tag{4.31}$$

将混合熵的改变量代入式（4.31），仅考虑 ΔF 与 n 有关，并且求偏导得：

$$\left(\frac{\partial \Delta F}{\partial n}\right) = \omega - kT\frac{\partial}{\partial n}[(N+n)\ln(n+N) - n\ln N - N\ln N] \tag{4.32}$$

应用斯特林阶乘公式对式（4.32）作近似处理，由于实际上只有少数格点位空位，$n \ll N$，所以得到平衡时空位浓度为：

$$X = \frac{n}{N+n} \approx \frac{e^{-\omega/(kT)}}{1+e^{-\omega/(kT)}} \tag{4.33}$$

常规和磁场条件下，空位浓度随温度的变化见表 4.13。将上述数据，以 T 为横坐标，以 n/N 为纵坐标作图，结果如图 4.9 所示。

表 4.13　常规和磁场条件下的空位浓度随温度的变化

还原温度/℃	磁场/T	空位浓度 X	比值 X_M/X
700	1.02	1.28×10^{-4}	17.46
	0	7.33×10^{-6}	
750	1.02	1.98×10^{-4}	14.45
	0	1.37×10^{-5}	
800	1.02	2.94×10^{-4}	12.65
	0	2.32×10^{-5}	
850	1.02	4.23×10^{-4}	11.37
	0	3.72×10^{-5}	
900	1.02	5.88×10^{-4}	10.19
	0	7.58×10^{-5}	
950	1.02	7.97×10^{-4}	9.31
	0	8.56×10^{-5}	
1000	1.02	1.05×10^{-3}	8.53
	0	1.23×10^{-4}	
1050	1.02	1.36×10^{-3}	7.86
	0	1.73×10^{-4}	
1100	1.02	1.73×10^{-3}	7.26
	0	2.38×10^{-4}	

从图 4.9 中可以看出，随着温度的升高，空位浓度增大，温度升高有利于空位的形成。但相同温度下，稳恒磁场的加入其空位浓度是常规条件下的 10 倍以上，空位形成的数量增加；从这个角度讲，磁场对空位形成熵是有影响的，特别是在较低温度下，磁场对空位形成的促进作用更为明显。此时，铁原子的扩散程度取决于空位的数目，空位浓度越大，金属铁中原子的扩散越容易。基于原子微观模型可以推测，磁场对 Fe 原子在铁层中扩散影响的微观机制，主要是磁场降低了空位形成能，从而促进铁原子的扩散。但有关磁场对扩散过程的定量解释，以及磁场与扩散通量方向的影响关系还有待在今后的工作中展开研究。

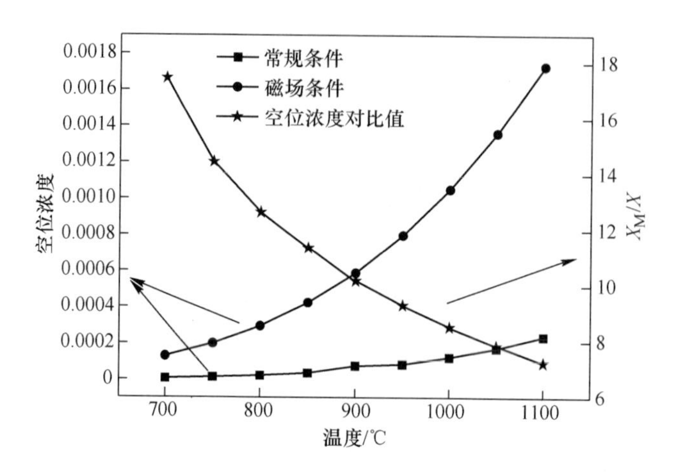

图 4.9 不同条件空位浓度随温度的变化

4.5 磁场下 Fe 形核与生长的晶体取向

4.5.1 磁场对 Fe 形核位置与生长取向的影响

在浮氏体还原过程中，有关磁场对于铁原子形核位置和生长取向影响的相关报道较少。在本节研究中，采用边-边匹配模型和电子背散射衍射（EBSD）技术对 Fe 原子形核与生长的晶体取向进行了初步探讨。

边-边匹配模型是通过计算原子间距错配度和面间距错配度来确定母相（FeO）和析出相（α-Fe）中晶向和晶面的构成位向关系。原子间距错配度计算公式为：

$$f_r = \frac{|r_M - r_P|}{r_P} \tag{4.34}$$

式中 f_r——原子间距错配度；

r_M——异质形核质点相沿密排原子列的原子间距；

r_P——基体沿密排原子列的原子间距。

面间距错配度公式为：

$$f_d = \frac{|d_M - d_P|}{d_P} \tag{4.35}$$

式中 f_d——面间距错配度；

d_M——异质形核质点相沿密排晶面的面间距；

d_P——基体中密排晶面的面间距。

浮氏体（FeO）FCC 结构有 6 个可能的密排方向和近似密排方向，其中 $<110>_F$、$<100>_F$、$<112>_F$、$<111>_F$ 为直线形原子排列；$<120>_F$、$<113>_F$ 不满

足“之”字形原子排列，其原因是形成“之”字形的原子不在直线方向上的同侧。初生相 α-Fe 的 BCC 结构的直线形密排晶向是 $<100>_B$、$<110>_B$、$<111>_B$ 和“之”字形密排晶向是 $<113>_B$。

FCC 结构的 4 种密排方向和 BCC 结构的三种密排方向共有 12 种组合。将表 4.14 中的有效原子间距代入式（4.34）可得到晶向匹配度，见表 4.15。

表 4.14 母相（FeO）和析出相（α-Fe）晶向所对应的有效原子间距

FCC 结构	有效原子间距/nm	BCC 结构	有效原子间距/nm
$<100>_F$	$d = a_F = 0.433$	$<100>_B$	$d = a_B = 0.293$
$<110>_F$	$d = \frac{\sqrt{2}}{2}a_F = 0.306$	$<110>_B$	$d = \sqrt{2}a_B = 0.414$
$<111>_F$	$d = \frac{\sqrt{6}}{2}a_F = 0.530$	$<111>_B$	$d = \frac{\sqrt{3}}{2}a_B = 0.254$
$<112>_F$	$d = \sqrt{3}a_F = 0.750$	—	—

表 4.15 母相（FeO）和析出相（α-Fe）中晶向匹配度 （%）

FCC 晶向	BCC 晶向		
	$<100>_B$	$<110>_B$	$<111>_B$
$<100>_F$	32.24	4.17	41.31
$<110>_F$	4.17	35.53	18.74
$<111>_F$	60.91	44.72	66.15
$<112>_F$	60.89	44.65	66.10

浮氏体 FCC 结构的密排面是（200）、（110）和（111），析出相 α-Fe 的 BCC 结构的密排面是（200）、（110）和（111），各晶面及对应的晶面间距见表 4.16。

表 4.16 母相（FeO）和析出相（α-Fe）晶面和晶面间距

FCC 结构	晶面间距/nm	BCC 结构	晶面间距/nm
{200}	$d = \frac{1}{2}a_F = 0.217$	{200}	$d = \frac{1}{2}a_B = 0.147$
{110}	$d = \frac{\sqrt{2}}{2}a_F = 0.306$	{110}	$d = \frac{\sqrt{2}}{2}a_B = 0.207$
{111}	$d = \frac{\sqrt{3}}{3}a_F = 0.250$	{111}	$d = \frac{\sqrt{3}}{3}a_B = 0.169$

FCC 结构的三种密排面和 BCC 结构的三种密排面共有 9 种组合，将表 4.16 中的晶面间距代入式（4.35）可以求得晶面间距和匹配度，其结果见表 4.17。

表 4.17 母相（FeO）和析出相（α-Fe）晶面的匹配度 (%)

FCC 晶面	BCC 晶面		
	$\{200\}_B$	$\{110\}_B$	$\{111\}_B$
$\{200\}_F$	32.24	4.17	32.24
$\{110\}_F$	52.08	32.23	44.67
$\{111\}_F$	41.31	17	32.23

可知，FCC 的 $<100>_F$ 和 BCC 的 $<110>_B$ 晶向匹配度为 4.17%，FCC 的 $<110>_F$ 和 BCC 的 $<100>_B$ 晶向匹配度为 4.17%，两组的晶向匹配度都小于 10%。所以，在常规冶金条件下，FeO 的 FCC 结构析出 α-Fe 的 BCC 结构匹配最佳的位向关系是 $[0\bar{1}0]//[\bar{1}10]$ 和 $(200)//(110)$。在浮氏体还原为铁的过程中，α-Fe 在浮氏体的 {200} 晶面优先形核。

施加 $B=1.02\text{T}$ 稳恒磁场，α-Fe 的形核位置和生长取向是否发生改变？EBSD 技术的应用在很多领域发挥出了重要的作用。本节使用氩离子抛光仪对还原后的浮氏体样品进行抛光，然后使用 EBSD 测量试样的晶体取向，通过极图观察母相和新相的位向关系。EBSD 实验参数：放大倍率 1000，高压 20.0kV，工作距离 20.3mm，样品倾斜角度 70°。有磁场和无磁场条件下 FeO 和 Fe 极图如图 4.10 和图 4.11 所

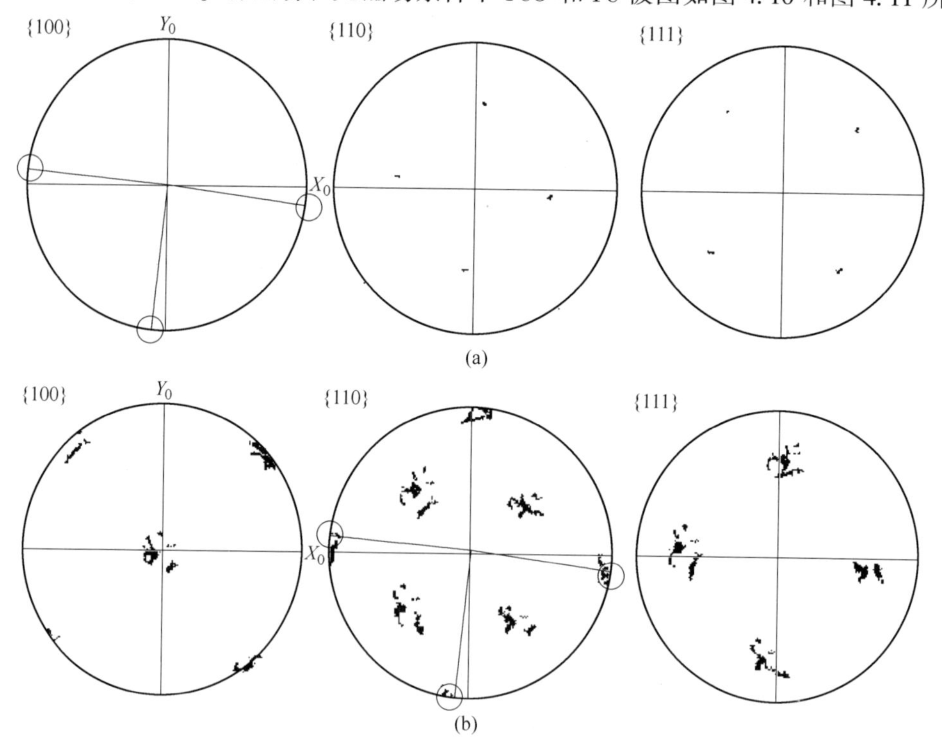

图 4.10 磁场条件下 FeO 和 α-Fe 极图

(a) FeO 极图；(b) α-Fe 极图

示。由图可知，无论有无磁场，FeO 的 {100} 晶面平行于 α-Fe 的 {110} 晶面，这与边-边匹配晶体学模型预测结果相一致，即在浮氏体 {200} 晶面优先析出 α-Fe。因此，初步分析在浮氏体还原过程中施加 1.02T 横向稳恒磁场，未改变金属铁在浮氏体晶面的形核位置，依然是在浮氏体的 {100} 晶面优先形核。

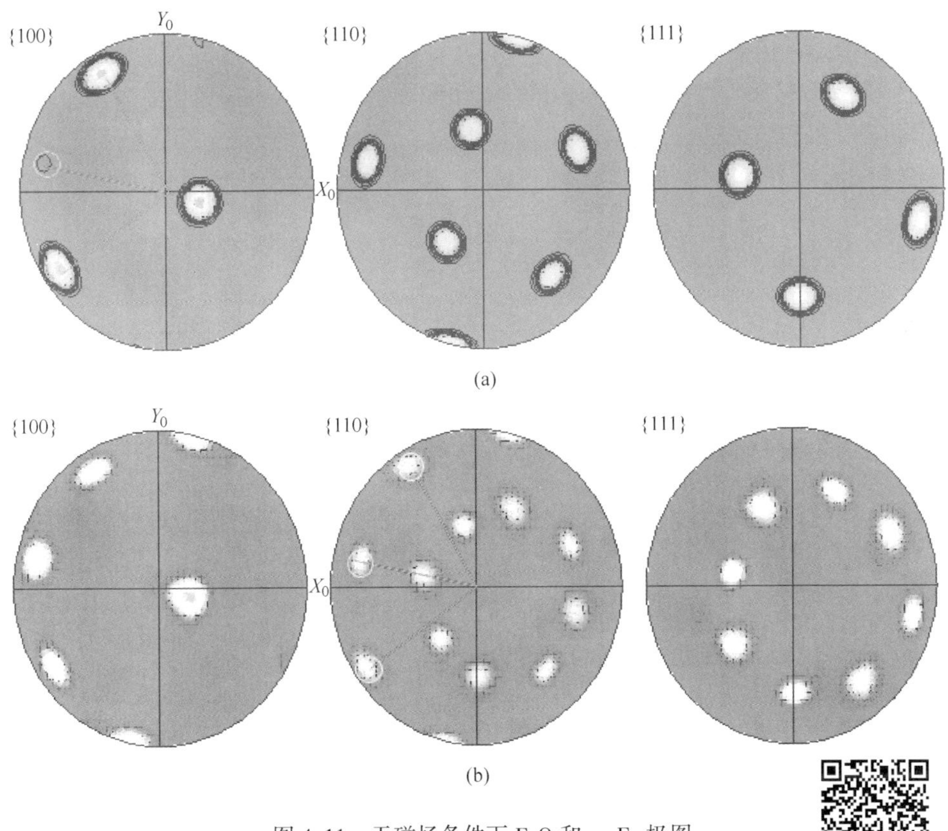

图 4.11　无磁场条件下 FeO 和 α-Fe 极图

(a) FeO 极图；(b) α-Fe 极图

扫码看彩图

α-Fe 的生长取向如图 4.12 和图 4.13 所示。图中红色部分为母相浮氏体，蓝色部分为外延生长的析出相 α-Fe。从 IPF 图可以看出，无磁场条件下浮氏体晶面析出的 α-Fe 生长方向为<001>方向；在磁场条件下浮氏体晶面析出相 α-Fe 的生长方向为<100>、<101>和<111>，析出金属铁形成 {100} 织构较为明显，{111} 织构次之，而 {110} 织构表现最不明显，说明磁场不仅强化了 α-Fe 沿<100>晶向的生长，而且在能量较高方向也有析出。α-Fe 在其他方向会有生长，可能的原因是外磁场下整个体系获取的能量更多，能够源源不断地向产物 α-Fe

相扩散供应 Fe 原子，而晶体表面也能不断牢靠地接纳这些原子，如此导致析出相 α-Fe 的生长方向既以<100>为主，又在<101>和<111>方向少量析出。下面来看磁场对 α-Fe 沿<100>晶向生长的影响程度。

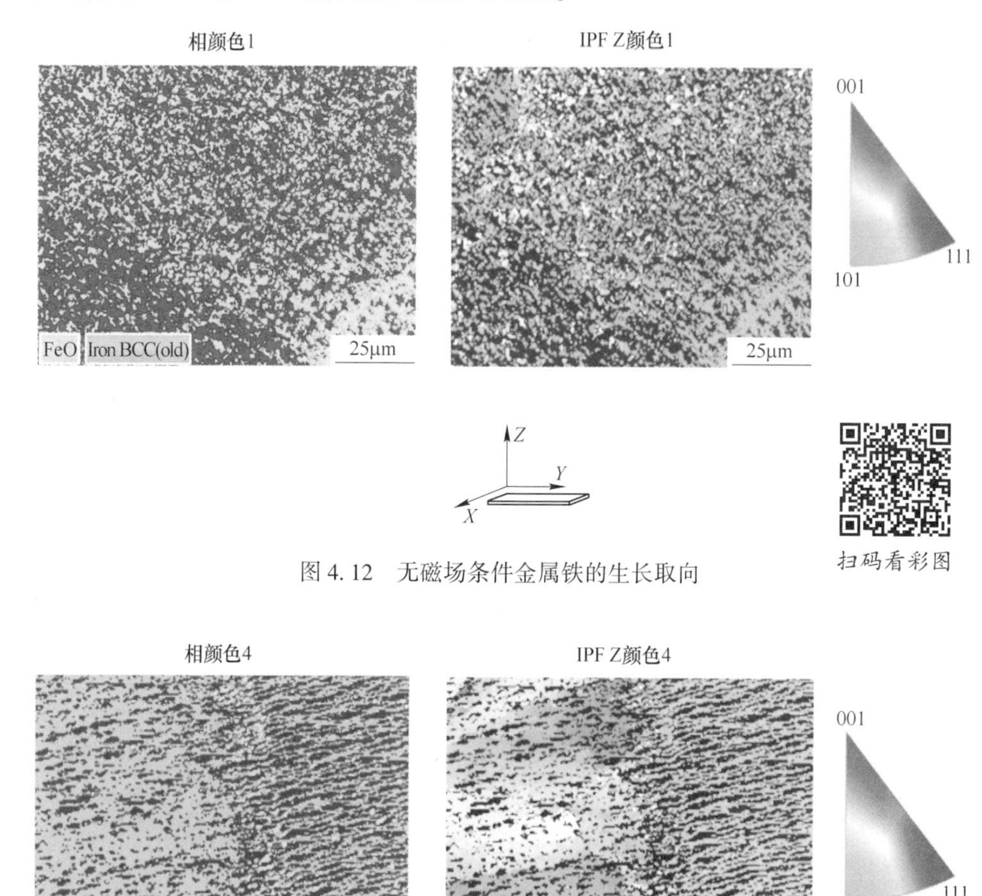

图 4.12　无磁场条件金属铁的生长取向

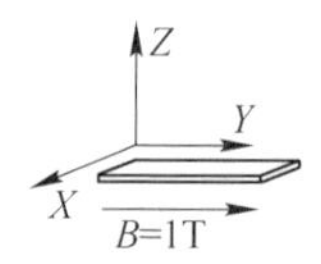

扫码看彩图

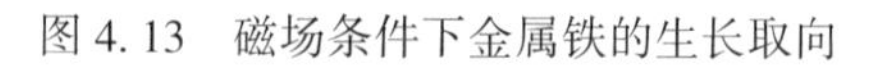

图 4.13　磁场条件下金属铁的生长取向

4.5.2　磁场对 Fe 生长取向的作用机制

不同还原时间下 α-Fe 各晶面衍射强度变化如图 4.14 和表 4.18 所示。

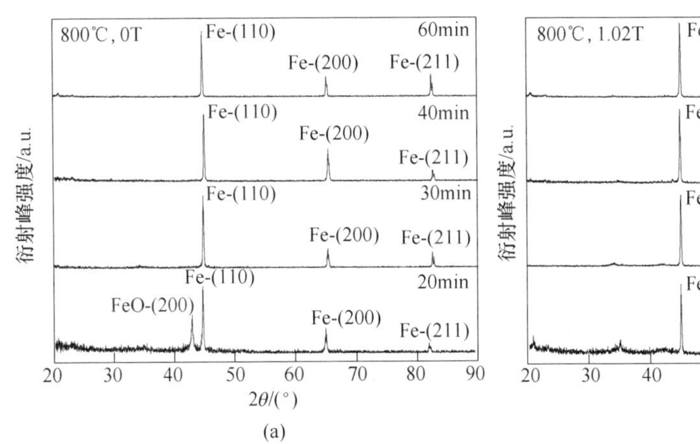

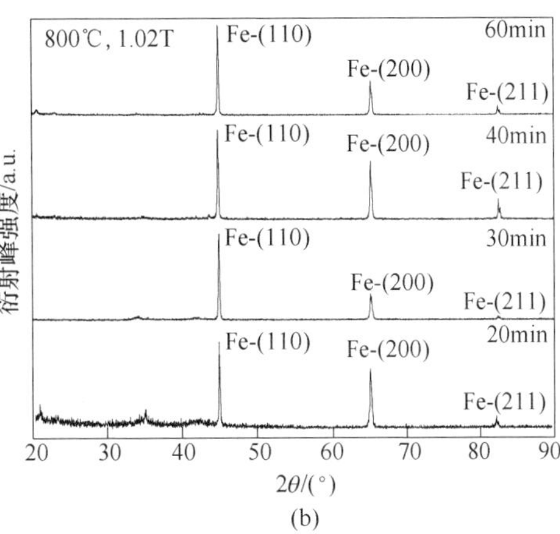

图 4.14 金属铁衍射峰变化图

（a）800℃，0T；（b）800℃，1.02T

表 4.18 不同还原时间下 α-Fe 各晶面衍射强度变化

还原时间/min	条件 B/T	衍射峰强度		
		（110）	（200）	（211）
10	0	699	185	388
	1.02	2046	812	198
20	0	981	351	169
	1.02	1799	1100	85
30	0	1470	455	183
	1.02	3213	1545	115
40	0	2200	1486	1420
	1.02	3374	2092	446
60	0	4908	1801	1945
	1.02	5292	2899	550

根据 XRD 衍射图谱图 4.14 和表 4.18 可知，与常规还原相比较，磁场作用下的浮氏体还原过程中，金属铁（110）和（200）晶面的衍射峰强度明显增加。这说明磁场条件下金属铁在这两个晶面析出的数量增多，金属铁为体心立方结构，该结构的（110）与（200）晶面平行于［001］晶向，该晶向隶属于<100>晶向族，这与 EBSD 检测结果相一致。对于立方晶体的结构，晶体生长动力学模

型 BFDH 法则，可以准确地给出各个面族的显露顺序为（100）、（110）和（101），这说明无论有无磁场，α-Fe 晶体都会优先显露（200）与（110）晶面，其晶体生长形状由界面能较低的晶面控制，生长方向沿<100>晶向族生长。通过统计磁场和常规两种还原条件下，金属铁在（110）和（200）晶面的衍射峰强度的差值，来表征磁场对金属铁沿<100>晶向生长的影响程度，记为 F，其表达式见式（4.36）。

$$F = (P' - P) \times 100\%$$
$$P' = [I'(110) + I'(200)]/\sum I'(hkl) \tag{4.36}$$
$$P = [I(110) + I(200)]/\sum I(hkl)$$

式中 P'——磁场作用下 Fe 在（110）和（200）晶面的衍射峰强度占总强度的比值；

P——常规冶金条件下 Fe 在（110）和（200）晶面的衍射峰强度占总强度的比值；

I'——磁场作用下 Fe 某晶面的衍射峰强度；

I——常规冶金条件下 Fe 某晶面的衍射峰强度；

$\sum I'(hkl)$——磁场作用下 Fe 各晶面衍射峰强度总值；

$\sum I(hkl)$——常规冶金条件下 Fe 各晶面衍射峰强度总值。

根据表 4.18 中 α-Fe 各晶面衍射峰强度变化的数据，利用式（4.36）计算磁场对 Fe 生长取向的影响程度，结果如图 4.15 所示。可知，B=1.02T 稳恒磁场促进了 α-Fe 沿<100>晶向的生长，且随着作用时间的延长取向度提高。那么磁场在这里起了什么作用，下面从能量的角度进行分析。

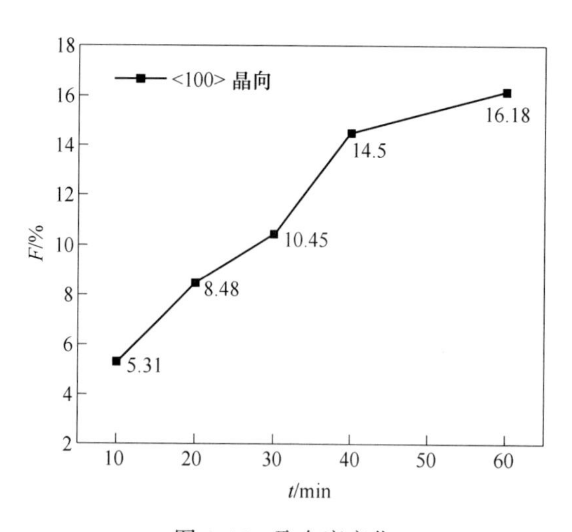

图 4.15 取向度变化

晶体都是具有格子构造的固体，当任一质点与周围质点之间不处于球形对称状态时，晶体的几何度量和物理效应往往会随取向不同而表现出量上的差异，即晶体的各向异性。晶体各向异性的根源在于晶体内部质点的有序排列。如前所述，α-Fe 生长过程中出现明显的择优取向，这与晶体的各向异性有关。外磁场下，磁化方向往往表现出易磁化方向和难磁化方向，也就是说，磁化晶体所需要的能量是与晶格点阵的主轴方向相关的，这种磁化所需能量不同的现象称为磁各向异性。沿晶体不同方向所需要的磁化能量差值称为磁晶各向异性能，是随磁化矢量方向不同而变化的能量，是外磁场与晶体场相互作用的能量。

在浮氏体还原过程中，析出相 Fe 为 BCC 型晶体结构，可通过三个基矢向量的方向余弦来表示它的磁各向异性，如图 4.16 所示。

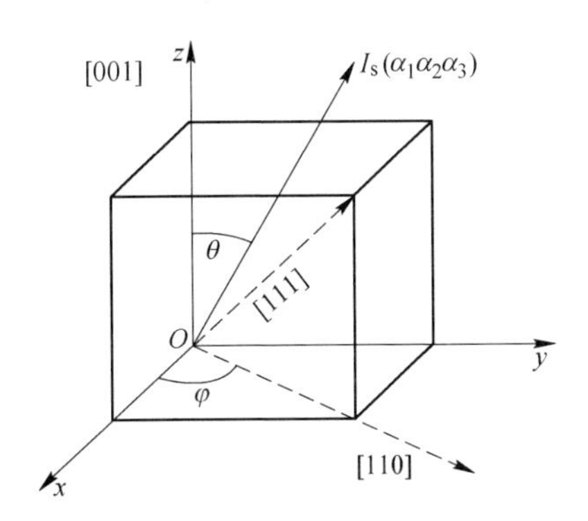

图 4.16 α-Fe 立方晶系的矢量坐标

对立方晶系，各向异性能表达式为：

$$E_K = K_1(\alpha_1^2\alpha_2^2 + \alpha_2^2\alpha_3^2 + \alpha_3^2\alpha_1^2) + K_2\alpha_1^2\alpha_2^2\alpha_3^2 \tag{4.37}$$

式中 K_1，K_2——一阶和二阶的磁晶各向异性常数，$K_1 = 4.72\times10^4 J/m^3$，$K_2 = 0.075\times10^4 J/m^3$；

α_1，α_2，α_3——磁化矢量方向与立方晶系三个方向基矢之间夹角的余弦，即 $\alpha_1 = \cos\theta_1$，$\alpha_2 = \cos\theta_2$，$\alpha_3 = \cos\theta_3$，即［100］晶向：$\alpha_1 = 1$，$\alpha_2 = 0, \alpha_3 = 0$；［110］晶向：$\alpha_1 = 0, \alpha_2 = \alpha_3 = \frac{\sqrt{2}}{2}$；［111］晶向：$\alpha_1 = \alpha_2 = \alpha_3 = \frac{\sqrt{3}}{3}$。

将上述数据代入式（4.37）得，$E_{K[100]} = 0$，$E_{K[110]} = 1.18\times10^4 J/m^3$，$E_{K[111]} = 1.6\times10^4 J/m^3$。

由以上计算可知，$E_{K[111]} > E_{K[110]} > E_{a[100]}$，即立方晶系中沿［100］晶向能量最低，易磁化；［110］和［111］晶向能量较高，较难磁化，在无磁场条件下未发现沿这两个晶向析出的金属铁。施加外磁场后，磁化作用促使金属铁更容易沿<100>晶向生长，同时发现 α-Fe 沿［110］和［111］晶向少量析出。文献也表明，对单晶的铁磁体，沿着它的难磁化方向施加外磁场而达到饱和，其自发磁化最后都转到难磁化方向上来，但需要的磁化能量大，相应地也需要相当大的磁场。

磁场强化还原生成的 α-Fe 沿［100］晶向择优生长，可以看作一个无限小的状态变化过程。根据热力学第一定理和热力学第二定理，外磁场中单位体积的磁介质热力学关系式为：

$$dU = TdS + \mu_0 HdM - \boldsymbol{P}dV \tag{4.38}$$

式中 dU ——体系的内能变化量；

TdS ——体系吸收的热量；

dS ——熵的变化；

$\mu_0 HdM$ ——外磁场磁化介质所做的功；

$-\boldsymbol{P}dV$——外界对磁介质所做的压力功。

体系自由能和热力学势分别为：

$$dF = dU - TdS - SdT = \mu_0 HdM - \boldsymbol{P}dV - SdT \tag{4.39}$$

$$d\psi = dF - dW = -SdT - \mu_0 MdH + Vd\boldsymbol{P} \tag{4.40}$$

根据自由能和热力学势，α-Fe 生长达到平衡的条件为：

（1）$dF = 0$，$d^2F > 0$；

（2）$d\psi = 0$，$d^2\psi > 0$。

由此可知，α-Fe 稳定生长的判据是以自由能和热力学势最小为判据。

α-Fe 在外磁场下被磁化，其磁化过程如图 4.17 所示。其中，A_1 代表外磁场对 α-Fe 磁化至 M_1 所做的功 $A_1 = \mu_0 \int_0^{M_1} H(M)\,dM$；$A_2$ 代表 α-Fe 在磁化过程抵抗外磁场所做的功，正比于样品被拉进磁场所给出的能量，即 $A_2 = \mu_0 \int_0^{H_1} M(\mu_0 H)\,dH$。$M(\mu_0 H)$ 和 $H(M)$ 分别是磁场强度 H 和磁化强度 M 的函数。α-Fe的内能与磁势能（$-\mu_0 M_1 H$）、A_1 和 A_2 有以下关系：

$$U = -A_2 = -\mu_0 \int_0^{H_1} M(\mu_0 H)\,dH = \int_0^{B_1} M(B)\,dB = -\mu_0 M_1 H + A_1 \tag{4.41}$$

由图 4.17 可知，越易磁化，$\frac{A_1}{A_2}$ 就越小，在磁化过程沿着不同晶向，$\frac{A_1}{A_2}$ 值是不同的。对于 BCC 结构的铁单晶，沿［100］方向的 $\frac{A_1}{A_2}$ 值小于沿其他方向的值。

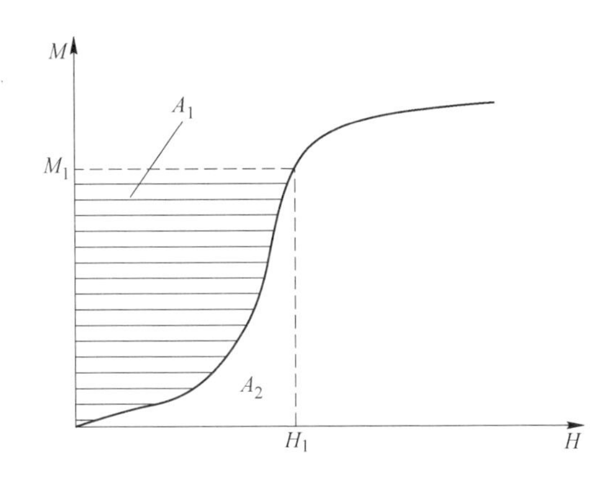

图 4.17 磁介质在外磁场中的磁化曲线

当一个置于磁场中的晶体被磁化时，若变量为 T、V、M，根据 $\mathrm{d}F = \mu_0 H\mathrm{d}M - \boldsymbol{P}\mathrm{d}V - S\mathrm{d}T$ 可得，体系自由能最小时，对应晶体偏转向磁化功 $\mu_0 H\mathrm{d}M$ 最小的方向。而当该晶向满足 A_1 最小时，此时 A_2 为最大值，即 $\mu_0 M\mathrm{d}H$ 最大，对于 $\mathrm{d}\psi = - S\mathrm{d}T - \mu_0 M\mathrm{d}H + V\mathrm{d}\boldsymbol{P}$，此时系统的热力学势变小。因此，施加磁场时系统要想达成热力学平衡，晶体一定会沿着磁化功最小的方向排列。

取向度计算表明（见图 4.15），1.02T 稳恒磁场促进了金属铁沿<100>晶向的生长。同时，通过观察样品还原后的形貌发现，原本光滑平整的样品表面形成了许多小角度晶面；与无磁场条件相比较，施加磁场，原本排列无序的小角度晶面呈现了与外磁场方向取向一致的排列形式，无论是在反应初期浮氏体样品的失氧阶段（浮氏体内溶解的氧与还原剂反应形成 FeO），还是在金属铁形核生长阶段，样品形貌都表现出这种整齐排列的方式，如图 4.18 所示。究其原因，是外磁场改变了晶体内部的磁畴分布。浮氏体为顺磁性物质，Fe 为铁磁性物质，其居里温度为 770℃。当还原温度超过 700℃时，金属铁的磁性结构转变为顺磁性。对于顺磁性材料来说，自发磁化时，在一微小区域内的（任一磁畴内）原子磁矩沿某一方向（易磁化方向）排列；但整个材料内部是大量磁畴的集合体，每个磁矩方向不一致，这种磁矩取向的“自由态”不影响能量的变化，其晶体总磁化能量为零。因此，在浮氏体还原过程中，还原样品中磁畴排列方向各异，样品表面就会形成不同方向的小角度晶面。

从磁场与原子的相互作用分析可知，有磁场时出现的塞曼分裂，表明在磁场中原子磁矩空间量子化方向，与磁场的相互作用不同，磁矩取向越接近外磁场方向，能量越低。对于新生成的 Fe 晶体，其晶体内部任一磁畴沿其易磁化轴 c 轴进行自发磁化。施加磁场，Fe 易磁化轴 c 轴与外磁场方向的夹角为 θ（$0° \leqslant \theta \leqslant 90°$），Fe 晶体在磁场中处于一个非平衡状态，在磁力矩的作用下 c 轴发生偏转，

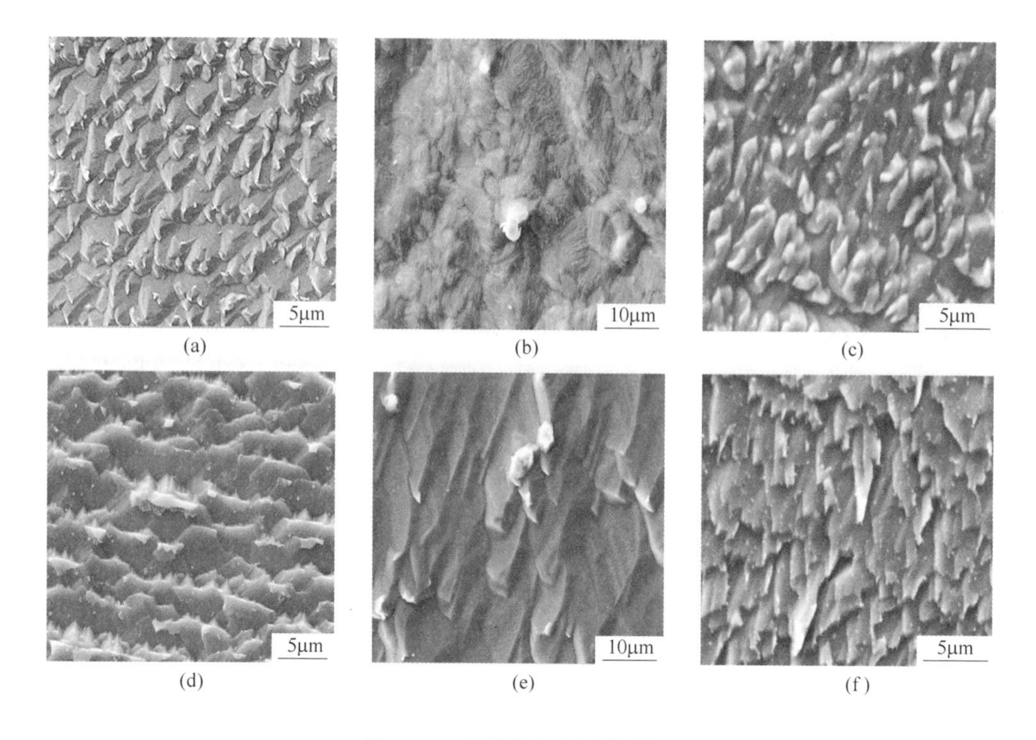

图 4.18 还原样品的显微形貌

(a) B=0T, 5min; (b) B=0T, 10min; (c) B=0T, 20min; (d) B=1.02T, 5min; (e) B=1.02T, 10min; (f) B=1.02T, 20min

其偏转角度 ϑ 介于 0°与 θ 之间，在外磁场持续作用下，最终与外磁场方向一致，如图 4.19（a）所示。在实际宏观的 Fe 晶体内，包含许多自发磁化的区域，即磁畴群，它们磁化方向不同，外磁场的作用就是使越来越多的自发磁化逐渐靠近外磁场方向，如图 4.19（b）所示。因此，磁场下，浮氏体内部溶解氧与还原剂反应产生的小角度晶面，会沿着外磁场方向进行重新排列，随后金属铁沿着磁各向异性能较小的易磁化方向进行生长，其生长方向与外磁场方向一致。

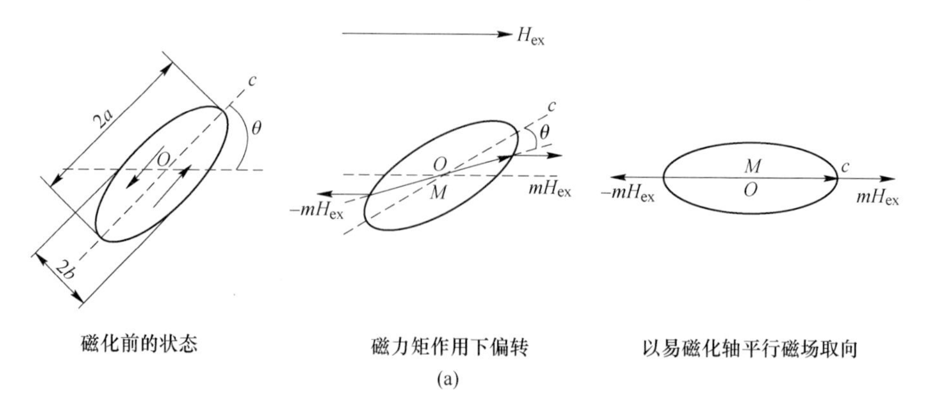

(a)

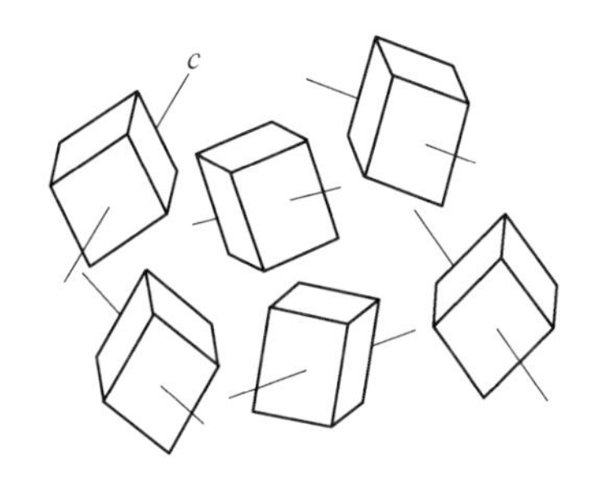

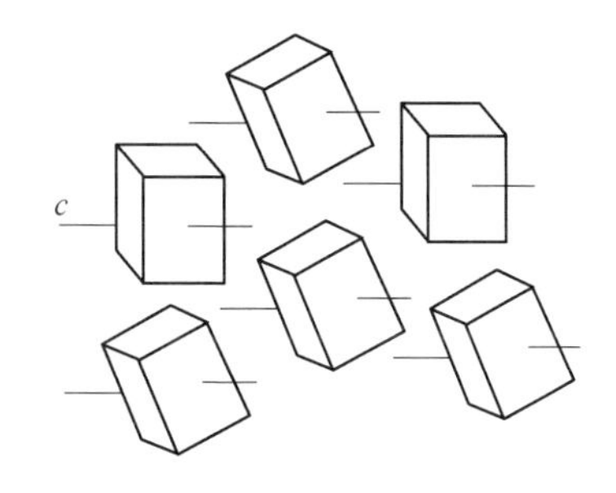

(b)

图 4.19 磁畴在外磁场中发生偏转的示意图
(a) 单个磁畴偏转示意图; (b) 磁畴群偏转示意图

参 考 文 献

[1] Takalla S I, Junichiro Y G. Heat and mass transfer in the reduction of iron oxide pellet with hydrogen [J]. Trans. ISIJ. 1968, 27: 175-186.

[2] Nasr M I, Omar A A, Hessien M M. Carbon monoxide reduction and accompanying swelling of iron oxide compacts [J]. ISIJ International, 1996, 36: 164-171.

[3] Huang Z C, Yi L Y. Mechanisms of strength decrease in the initial reduction of iron ore oxide pellets [J]. Powder Technology . 2012, 12 (5): 284-291.

[4] Halder S, Fruehan R J. Shrinkage of composite pellets during reduction [J]. Metallurgical and Materials Transactions B, 2008, 39 (32): 809-817.

[5] Mookherjee A, Ray H S. Isothermal reduction of iron ore fines stirrounded by coal ore hardiness [J]. Ironmaking and Steelmaking, 1986, 13 (5): 229 - 235.

[6] 张家芸, 邢献然, 宋波, 等. 冶金物理化学 [M]. 北京: 冶金工业出版社, 2009.

[7] Murayama T, Ono Y, Kawai Y. Step - wise reduction of hematite pellets with $CO-CO_2$ gas mixtures [J]. Trans. Iron Steel Inst. Jpn, 1978, 18 (9): 579-587.

[8] Corbari R, Fruehan R J. Reduction of iron oxide fines to wustite with CO/CO_2 gas of low reducing potential [J]. Metallurgical and Materials Transactions B, 2010, 41 (2): 318-329.

[9] Trushenski S P, Kun L, Philbrook W O. Non-topochemical reduction of iron oxides [J]. Metallurgical Transactions, 1974, 5 (5): 1149-1158.

[10] Balluffi R W, Allen S M, Carter W C. Kinetics of Materials [M]. Hoboken: John Wiley, 2005.

[11] 程晓农, 戴起勋, 绍红红. 材料固态相变与扩散 [M]. 北京: 化学工业出版社, 2006.

[12] 孙振岩, 刘春明. 合金中的扩散与相变 [M]. 沈阳: 东北大学出版社, 2002.

[13] Soffa W A, Laughlin D E. Diffusional phase transformations in the solid state [M]. 5th edition. Amsterdam: Elsevier, 2014.

[14] Shewmon P. Diffusion in solids [M]. 2nd edtion. Warrendale: Minerals, Metals and Materials

Society, 1989.

[15] Larché F C, Cahn J W. The effect of self-stress on diffusion in solids [J]. Acta Metall., 1982 (30): 1835-1845.

[16] Liu T, Li D G, Wang Q, et al. Enhancement of the Kirkendall effect in Cu-Ni diffusion couples induced by high magnetic fields [J]. Journal of Applied Physics, 2010, 107 (1): 542-546.

[17] 任晓，周文龙，陈国清，等．稳恒强磁场对 Al-Cu 扩散偶界面中间相形成和生长的影响 [J]. 材料工程，2007，16 (8)：41-44.

[18] Ren X, Chen G Q, Zhou W L, et al. Effect of high magnetic field on intermetallic phase growth in Ni-Al diffusion couples [J]. Journal of Alloys and Compounds, 2009 (472): 525-529.

[19] 郭江，赵晓凤，罗培燕，等．原子及原子核物理 [M]. 北京：科学出版社，2013.

[20] 孙宗乾，钟云波，范丽君，等．稳恒磁场对 Fe-Fe50wt.%Si 扩散偶中间相生长的影响 [J]. 物理学报，2013，62 (13)：147-154.

[21] Kelly P M, Zhang M X. Edge-to-edge matching—The fundamentals [J]. Metallurgical & Materials Transactions A, 2006, 37 (3): 833-839.

[22] Zhang M X, Kelly P M, Easton M A, et al. Crystallographic study of grain refinement in aluminum alloys using the edge-to-edge matching model [J]. Acta Materialia, 2005, 53 (5): 1427-1438.

[23] Zhang M X, Kelly P M. Edge-to-edge matching and its applications: Part Ⅱ. Application to Mg-Al, Mg-Y and Mg-Mn alloys [J]. Acta Materialia, 2005, 53 (4): 1085-1096.

[24] 陈林．磁场对 CO 气氛下 Fe_2O_3 还原为 Fe_3O_4 的影响研究 [D]. 包头：内蒙古科技大学，2015.

[25] 张清泉．磁场对 CO 气氛下 Fe_3O_4 还原为浮氏体的化学反应影响 [D]. 包头：内蒙古科技大学，2016.

[26] 张祥．稳恒磁场下浮氏体还原为铁的形貌和晶体取向变化研究 [D]. 包头：内蒙古科技大学，2018.

[27] 段金文．磁场对浮氏体气固反应过程中金属铁扩散的影响 [D]. 包头：内蒙古科技大学，2018.

[28] 侯艳超．磁场对铁析出过程中晶体结构及取向的影响 [D]. 包头：内蒙古科技大学，2020.

5 CaO 和 SiO_2 对铁氧化物还原的影响

研究发现施加稳恒磁场，可以有效促进铁氧化物的还原。SiO_2、CaO 为铁矿石脉石中主要的两种成分，通常情况下炼铁原料均为含有大量 SiO_2 和 CaO 脉石成分的铁矿石，含 SiO_2 和 CaO 的铁氧化物还原与纯铁氧化物的还原有较大的区别，并且磁场对含有 SiO_2、CaO 的铁氧化物还原的影响这方面的研究成果非常少，所以本章主要研究了磁场对含 SiO_2、CaO 的铁氧化物还原的影响规律。

采用分析纯试剂（Fe_2O_3、$CaCO_3$ 的纯度不小于 99%，SiO_2 的纯度不小于 98%）按照一定配比（见表 5.1）充分混合，添加聚乙烯醇溶液（添加量 5%，浓度 3%，质量分数），在压力 10MPa 下保压 5min 进行压块，随后在真空干燥箱内 110℃烘干 24h。干燥后的样品置于高温炉中进行烧结。

表 5.1 原料条件

体系	样品	$w(Fe_2O_3)$ /%	$w(SiO_2)$ /%	$w(CaO)$ /%	烧结后物相	孔隙率 /%
F	纯 Fe_2O_3	100	—	—	Fe_2O_3	5.84
FS	Fe_2O_3-SiO_2	95.5	4.5	—	SiO_2、Fe_2O_3	7.36
FC	Fe_2O_3-CaO	97.5	—	2.5	Fe_2O_3、$CaFe_4O_7$(CaO · $2Fe_2O_3$)	25.83
FSC	Fe_2O_3-SiO_2-CaO	93	4.5	2.5	Fe_2O_3、SiO_2、$CaSiO_3$	20.59

对于 Fe_2O_3 试样、（Fe_2O_3-SiO_2）试样、（Fe_2O_3-$CaCO_3$）试样、（Fe_2O_3-$CaCO_3$-SiO_2）试样，在马弗炉内以 10℃/min 的升温速率升温至 1200℃恒温，在此温度下烧结 6h 后自然冷却至室温。粉料制备流程如图 5.1 所示。

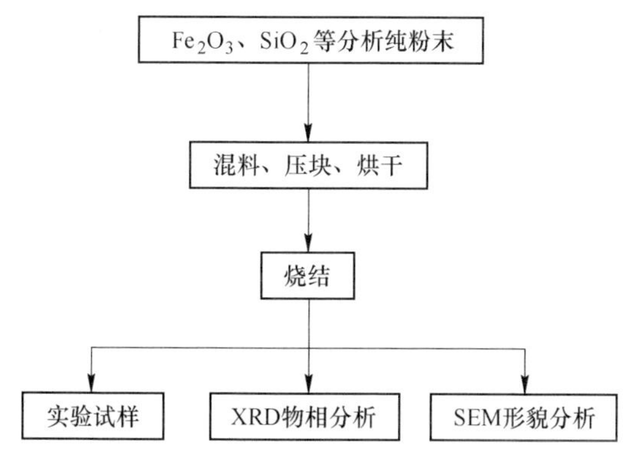

图 5.1 粉料制备流程图

对制好的原料分别进行磁场和常规条件下的等温还原实验，通过记录不同还原时间的氧失重来计算体系的还原度，以此评价含 SiO_2、CaO 铁氧化物的还原效果。通过 XRD 物相检测技术对还原后样品进行物相分析，观察还原过程中各还原体系内的物相变化。通过 SEM（扫描电子显微镜）和 EDS（能谱仪）来观察各体系还原后微观形貌变化。同时对各体系不同条件下还原的热力学和动力学计算结果进行分析，综合实验结果来揭示磁场对含 SiO_2 和 CaO 的铁氧化物还原的影响。

5.1 磁场作用下 Fe_2O_3-SiO_2 体系的还原特性

根据 Fe_2O_3-SiO_2（FS）体系还原过程中氧失重计算还原度，还原度随时间变化曲线如图 5.2 所示。磁场和常规条件下 Fe_2O_3-SiO_2 体系的还原度随还原时间的延长而提高，磁场促进了 Fe_2O_3-SiO_2 体系的还原，增加了体系的最大还原度。同时还可以观察到，还原时间为 0~30min 时，磁场条件下 FS 体系的还原度高于常规条件；还原 40~60min 时，磁场条件下 FS 体系的还原度稍低于常规条件；还原 70~120min 时，磁场条件下 FS 体系的还原度高于常规条件。

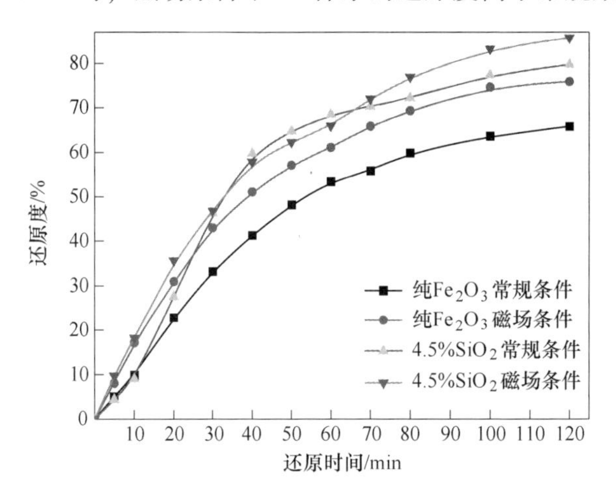

图 5.2 Fe_2O_3-SiO_2 体系还原度随时间的变化

采用 FactSage 软件计算 FeO-SiO_2 相图，如图 5.3 所示。由图 5.3 可知，还原过程中 SiO_2 会与生成的 Fe_xO 发生化学反应生成 Fe_2SiO_4 相。

使用 HSC 热力学计算软件可得，800℃下 Fe_2SiO_4 的生成反应和在（75%CO+25%CO_2）还原势下 Fe_xO 的还原反应的标准吉布斯自由能变化分别为：

$$SiO_2+2FeO = Fe_2SiO_4,\quad \Delta G_1^\Theta = -23533\text{J/mol}$$

$$FeO+CO = Fe+CO_2,\quad \Delta G_2^\Theta = -5035\text{J/mol}$$

由此可知，还原过程中 Fe_2SiO_4 的生成较浮氏体的还原更容易发生。Fe_2SiO_4

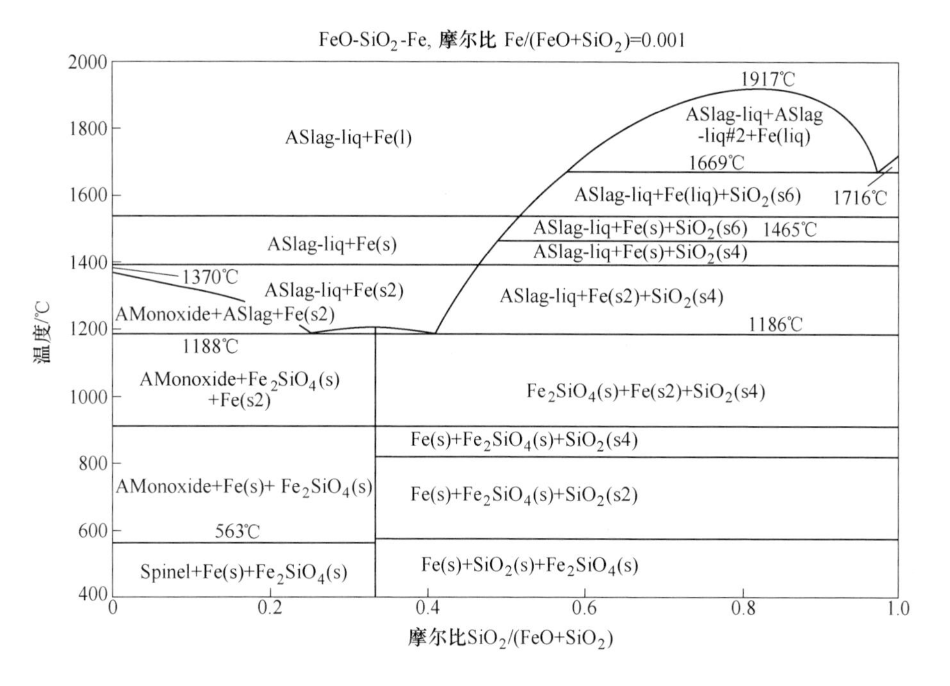

图 5.3 FeO-SiO_2 相图

化学性质较稳定且不易被还原，在还原过程中会覆盖在 Fe_xO 颗粒表面形成致密外层，阻碍 Fe_xO 与还原气体接触，抑制了还原。因此，还原曲线发生波动的原因可能是由于磁场加速了体系的还原，在相同还原时间内 Fe_xO 生成量比常规条件大，从而有更多 Fe_xO 和 SiO_2 发生反应生成 Fe_2SiO_4，阻碍了还原气体与铁氧化物的接触，使还原中期磁场条件下体系的还原速度减慢；但从还原产物的 XRD 图谱未找到 Fe_2SiO_4 相，整个还原过程含硅相只有 SiO_2 相。随着反应的继续进行，外磁场下能量变化引起的力磁效应使得整个还原样品疏松多孔，致密的铁橄榄石不再成为影响还原效率的因素。

将还原后的样品进行 SEM 显微形貌观察和 EDS 成分检测，结果如图 5.4 和表 5.2 所示。

表 5.2 图 5.4 中各点 EDS 分析结果（质量分数） （%）

点	Fe	O	Si
1	79.28	20.72	—
2	—	50.28	49.72
3	100	—	—

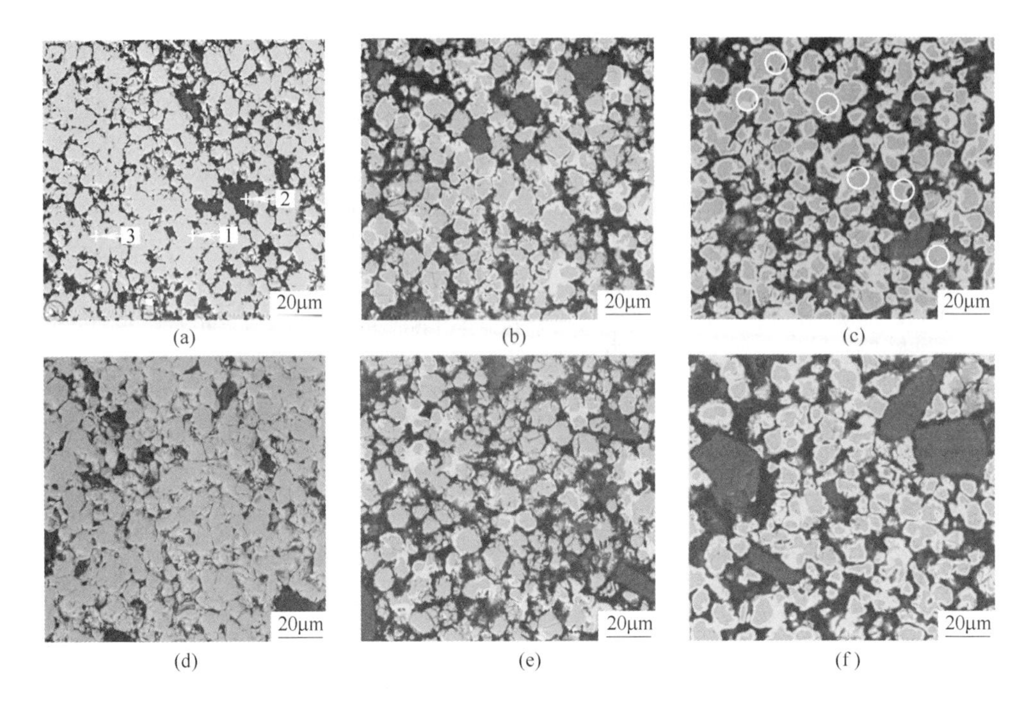

图 5.4 磁场和常规条件下 Fe_2O_3-SiO_2 体系不同还原时间 SEM 形貌图

（a）10min，磁场；（b）70min，磁场；（c）100min，磁场；（d）10min，常规；（e）70min，常规；（f）100min，常规

根据 EDS 能谱分析，图 5.4 中浅灰色颗粒（点 1 处）为 Fe_xO，深灰色颗粒（点 2 处）为 SiO_2，白色物质（点 3 处）为金属铁。如图 5.4（a）所示，磁场条件下还原 10min 时，因铁氧化物晶格结构的改变，Fe_xO 断裂形成小颗粒，增加了体系孔隙度。金属铁优先在 Fe_xO 颗粒边缘生长，SiO_2 颗粒无规则地分布于体系内。如图 5.4（b）所示，磁场条件下还原 70min 时，体系内 Fe_xO 断裂程度加剧，生成的金属铁层沿 Fe_xO 颗粒边缘生长并逐渐包裹住整个 Fe_xO 颗粒，呈未反应核模型。如图 5.4（c）所示，还原至 100min 时，金属铁生成量随还原时间延长而增加，在部分 Fe_xO 颗粒内部可以观察到有点状金属的生成。根据图 5.4（b）、（c）可以发现，SiO_2 颗粒附近的金属铁生成量要低于其他部位，可能是 Fe_2SiO_4 的生成阻碍了还原的进行。常规条件下样品形貌变化规律与磁场条件大致相同，但在还原初期磁场条件下体系内 Fe_xO 的断裂程度比常规条件剧烈，样品更加疏松。随着反应的进行，体系内小孔隙塌陷消失，汇聚生成大的孔隙，其中 Fe_2SiO_4 的生成可能是促使体系致密化的重要原因，至还原后期磁场加快了体系的还原。

5.2 磁场作用下 Fe_2O_3-CaO 体系的还原特性

根据 Fe_2O_3-CaO（FC）体系还原过程中氧失重计算还原度，还原度随时间变化曲线如图 5.5 所示。

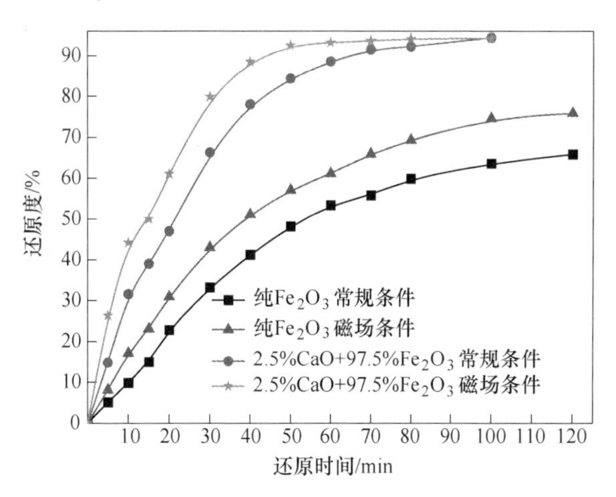

图 5.5 Fe_2O_3-CaO 体系还原度随时间的变化

由图 5.5 可知，无论有无磁场，纯 Fe_2O_3 和 FC 两种体系还原度都随还原时间延长而提高，在反应末期随还原时间延长，还原度变化趋于平缓。施加 1.02T 稳恒磁场后，还原度较无磁条件明显提高，当还原度为 90%时，FC 体系还原时间比常规条件缩短了近 30min。对比不同体系还原曲线发现，添加 2.5%CaO 起到了促进铁氧化物还原的效果。在磁场处理条件下，当反应时间 $t=100$min，纯 Fe_2O_3 还原度为 74.59%，FC 体系还原度为 94.26%。这是因为：

（1）本实验采用添加 $CaCO_3$ 来制备掺杂 CaO 的致密料柱，与纯 Fe_2O_3 料柱相比较，孔隙率增加了 20%，这有利于还原气体在样品中的扩散，增加了气-固反应界面，这种作用在还原初期表现更为明显；

（2）添加物 CaO 与 Fe_xO 生成复杂的氧化物相，由于 Ca^{2+}的半径（0.099nm）大于 Fe^{2+}的半径（0.076nm），El-Geassy 和 Takashi 认为，Ca^{2+} 在 Fe_xO 晶格中的渗入可能导致 Fe_xO 晶格畸变，从而降低了 O^{2-}的扩散阻力和 Fe-O 的结合能，而磁场的引入显然是有利于 Ca^{2+}溶入氧化物晶格，此时能促进 Fe_xO 的还原。

磁场和常规条件下，不同还原时间 FC 样品 XRD 谱如图 5.6 所示。图 5.6 中，无论有无磁场，体系内的铁氧化物遵循 $Fe_2O_3 \rightarrow Fe_3O_4 \rightarrow Fe_xO \rightarrow Fe$ 顺序。

按照该顺序还原生成金属 Fe；体系内 $CaFe_4O_7$（$CaO \cdot 2Fe_2O_3$）相发生化学反应生成中间相 $CaFe_5O_7$（$CaO \cdot 3FeO \cdot Fe_2O_3$），该相不稳定，在还原气氛下被还原为 $Ca_2Fe_2O_5$（$2CaO \cdot Fe_2O_3$）和金属 Fe，同时释放出 CO_2。通过 HSC 热力学

软件计算可知，在 800℃时，中间相 $CaFe_5O_7$ 被 CO 还原的标准 Gibbs 自由能为 -3.4127×10^5J/mol，说明该反应很容易进行，生成的 $Ca_2Fe_2O_5$ 非常稳定。通过还原过程中物相变化可知，磁场促进了 FC 体系的还原，加快了 $CaFe_4O_7\rightarrow CaFe_5O_7\rightarrow Ca_2Fe_2O_5$ 的反应进程，但不会导致新物相的生成。

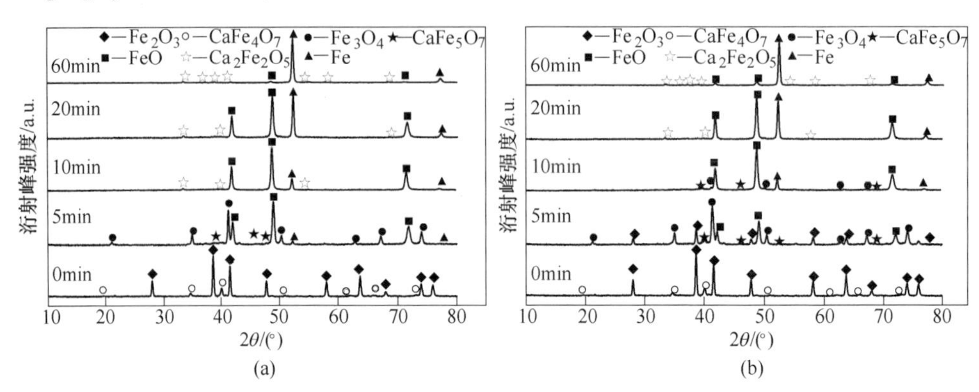

图 5.6 不同还原时间 FC 体系样品的 XRD 谱

（a）磁场条件；（b）常规条件

图 5.7 为磁场和常规条件下，不同还原时间，FC 体系还原后样品的 SEM 像。图 5.7 中各点的 EDS 成分分析见表 5.3。

表 5.3 图 5.7 中各点 EDS 分析结果（质量分数）（%）

点	Fe	O	Ca
1	100	—	—
2	83.81	11.59	4.61
3	97.31	1.11	1.58
4	52.11	16.74	31.15
5	80.87	7.74	11.39
6	83.91	13.41	2.68

由表 5.3 可知，图 5.7 中点 2 处灰色颗粒为含有少量 Ca 的 Fe_xO，点 1、点 3 处白色物质为金属 Fe，其中点 3 处金属 Fe 呈现多孔状，白色金属 Fe 层中灰色块状物质（点 4 处）为 $Ca_2Fe_2O_5$，点 5 处深灰色条状物为 $CaFe_5O_7$，其周围较致密的灰色固体颗粒（点 6 处）为含 Ca 量很低的 Fe_xO。在失氧过程中 Fe 逐渐由高价态氧化物转变为低价态，由于铁氧化物晶格结构的改变，氧化物产生缩孔、裂纹，甚至碎裂为小颗粒，这为反应气体在样品内扩散提供了有利条件。施加磁场后，在样品中存在热电磁力，产生较大的应力，促使体系内 Fe_xO 发生断裂生成

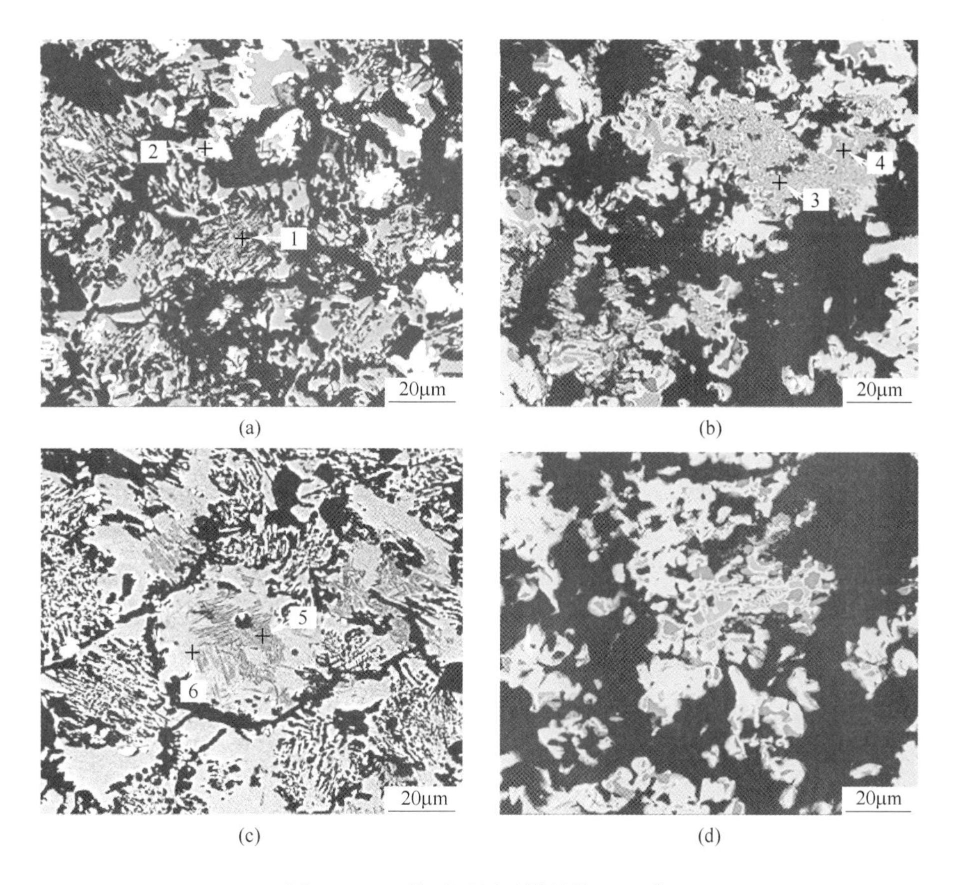

图 5.7 FC 体系还原后样品的 SEM 像
(a) 磁场，20min；(b) 磁场，60min；(c) 常规，20min；(d) 常规，60min

较小的颗粒，其中大部分 Fe_xO 颗粒上存在许多无规则分布的微孔及树枝状裂纹，与无磁条件相比，该样品呈现疏松多孔状，Fe_xO 颗粒尺寸明显减小。

随着还原时间的延长，体系内部分金属 Fe 以多孔 Fe 的形态生长，致密金属 Fe 多存在于难还原的 $Ca_2Fe_2O_5$ 外边缘。EDS 分析表明，Fe_xO 颗粒中都含有少量的 Ca，大都分布在微孔和枝状裂纹处，而且在多孔 Fe 微孔处也发现了 Ca 的存在，可知适量的 Ca 可以促使 Fe_xO 形成疏松多孔状结构；同时 Ca 在 Fe/Fe_xO 界面处的存在会导致 Fe/Fe_xO 界面能的降低，使新生成的金属 Fe 层更容易破裂，呈现多孔状。在稳恒磁场作用下，还原后样品的显微形貌变化特征证实，磁场加快了钙离子在还原物料中的扩散，同时加剧了钙在 Fe/Fe_xO 反应界面的积聚。

根据 FC 体系面扫描结果（见图 5.8）可以观察到，在还原过程中 Ca 均匀分散于铁氧化物颗粒中，但金属 Fe 聚集处的 Ca 含量很低，说明 Ca 很难溶解进金属 Fe 内，致使初始存在于金属 Fe 聚集处的 Ca 会扩散到其他铁氧化物区域内，因此 Ca 可以被再次利用。施加磁场加快了 $CaFe_5O_7$ 的分解，使体系内存在更多游离的 Ca。可见，外加磁场可以有效增大 Ca 的扩散系数，加快 Ca 的扩散。Guo 的研究也证实了这点。所以磁场条件下整个体系更加疏松多孔，并且比常规条件出现了更多的多孔 Fe。

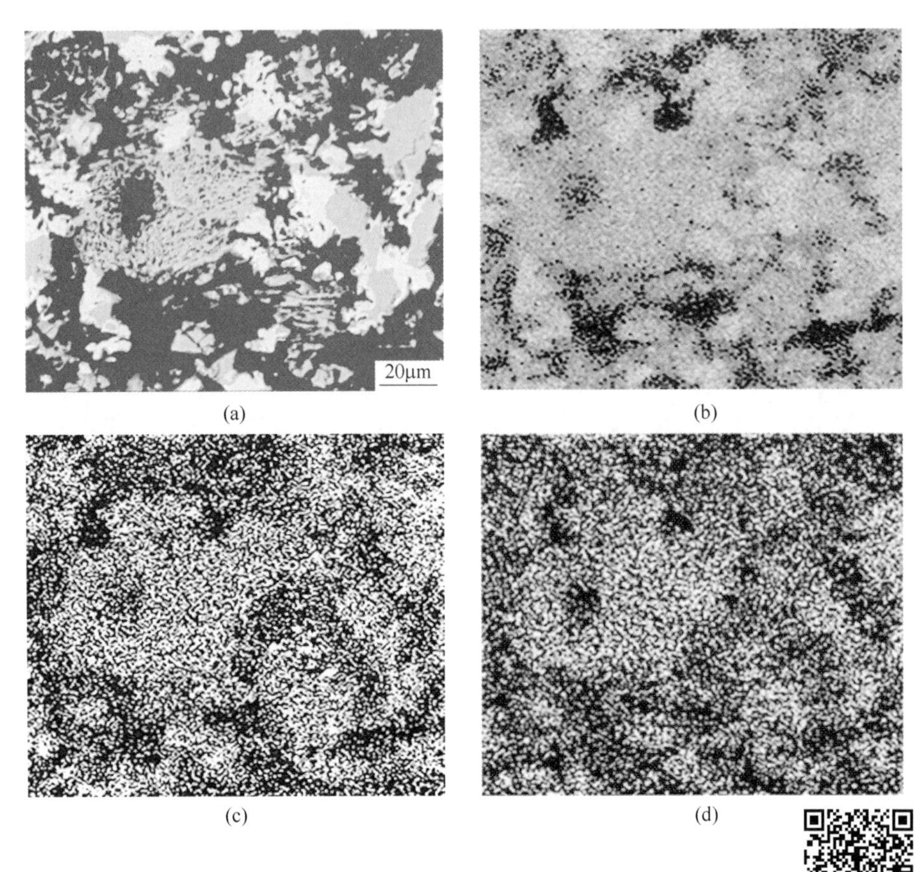

图 5.8 磁场条件下，还原 30min 后 FC 样品 SEM 像和面扫描图
(a) SEM 像；(b) Fe；(c) Ca；(d) O

扫码看彩图

5.3 磁场作用下 Fe_2O_3-SiO_2-CaO 体系的还原特性

根据 Fe_2O_3-SiO_2-CaO（FSC）体系还原过程氧失重计算还原度，结果如图 5.9 所示。磁场和常规条件下 FSC 体系还原度曲线随时间增长趋势相同，体系的还原度随还原时间延长而提升，磁场促进了 FSC 体系的还原。XRD 衍射图谱表明，FSC 体系内铁氧化物的还原按照 $Fe_2O_3 \rightarrow Fe_3O_4 \rightarrow Fe_xO \rightarrow Fe$ 顺序进行，施加磁场后体系内未出现特殊新物相，整个还原过程中物相为不同价态铁氧化物、$CaSiO_3$、SiO_2。

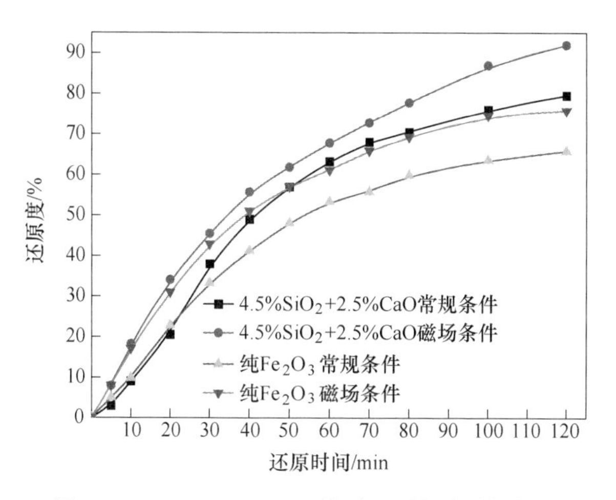

图 5.9 Fe_2O_3-SiO_2-CaO 体系还原度随时间变化

将不同还原时间样品镶样，并进行 SEM 形貌观察及 EDS 成分检测，如图 5.10 和表 5.4 所示。图 5.10 中灰色物质（点 1 处）为 Fe_xO，白色物质（点 2 处）为 Fe，大孔隙中黑色颗粒状物质（点 3 处）为 SiO_2，Fe_xO 颗粒缝隙间条状深灰色物质（点 4 处）为 $CaSiO_3$。磁场条件下还原 20min 时，体系中还原生成大

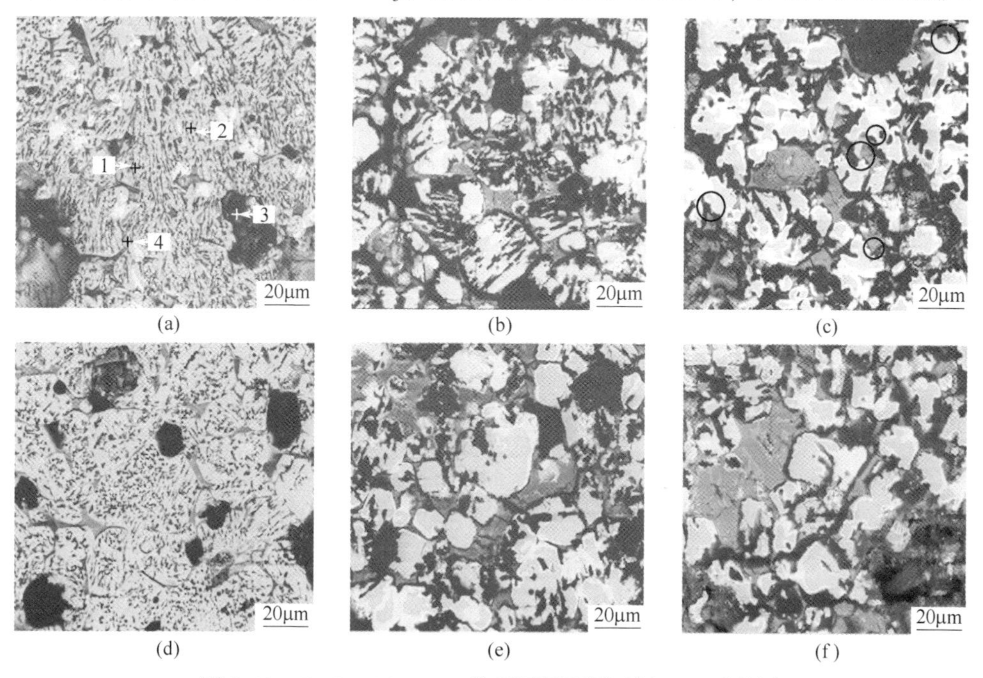

(a) (b) (c)

(d) (e) (f)

图 5.10 Fe_2O_3-SiO_2-CaO 体系不同还原时间 SEM 形貌图

（a）磁场，20min；（b）磁场，60min；（c）磁场，100min；
（d）常规，20min；（e）常规，60min；（f）常规，100min

量 Fe_xO 和少量 Fe。由于还原过程中铁氧化物晶格结构的改变，体系内 Fe_xO 产生断裂，出现裂缝，裂缝相互连通形成微小的气路。$CaSiO_3$ 化学性质十分稳定，在还原过程中并不参与反应，稳定地存在于 Fe_xO 颗粒间的孔隙中，阻碍了还原气体内扩散，使还原前期气体扩散主要通过 Fe_xO 颗粒内的微孔进行，阻碍了还原进行。还原至 60min 时，随还原时间延长 Fe_xO 断裂加剧，形成更小的 Fe_xO 颗粒，颗粒间孔隙扩大。Fe 优先在 Fe_xO 颗粒边缘生长，铁层逐渐包裹住 Fe_xO 颗粒。还原至 100min 时，Fe_xO 颗粒表面的铁层增厚，同时可在一部分 Fe_xO 颗粒内部观察到有点状 Fe 生成。常规条件下体系的还原形貌变化规律与磁场条件大致相同，磁场条件下样品更加疏松，在致密浮氏体内部出现点状金属铁。

表 5.4 图 5.10 中各点 EDS 分析结果（质量分数） （%）

点	Fe	O	Ca	Si
1	81.68	18.32	—	—
2	100	—	—	—
3	—	30.13	—	69.87
4	—	31.08	30.96	37.96

根据 FSC 体系的面扫描结果（见图 5.11）可以看出，CaO 和 SiO_2 反应生成

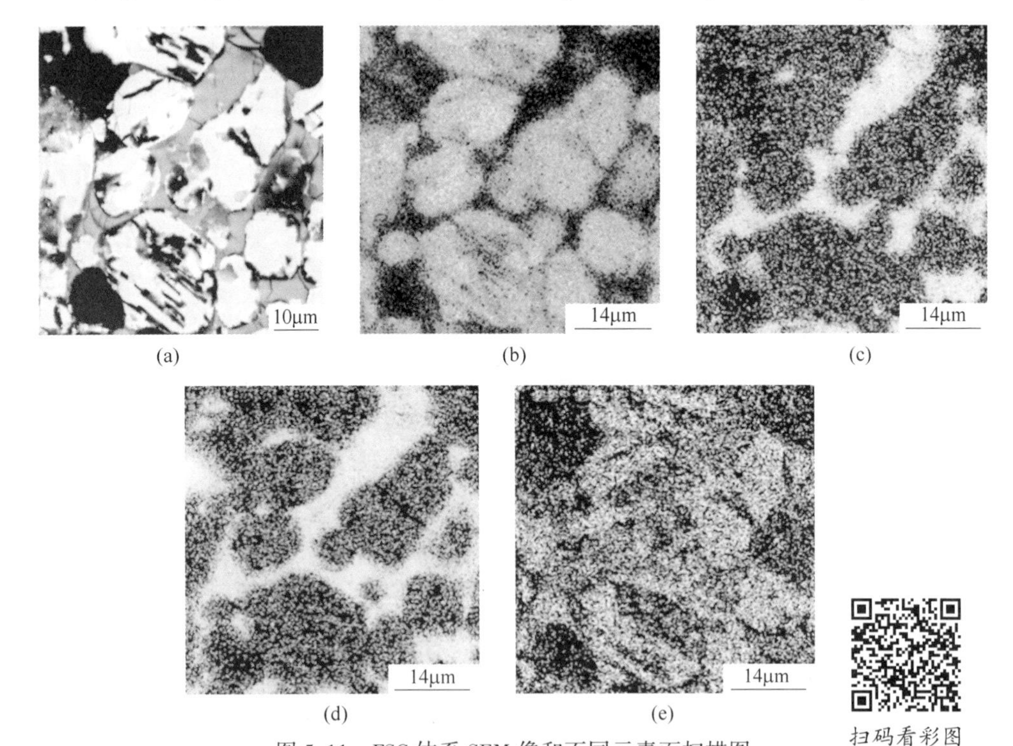

(a) (b) (c) (d) (e)

图 5.11 FSC 体系 SEM 像和不同元素面扫描图

(a) 扫描区域；(b) Fe；(c) Ca；(d) Si；(e) O

了 $CaSiO_3$ 相，并且生成的 $CaSiO_3$ 分布于 Fe_xO 颗粒间，体系内几乎没有 Ca 在铁氧化物中扩散，减少了还原气体扩散通道，阻碍了还原气体的内扩散，致使磁场条件下还原前期 FSC 体系还原度与纯 Fe_2O_3 的相近。

5.4 磁场条件下四种体系还原结果对比

磁场下，四种体系的还原度随时间变化曲线如图 5.12 所示。由图 5.12 可知，添加 SiO_2、CaO 都可以有效促进体系还原，其中 CaO 的单独添加对还原的促进效果最明显。SiO_2 和（SiO_2+CaO）两种添加方式对还原的促进效果非常相近，仅在还原后期添加（SiO_2+CaO）对还原的促进效果要强于单独添加 SiO_2。磁场条件下三种添加方式对还原的促进效果为 CaO>(SiO_2+CaO)>SiO_2。

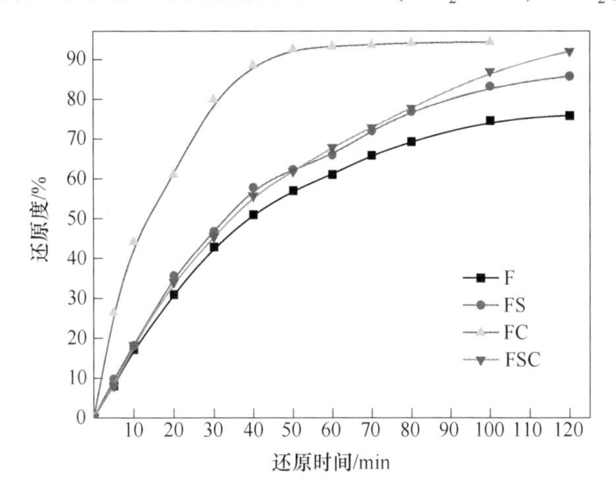

图 5.12 磁场条件下不同体系还原度随时间的变化

磁场条件下相同还原时间四种体系内的形貌如图 5.13 和图 5.14 所示。与纯 Fe_2O_3 相比，FS 体系在还原过程中生成的 Fe_xO 颗粒尺寸稍小，Fe_xO 颗粒致密性与纯 Fe_2O_3 相近。FC 体系还原过程中样品更加疏松多孔，Fe_xO 颗粒内分布着极多的微孔及板条状裂纹，致密性在四种体系中最差。FSC 体系还原过程中 Fe_xO 颗粒表面边缘位置分布着较多裂纹，Fe_xO 颗粒间较大的孔隙被 $CaSiO_3$ 填堵，与 FC 体系相比较，FSC 体系样品较为致密。如图 5.14 所示，还原进行至 60min 时，所有体系都生成了大量的金属铁，其中 F、FS 和 FSC 体系还原生成的金属铁层较致密，只有 FC 体系中部分金属铁是以多孔铁的形式生长，该生长模式为还原气体内扩散提供有利的条件，加快了还原速度。

由图 5.13 和图 5.14 可知，CaO 单独添加时，有大量的 Ca 在整个体系内扩散，使体系变得疏松多孔，并且生成的部分金属铁成多孔状，加快了还原的进行。而添加（SiO_2+CaO），导致 CaO 被 SiO_2 消耗生成 $CaSiO_3$，不仅阻碍了

CaO 对体系还原的促进效应，而且增大了气体的内扩散阻力，阻碍了还原进行。

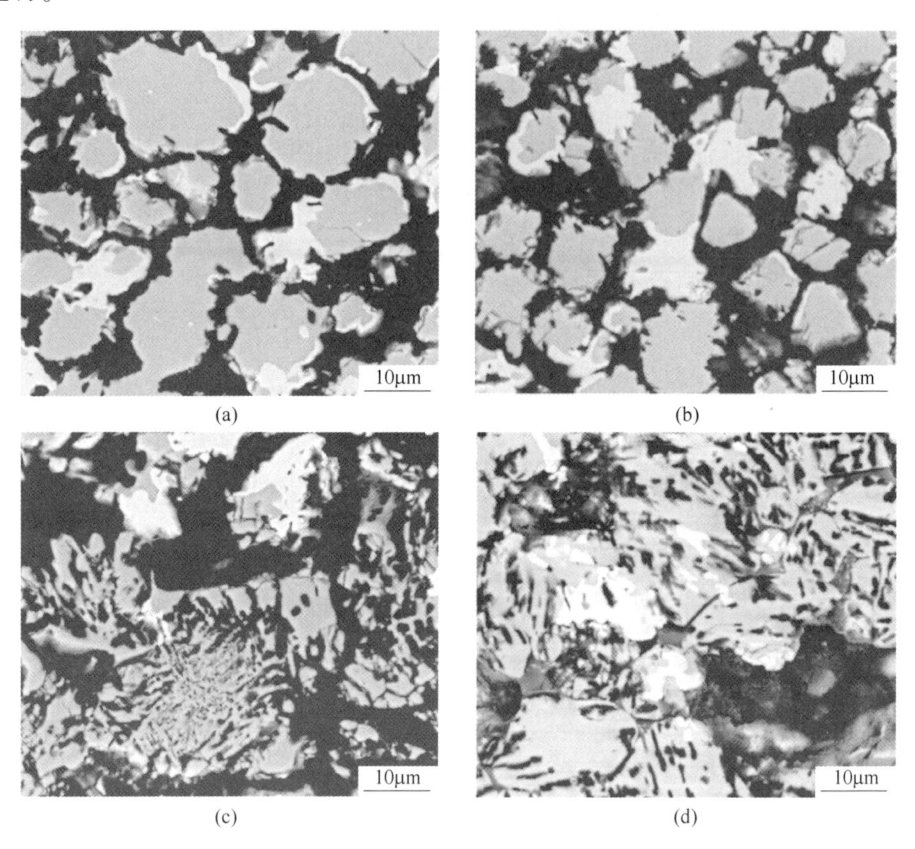

图 5.13 各体系磁场条件下还原 20min SEM 形貌图
(a) F；(b) FS；(c) FC；(d) FSC

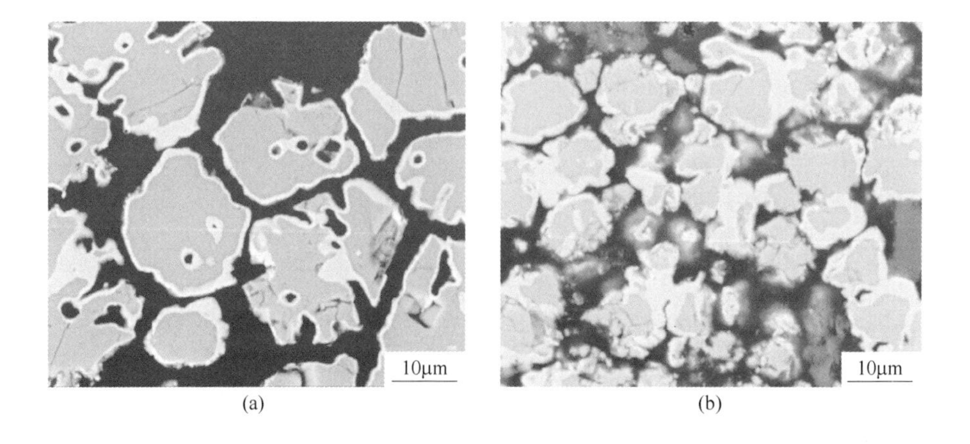

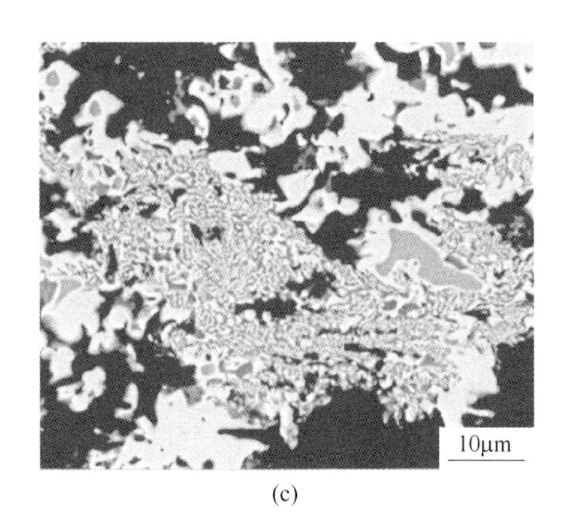

(c)

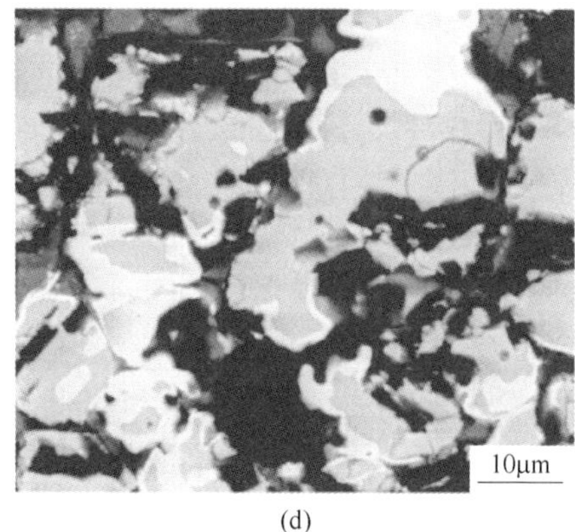

(d)

图 5.14 各体系磁场条件下还原 60min SEM 形貌图
(a) F; (b) FS; (c) FC; (d) FSC

5.5 磁场对体系还原影响的热力学和动力学分析

800℃时，添加 SiO_2 和 CaO 后样品在还原过程中发生的反应主要有 Fe_2O_3 的还原、$CaFe_5O_7$ 的分解和 Fe_2SiO_4 的生成。具体反应方程式如下：

$$3Fe_2O_3(s) + CO = 2Fe_3O_4(s) + CO_2,\quad \Delta G_1^\Theta = -100324\text{J/mol} \tag{5.1}$$

$$Fe_3O_4(s) + CO = 3FeO(s) + CO_2,\quad \Delta G_2^\Theta = -7296\text{J/mol} \tag{5.2}$$

$$FeO(s) + CO = Fe(s) + CO_2,\quad \Delta G_3^\Theta = -5035\text{J/mol} \tag{5.3}$$

$$2CaFe_5O_7(s) + 9CO = Ca_2Fe_2O_5(s) + 8Fe(s) + 9CO_2,\quad \Delta G_4^\Theta = -3.4127\times 10^5\text{J/mol} \tag{5.4}$$

$$2FeO(s) + SiO_2(s) = Fe_2SiO_4(s),\quad \Delta G_5^\Theta = -23533\text{J/mol} \tag{5.5}$$

依据磁场作用下对化学反应平衡分析，可知各反应吉布斯自由能和平衡常数见表 5.5 和表 5.6。

表 5.5 不同还原条件下各反应的吉布斯自由能 (J/mol)

项目	反应（5.1）	反应（5.2）	反应（5.3）	反应（5.4）	反应（5.5）
常规条件	-100324	-7296	-5035	-3.412×105	-23533
磁场条件	-101475	-6657	-5437	-3.444×105	-23532

表 5.6 不同还原条件下各反应的平衡常数

项目	反应（5.1）	反应（5.2）	反应（5.3）	反应（5.4）	反应（5.5）
常规条件	76561.10	2.266	1.758	4.111×1016	13.98459
磁场条件	87117.06	2.109	1.839	5.898×1016	13.98418

由表 5.5 和表 5.6 可知，800℃时磁场降低了反应（5.1）、反应（5.3）和反应（5.4）的吉布斯自由能，并提高了平衡常数。单从热力学角度可以说明，施加磁场促进了 $Fe_2O_3 \rightarrow Fe_3O_4$ 和 $Fe_xO \rightarrow Fe$ 阶段铁氧化物的还原及 $CaFe_5O_7$ 相的分解，对 $Fe_3O_4 \rightarrow Fe_xO$ 阶段的还原反应稍有抑制，对反应 Fe_2SiO_4 相的生成影响非常微弱。对比反应（5.3）和反应（5.5）的平衡常数可知，Fe_2SiO_4 生成比 Fe_xO 还原更容易发生，说明了在 $Fe_2O_3-SiO_2$ 体系还原中期磁场并没有直接促进 Fe_2SiO_4 生成，而是通过加快还原过程，间接促进了体系内 Fe_2SiO_4 含量的增加，从而抑制了还原。

从动力学方面研究磁场对 SiO_2 和 CaO 的影响。采用本章建立的磁场条件固态还原的动力学模型，只考虑界面化学反应和气体内扩散对反应速率的影响。通过计算可知，所有体系在还原过程中限速环节都为气相内扩散，其反应速率常数和气体内扩散系数见表 5.7 和表 5.8。

表 5.7 各体系反应速率常数

体 系	Fe_2O_3	$Fe_2O_3-SiO_2$	Fe_2O_3-CaO	$Fe_2O_3-SiO_2-CaO$
k_M（B=1.02T）/cm · s^{-1}	0.00398	0.00533	0.01643	0.00637
k（B=0T）/cm · s^{-1}	0.00284	0.00466	0.01058	0.00452
[（k_M-k）/k] / %	40.14	14.38	55.29	40.93

表 5.8 各体系不同还原条件下扩散系数

体 系	Fe_2O_3	$Fe_2O_3-SiO_2$	Fe_2O_3-CaO	$Fe_2O_3-SiO_2-CaO$
D_e^M（磁场条件）/$m^2 \cdot s^{-1}$	2.7197×10^{-7}	3.9465×10^{-7}	1.1328×10^{-6}	6.1747×10^{-7}
D_e（常规条件）/$m^2 \cdot s^{-1}$	1.9411×10^{-7}	3.5507×10^{-7}	7.5512×10^{-7}	3.2230×10^{-7}
[(D_e^M − D_e)/D_e] /%	40.11	11.15	50.02	29.44

由表 5.7 和表 5.8 可知，无论有无磁场，添加 SiO_2、CaO 均提升了体系的反应速率常数和扩散系数，加快了还原速度，其中 CaO 的作用效果最为明显。施加磁场明显加快了各体系的还原速度，但对比发现磁场对 $Fe_2O_3-SiO_2$ 体系的还原效促进果比其他体系差，磁场对于 CaO 的影响强度最大，这可能是由于 SiO_2 为弱磁性物质，具有屏蔽磁场的特性。因此，SiO_2 的存在弱化了磁场对还原的促进效应。总之，添加 SiO_2、CaO 后，磁场对各体系的影响效果为 FC>F>FSC>FS。

参 考 文 献

[1] 黄希祜. 钢铁冶金学 [M]. 北京：冶金工业出版社，2013.

[2] Shigematsu N, Iwai H. Effect of SiO_2 and/or Al_2O_3 addition on reduction of dense wustite by hy-

drogen [J]. Transactions of the Iron and Steel Institute of Japan, 1988, 28 (3): 206-213.

[3] Geassy El, Abdel-Hady A. Influence of SiO_2 and/or MnO_2 on the reduction behaviour and structure changes of Fe_2O_3 compacts with CO [J]. ISIJ International, 2008, 48 (10): 1359-1367.

[4] Gupta, Prithviraj, Arnab De, Chanchal Biswas. The effect of presence of SiO_2 Al_2O_3 and P_2O_5 on the reduction behaviour of Fe_2O_3 nuggets with coke fines [J]. Arabian Journal for Science and Engineering, 2016, 41 (12): 4743-4752.

[5] Bahgat M. Morphological changes accompanying gaseous reduction of SiO_2 doped wustite compacts [J]. Ironmaking & Steelmaking, 2008, 35 (3): 205-212.

[6] Kim W H, Lee Y S, Suh I K. Influence of CaO and SiO_2 on the reducibility of wustite using H_2 and CO gas [J]. ISIJ International, 2012, 52 (8): 1463-1471.

[7] Inami, Takashi, Kanae Suzuki. Effects of SiO_2 and Al_2O_3 on the lattice parameter and CO gas reduction of CaO-containing dense wustite [J]. ISIJ International, 2003, 43 (3): 314-320.

[8] Geassy El. Influence of silica on the gaseous reduction of wustite with H_2, CO and H_2-CO mixtures [J]. Transactions of the Iron and Steel Institute of Japan, 1985, 25 (10): 1036-1044.

[9] Geassy El. Influence of doping with CaO and/or MgO on stepwise reduction of pure hematite compacts [J]. Ironmaking & Steelmaking, 1999, 26 (1): 41-52.

[10] Geassy EL. Reduction of CaO or MgO-doped Fe_2O_3 compacts with carbonmonoxide at 1173-1473K [J]. ISIJ International, 1996, 36 (11): 1344-1353.

[11] Geassy EL. Stepwise reduction of CaO and/or MgO doped-Fe_2O_3 compacts to magnetite then subsequently to iron at 1173-1473K [J]. ISIJ International, 1997, 37 (9): 844-853.

[12] Zhilong Zhao, Huiqing Tang, Zhancheng Guo. Effects of CaO on precipitation morphology of metallic iron in reduction of iron oxides under CO atmosphere [J]. Journal of Iron and Steel Research, International. 2013, 20 (7): 16-24.

[13] 赵志龙 . CO 还原铁氧化物过程的颗粒表面结构演变 [D]. 北京: 北京科技大学, 2012.

[14] Takahashi K, Asada M, Kawakami M. TEM observation MgO or CaO bearing wustite solid solution reduced to iron by hydrogen [J]. Tetsu-to-Hagané, 1998, 84 (7): 471-476.

[15] Shigematsu, Nobukazu, Hikoya Iwai. Effect of CaO added with SiO_2 and Al_2O_3 on reduction rate of dense wustite by hydrogen [J]. ISIJ International, 1989, 29 (6): 486-494.

[16] Nakiboglu F, John Dh St, Hayes P C. The gaseous reduction of solid calciowustites in CO/CO_2 and H_2/H_2O gas mixtures [J]. Metallurgical Transactions B, 1986, 17 (2): 375-381.

[17] 赵霞, 潘文等 . 铁矿石还原气-固还原行为研究现状 [J]. 中国冶金, 2013, 23 (4): 1-6.

[18] 黄典冰, 杨学民, 杨天钧 . 含碳球团还原过程动力学及模型 [J]. 金属学报, 1996, 32 (6): 630.

[19] 刘玉芹 . 硅酸盐陶瓷相图 [M]. 北京: 化学工业出版社, 2011.

[20] Bin Guo, Han HB, Feng Chai. Influence of magnetic field on microstructural and dynamic properties of sodium, magnesium and calcium ions [J]. Transactions of Nonferrous Metals Society of China, 2011 (21): 494-498.

[21] 丁建芳, 姜继森 . 核壳结构二氧化硅/磁性纳米粒子的制备及应用 [J]. 材料导报,

2007，20（11）：201-205.
[22] 张家芸，邢献然．冶金物理化学［M］．北京：冶金工业出版社，2004.
[23] 胡赓祥，蔡珣．材料科学基础［M］．上海：上海交通大学出版社，2000.
[24] 于海．磁场对含 SiO_2/CaO 的铁氧化物还原的影响［D］．包头：内蒙古科技大学，2018.
[25] 金永丽，于海，张捷宇，等．磁场对含 CaO 铁氧化物还原的影响［J］．金属学报，2019，55（3）：410-416.
[26] 金永丽，韩福铁，于海，等．磁场对含 SiO_2/CaO 的铁氧化物还原的影响［J］．钢铁钒钛，2018，39（6）：103-109.

6 P、Nb 在磁场强化还原-磁选分离中的行为

以含 P 和 Nb 的铁氧化物为研究对象，在低温固态还原过程中施加磁场，揭示 P、Nb 与 Fe 之间的微观结构和赋存形态变化，确定磁场对 Fe、P 和 Fe、Nb 分离效果的影响。

将 Fe_2O_3 试剂与磷酸钙 [$w(Ca_3(PO_4)_2) \geqslant 99.0\%$]、铌酸铁按照一定比例(见表 6.1) 混合烧结，分别合成含磷、铌的铁氧化物。其中，$FeNb_2O_6$ 是实验室人工合成的，将 FeO($\geqslant$99.0%) 和 Nb_2O_5($\geqslant$99.0%) 按照摩尔比 1∶1 进行配比，混料后在压力 1MPa 下压制成片状，然后将试样在管式电阻炉内烧结，烧结温度 1050℃，保温 4h 后随炉冷却至室温。冷却后的物料磨碎、压片，进行二次烧结，烧结温度 1050℃，保温 10h 后随炉冷却。冷却后取出物料，进行 X 射线衍射分析，结果如图 6.1 所示。二次烧结后物料中衍射峰与 $FeNb_2O_6$ 标准卡片比对，其峰形、角度完全吻合，故认为此次铌酸铁制备纯度达到实验标准。

表 6.1 原料特性与反应条件

序号	铁氧化物与其他氧化物配比（质量分数）	烧结后物相	反应阶段	还原气氛（体积分数）	反应温度 /K	反应时间 /min
1	89.84% Fe_2O_3+10.16% $Ca_3(PO_4)_2$	Fe_2O_3、$Ca_3(PO_4)_2$	$Fe_2O_3 \rightarrow Fe$	80%CO+20%CO_2	1073	0~80
2	89.75% Fe_2O_3+10.25% $FeNb_2O_6$	Fe_2O_3、$FeNb_2O_6$	$Fe_2O_3 \rightarrow Fe$	80%CO+20%CO_2	1073	0~120

将含 P、Nb 的铁氧化物分别在常规和磁场条件下进行等温还原实验，实验温度为 1073K，还原气体为 80% CO+20% CO_2，具体见表 6.1。通过记录不同还原时间的氧失重来计算还原度，使用 XRD 和 SEM 进行物相分析和显微形貌观察。将还原后的样品进行破碎、筛分，采用磁选管（电流 1.2A，磁极两端对应的磁场强度约为 270mT）进行磁选分离实验。选取粒径为 75~48μm（200~300目），质量 20~50g 金属化程度高的粉料，用清水全部冲洗进磁选管，在管底

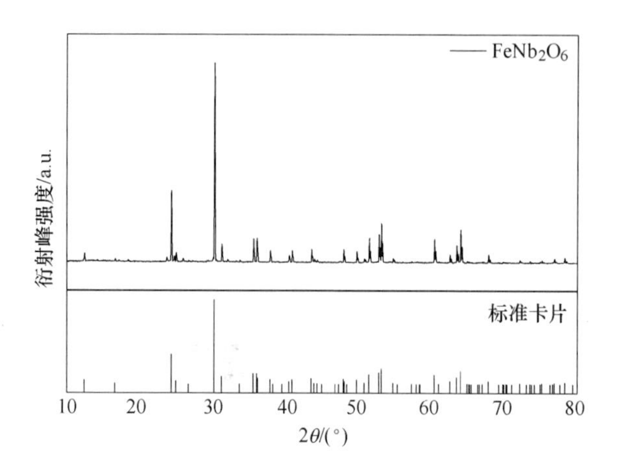

图 6.1　合成 $FeNb_2O_6$ 试样的 XRD 结果

部出口处，放置容器进行金属相和渣相的收集。将收集到的渣相、金属相过滤、烘干、称重、取样化验品位，计算回收率及 Fe、P、Nb 在渣金间的分配比，使用 XRD 和 SEM 进行物相分析和显微形貌观察，确定 Fe、P、Nb 在渣金间走向。

使用产率，Fe 与 P、Nb 在金属相和渣相的分配比来反映磁选的分离效果。金属相和渣相的产率计算公式分别为：

$$\gamma_{金属相} = \frac{Q_M}{Q_n} \times 100\% \tag{6.1}$$

$$\gamma_{渣相} = \frac{Q_S}{Q_n} \times 100\% \tag{6.2}$$

式中　Q_n——磁选原料的质量，g；

Q_M——金属相的质量，g；

Q_S——渣相的质量，g。

组分 i 在金属相中的回收率为：

$$\varepsilon_i = \frac{\beta_i \times \gamma_{金属相}}{(\alpha_i \times \gamma_{渣相} + \beta_i \times \gamma_{金属相})} \times 100\% \tag{6.3}$$

组分 i 在金属相中的回收率为：

$$\varepsilon_i = \frac{\alpha_i \times \gamma_{渣相}}{(\alpha_i \times \gamma_{渣相} + \beta_i \times \gamma_{金属相})} \times 100\% \tag{6.4}$$

式中　ε_i——任一组分 i 在金属相中或者渣相中的回收率；

α_i——组分 i 在渣相中的质量分数,%；

β_i——组分 i 在金属相中的质量分数,%。

因此，Fe 与 P、Nb 在金属相和渣相的分配比分别表示为：

$$\eta_{Fe} = \frac{\varepsilon_{Fe金属相}}{\varepsilon_{Fe渣相}} \tag{6.5}$$

$$\eta_{P} = \frac{\varepsilon_{P渣相}}{\varepsilon_{P金属相}} \tag{6.6}$$

$$\eta_{Nb} = \frac{\varepsilon_{Nb渣相}}{\varepsilon_{Nb金属相}} \tag{6.7}$$

式中 η_{Fe}——Fe 在渣金间的分配比；

η_{P}——P 在渣金间的分配比；

η_{Nb}——Nb 在渣金间的分配比。

6.1 含磷铁氧化物的反应行为及形貌变化

在 Fe_2O_3 还原过程中，还原度随时间变化曲线如图 6.2 所示。

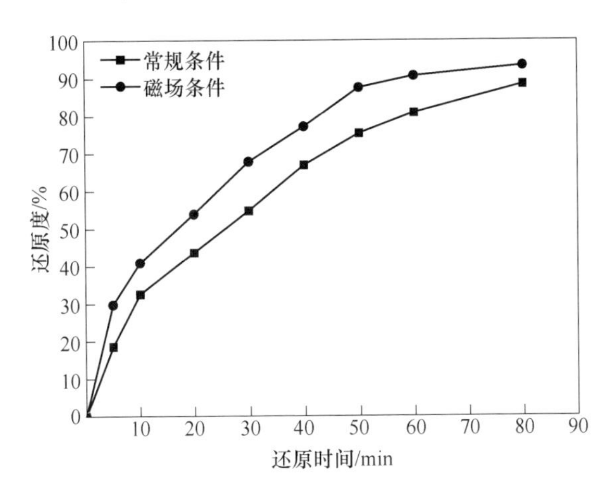

图 6.2 含磷铁氧化物还原度随时间变化的曲线

由图 6.2 可知，施加磁场可以促进铁氧化物的还原。还原 50min、磁场条件下，还原度为 87.4%，常规条件下，还原度仅为 75.2%；还原时间延长到 80min，常规条件下的还原度达到了 88.31%，与磁场条件下 50min 还原度相近。因此，施加磁场，提高了铁氧化物的还原度，缩短了还原时间。

对还原后试样进行 XRD 物相检测，XRD 图谱如图 6.3 所示。根据图 6.3 可以观察到，有磁和无磁两种条件下 Fe_2O_3 还原均遵循 $Fe_2O_3 \to Fe_3O_4 \to Fe_xO \to Fe$ 的顺序，只是磁场加快了还原进程；$Ca_3(PO_4)_2$ 峰强和位置都没发生改变。可见，在本实验条件下 $Ca_3(PO_4)_2$ 不参与还原反应，说明施加磁场实现含铁氧化物快速还原的同时，构建了 Fe、P 分离的热力学动力学条件。

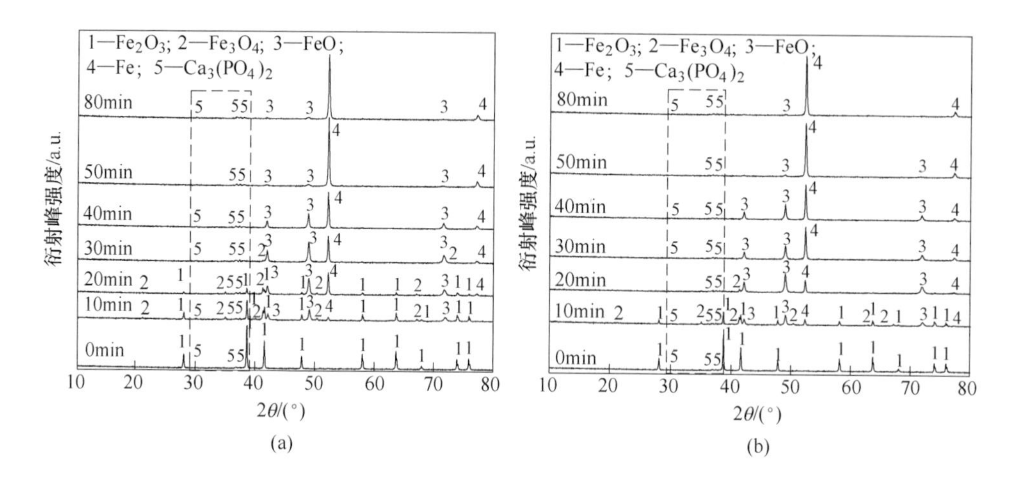

图 6.3　不同还原时间还原样品 X 射线衍射图谱

（a）常规条件；（b）磁场条件

不同阶段还原样品的 SEM 显微形貌如图 6.4 所示，图 6.4（b）中各点 EDS 能谱分析结果如图 6.5 所示。

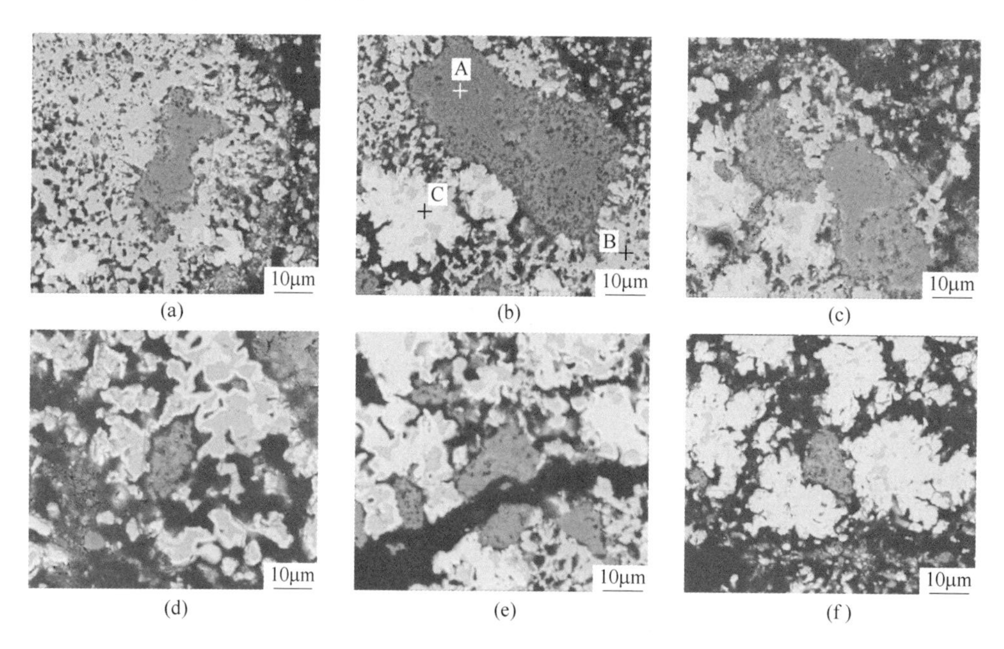

图 6.4　含 $Ca_3(PO_4)_2$ 的铁氧化物不同还原时间显微形貌图

（a）常规，30min；（b）常规，40min；（c）常规，50min；

（d）磁场，30min；（e）磁场，40min；（f）磁场，50min

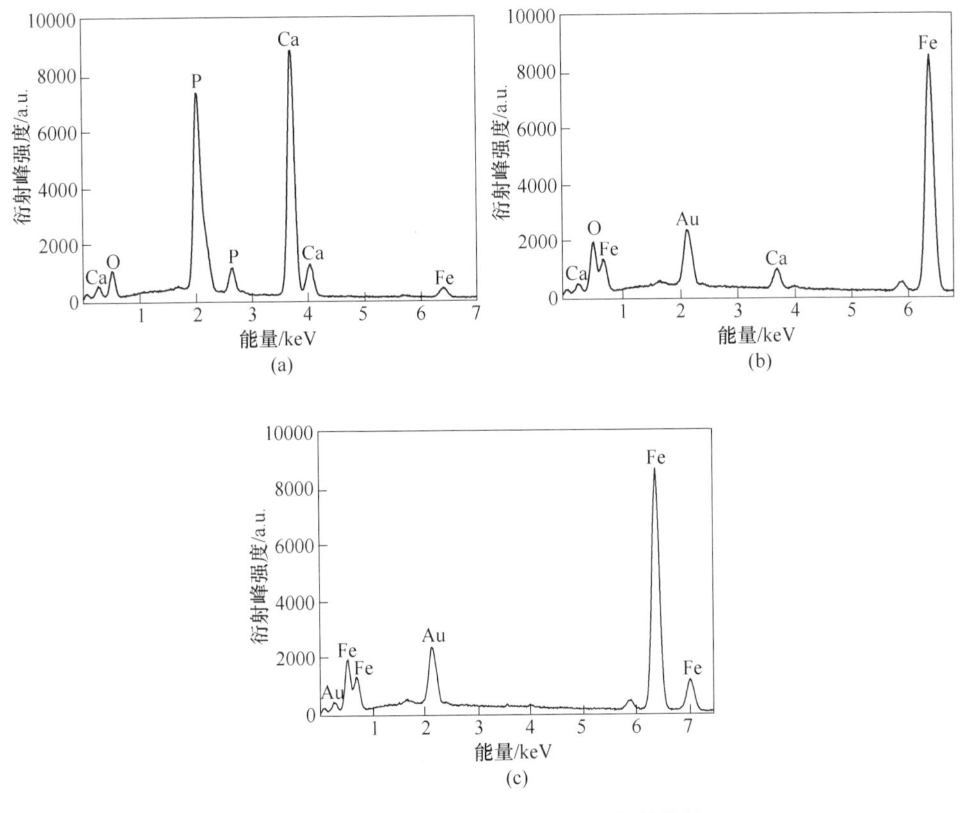

图 6.5 图 6.4（b）中各点 EDS 能谱分析

（a）点 A；（b）点 B；（c）点 C

为了定量描述磁场对金属相和 $Ca_3(PO_4)_2$ 相组织形貌的影响，采用 Image-Pro Plus 6.0 图像分析软件，分别测量有、无磁场条件下 P 相、Fe 相颗粒的等积圆直径，图像采集如图 6.6 所示。

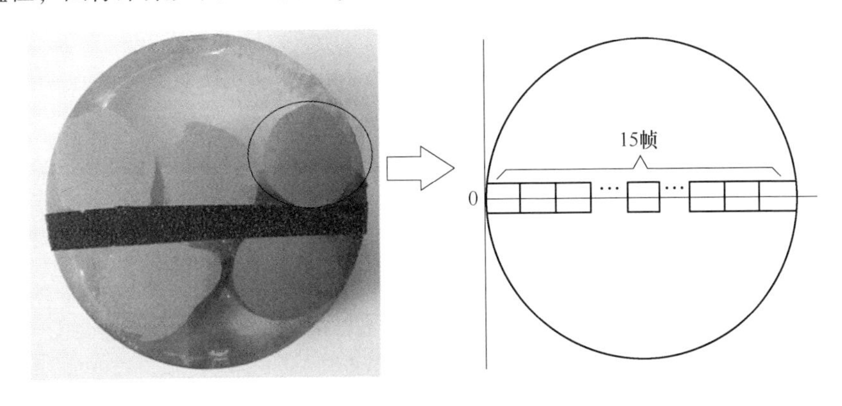

图 6.6 视场选取示意图

将 P 相和 Fe 相颗粒均假设为球状，以采集的颗粒等积圆直径 d 作为横坐标，以该粒径个数占总颗粒数的百分比作为纵坐标，有磁和无磁条件下，含 P 相与含 Fe 相的粒径分布如图 6.7 所示。

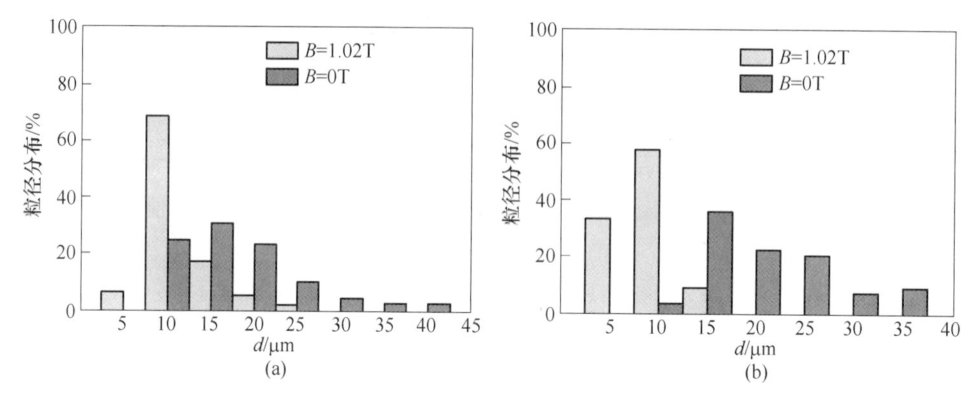

图 6.7 金属相和 $Ca_3(PO_4)_2$ 相颗粒粒径分布图

（a）$Ca_3(PO_4)_2$ 相；（b）含 Fe 相

由图 6.7 可知，磁场条件下，$Ca_3(PO_4)_2$ 颗粒粒径 d 在 5~10μm 的颗粒占总量约 70%，含 Fe 相颗粒粒径 d 在 5~10μm 的颗粒占整体约 60%，未见粒径超过 15μm 的含铁相。常规条件下，$Ca_3(PO_4)_2$ 颗粒粒径 d 在 10~25μm 的比重最大，占整体约 80%；含 Fe 相颗粒粒径在 15~30μm 的比重最大，占整体约 80%。磁场下，含 P 相和含 Fe 相的粒径明显减小，且粒径相近，大多分布在 5~10μm。

为了考察磁场对 $Ca_3(PO_4)_2$ 相与含 Fe 相的接触程度的影响，采用 Image-Pro Plus 6.0 图像分析软件测量 P 相与 Fe 相之间接触线长和非接触线长。本节定义接触线长占统计总线长的百分比例为 P、Fe 紧密接触的占比，定义非接触线长占统计总线长的百分比例为 P、Fe 相剥离的占比，统计结果如图 6.8 所示。由图

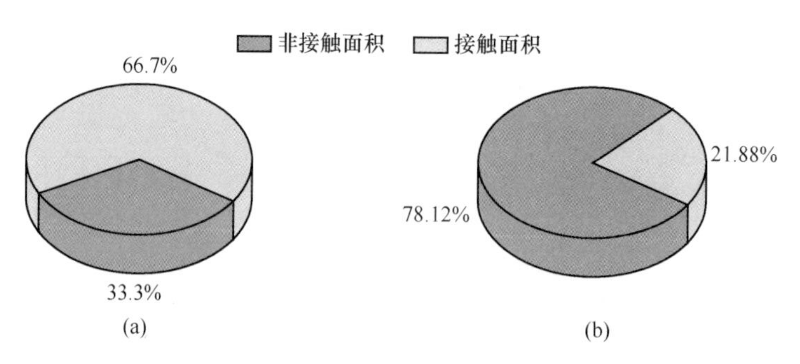

图 6.8 $Ca_3(PO_4)_2$ 相与含 Fe 相的位置关系图

（a）B=0T；（b）B=1.02T

6.8 可以看出，常规条件下，66.7%的 $Ca_3(PO_4)_2$ 相与 Fe 相紧密接触。施加磁场，只有 21.88%紧密接触，大多数 $Ca_3(PO_4)_2$ 相与 Fe 相剥离。这说明在还原过程中施加稳恒磁场，P 相与 Fe 相嵌布松散。

施加磁场时，$Ca_3(PO_4)_2$ 相与含 Fe 相几何尺寸及两相嵌布关系均发生了变化，这主要是因为施加磁场，使得置于磁场中的物质产生了力磁效应。在这个过程中，发生的磁性转变和弹性形变对晶体结构产生一定的影响，在磁矩方向发生伸长或缩短的变化，进而影响物质的宏观尺寸和体积，出现了裂纹、微孔、疏松，甚至碎裂成小颗粒等形貌结构的变化。在含磷铁氧化物固态还原过程中，力磁效应产生的这种变化有利于还原气体的扩散，所以相同温度、相同时间磁场作用下的铁氧化物还原得更充分，生成的金属铁颗粒更多。相应地由化学反应产生的热撕裂效应也更加明显，与磁效应共同作用于 $Ca_3(PO_4)_2$ 相与含 Fe 相，使其形貌变化有利于 Fe 与 P 的分离。因此可以判断，经过简单的磁选管，即可实现 Fe 与 P 的分离。

6.2 磁场对 Fe 相和 P 相分离的影响

确定还原中磁场对物料形貌产生的影响，将有利于 Fe 相与 P 相的分离，选取相同还原时间（t=50min）和相近还原度（$R\approx88\%$）的还原样品，进行破碎筛分［粒径为 75~48μm（200~300 目）］，采用 RK/CXGϕ50 磁选管进行磁选分离，磁选后的金属相和渣相使用 XRD 和 SEM 进行物相分析和显微形貌观察，确定 Fe 相和 P 相的赋存状态，如图 6.9~图 6.11 所示。

不论是磁场还是常规条件，磁选分离后的金属相是由富有磁性的金属铁和少量弱磁性的浮氏体组成，而渣相是由无磁性的磷酸钙和弱磁性浮氏体组成。金属相中检测到浮氏体是因为个别铁氧化物还原不彻底所致，未被还原的浮氏体与金属铁包裹紧密，在磁选时随着金属铁进入金属相中。常规冶炼条件下可见渣相中存在微量小铁珠，由于含量低的原因，无法通过 XRD 检测得到，但在扫描电镜图片中可以观察到。

磁选分离后金属相和渣相中 TFe、P 成分的含量见表 6.2。可知，在铁氧化物固态还原过程中使用磁场处理后的物料，无论工艺条件是相同还原时间还是相近还原度，通过磁选管分离后，金属相中 TFe 和渣相中 P 的回收率均高于无磁条件。

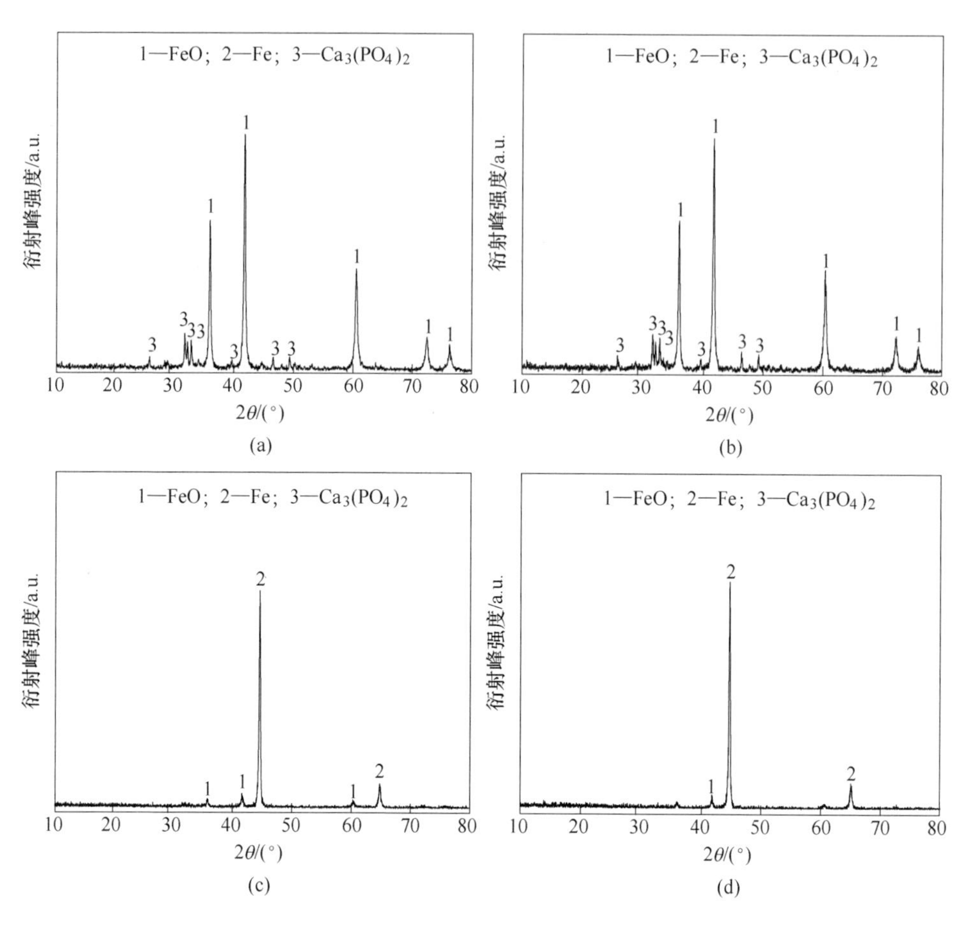

图 6.9　磁选后金属相和渣相的 X 射线衍射图

(a) 常规，渣相；(b) 磁场，渣相；(c) 常规，金属相；(d) 磁场，金属相

表 6.2　还原产物磁选后金属相和渣相中 TFe、P 成分的含量

序号	物相	γ / %	TFe		P		还原条件
			质量分数 /%	ε /%	质量分数 /%	ε /%	
Ⅰ	渣相	22.92	46.87	13.99	7.94	71.09	$B=1.02$T，$t=50$min，$R=87.4\%$，$M=81.1\%$
	金属相	77.08	85.01	86.01	0.96	28.91	
Ⅱ	渣相	24.48	51.78	16.71	6.68	60.23	$B=0$T，$t=50$min，$R=75.2\%$，$M=62.8\%$
	金属相	75.52	83.67	83.29	1.43	39.77	
Ⅲ	渣相	22.07	51.45	14.37	6.77	60.15	$B=0$T，$t=80$min，$R=88.3\%$，$M=82.5\%$
	金属相	77.93	86.96	85.63	1.27	39.85	

注：γ 为产率；ε 为回收率；t 为还原时间；R 为还原度；M 为金属化率。

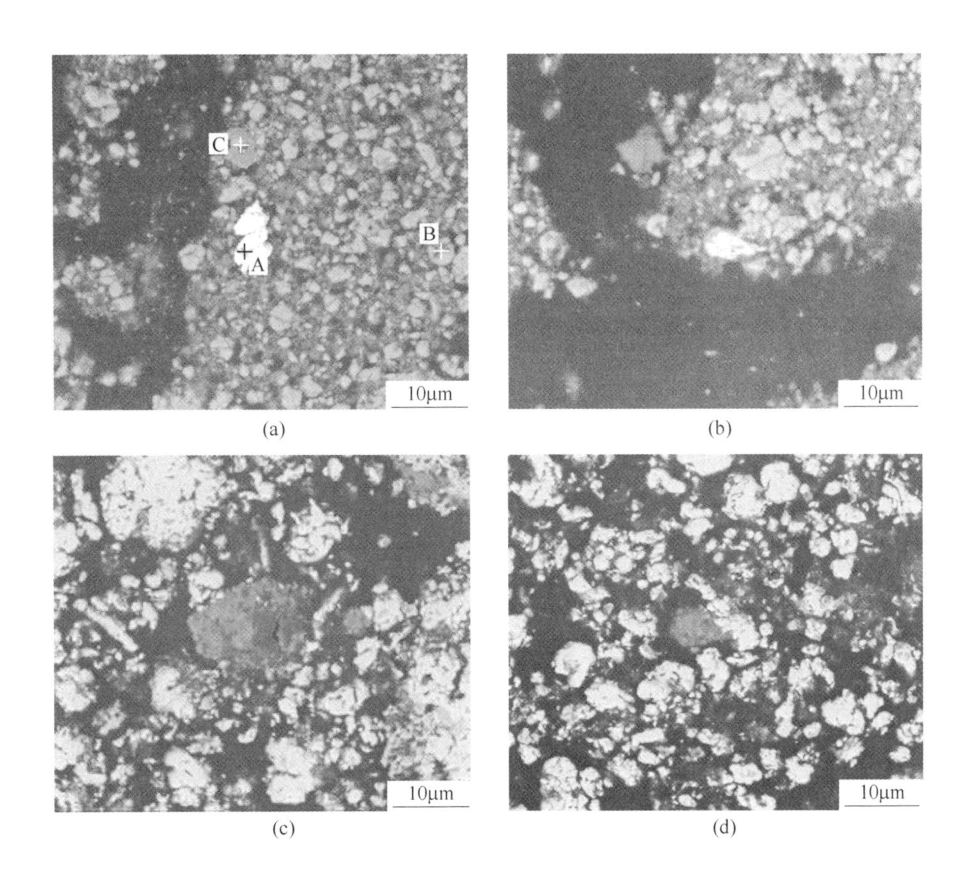

(a) (b) (c) (d)

图 6.10 金属相和渣相显微形貌
(a) 常规，渣相；(b) 磁场，渣相；(c) 常规，金属相；(d) 磁场，金属相

Fe、P 在渣金间的分配比见表 6.3。使用 $\Delta\eta = [(\eta_{iM} - \eta_i)/\eta_i] \times 100\%$ 表示磁场对于 Fe、P 在渣金间分离效果的影响程度，其中 η_{iM} 为在还原过程施加磁场时组分 i 在渣金间的分配比，η_i 为在还原过程不加磁场时组分 i 在渣金间的分配比。由表 6.3 可知，在相同还原时间内，施加磁场，P 在渣金间的分配比提高了 62.91%，Fe 的分配比提高了 23.49%。相近还原度时，施加磁场，P 在渣金间的分配比提高了 62.91%，Fe 的分配比提高了 3.19%。影响 Fe、P 在渣金间分离效果的因素有还原程度和显微形貌，在本节的研究中矿物还原程度，即金属化程度对 Fe 的分配起的作用更大，形貌变化的影响次之。对 P 在渣金间的分配效果的影响则完全取决于显微形貌的变化，而还原物料的金属化程度几乎没有影响。

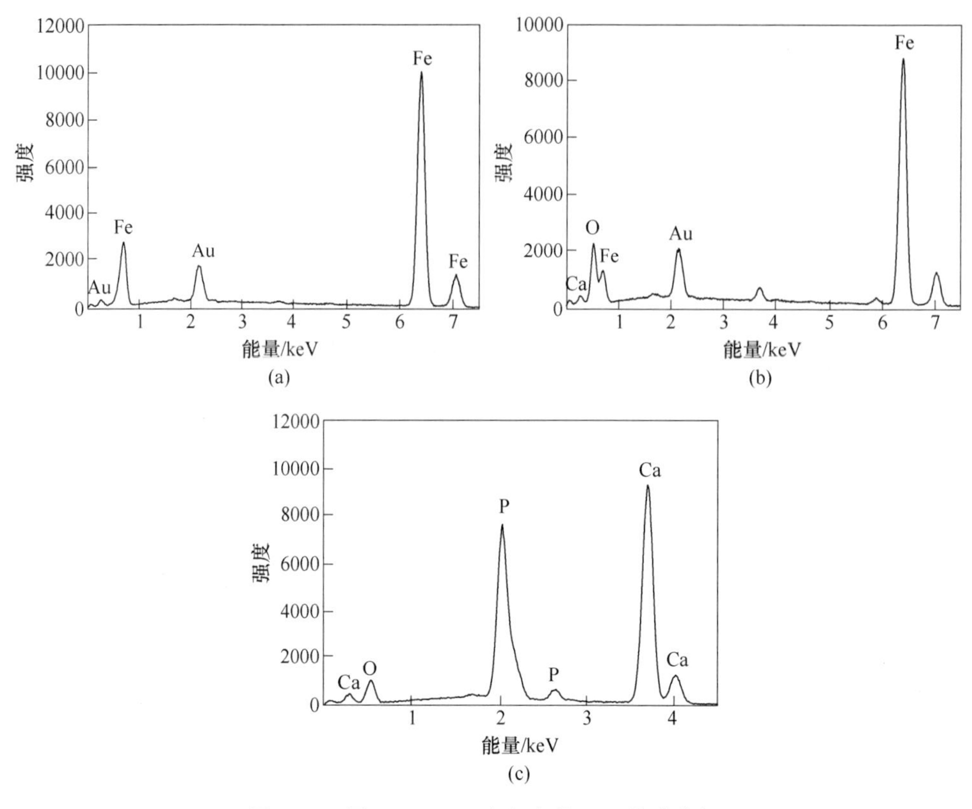

图 6.11 图 6.10（a）中各点的 EDS 能谱分析

（a）点 A；（b）点 B；（c）点 C

表 6.3 Fe、P 在渣金间的分配比

序号	η_{Fe}	η_{P}	$\Delta\eta_{Fe}=[(\eta_M-\eta)/\eta]\times 100\%$	$\Delta\eta_{P}=[(\eta_M-\eta)/\eta]\times 100\%$
Ⅰ	6.15	2.46	—	—
Ⅱ	4.98	1.51	23.49	62.91
Ⅲ	5.96	1.51	3.19	62.91

注：η_{Fe}、η_{P}分别表示 Fe、P 在渣金间的分配比。

6.3 含 Nb 铁氧化物的反应行为及形貌变化

将铌酸铁与分析纯氧化铁试剂按一定比例混合后，分别在常规和磁场条件下进行等温失重实验，对还原后的样品进行 XRD 物相分析和 SEM 显微形貌观察，利用磁选管把 Fe、Nb 进行分离，确定了渣相与金属相中 Fe、Nb 的分配比，建立起形貌变化特征与分离效果之间的联系。还原后样品的 XRD 物相检测结果如图 6.12 所示。

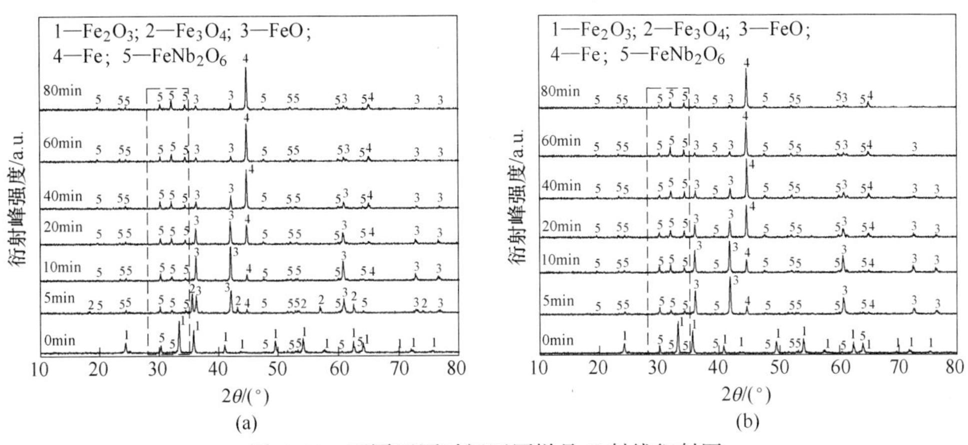

图 6.12 不同还原时间还原样品 X 射线衍射图

(a) $B=0T$; (b) $B=1.02T$

如图 6.12 可知，纵观整个还原反应的过程，无论有无磁场，$FeNb_2O_6$ 的衍射峰强度和析出位置均无明显变化。这表明了在整个还原过程中 $FeNb_2O_6$ 不参与还原反应，同时也不会发生分解反应。施加磁场，提高了铁氧化物的还原效率，加快了还原反应的进行。

还原后样品的 SEM 显微形貌如图 6.13 所示，图 6.13 (b) 中各点 EDS 能谱结果如图 6.14 所示。可知，图 6.13 (b) 中，点 A 为 $FeNb_2O_6$，点 B 为 Fe_xO，点 C 为 Fe，EDS 能谱局部区域有 Au 的峰，可能是因为样品处理时喷金所致。

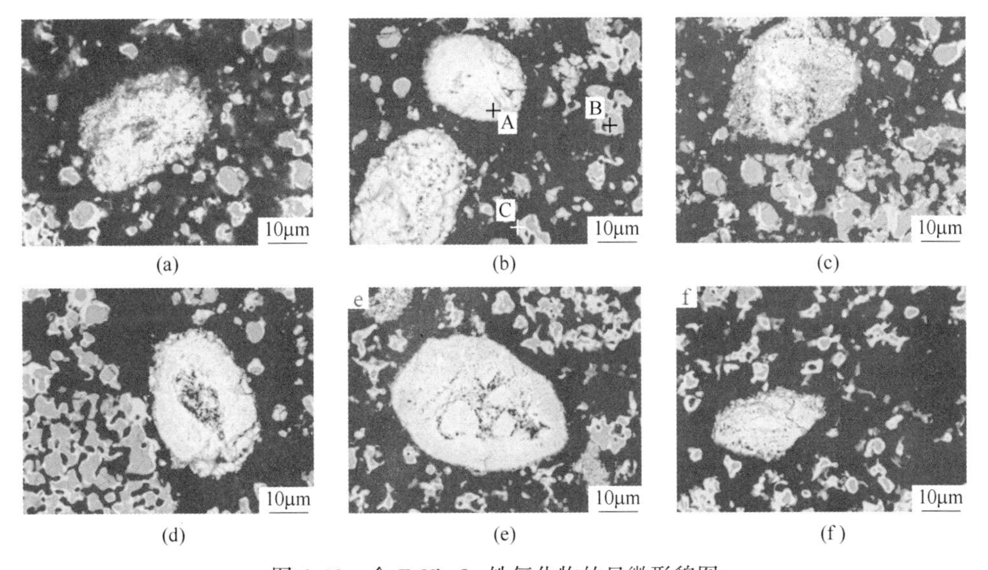

图 6.13 含 $FeNb_2O_6$ 铁氧化物的显微形貌图

(a) 常规，40min；(b) 常规，60min；(c) 常规，80min；
(d) 磁场，40min；(e) 磁场，60min；(f) 磁场，80min

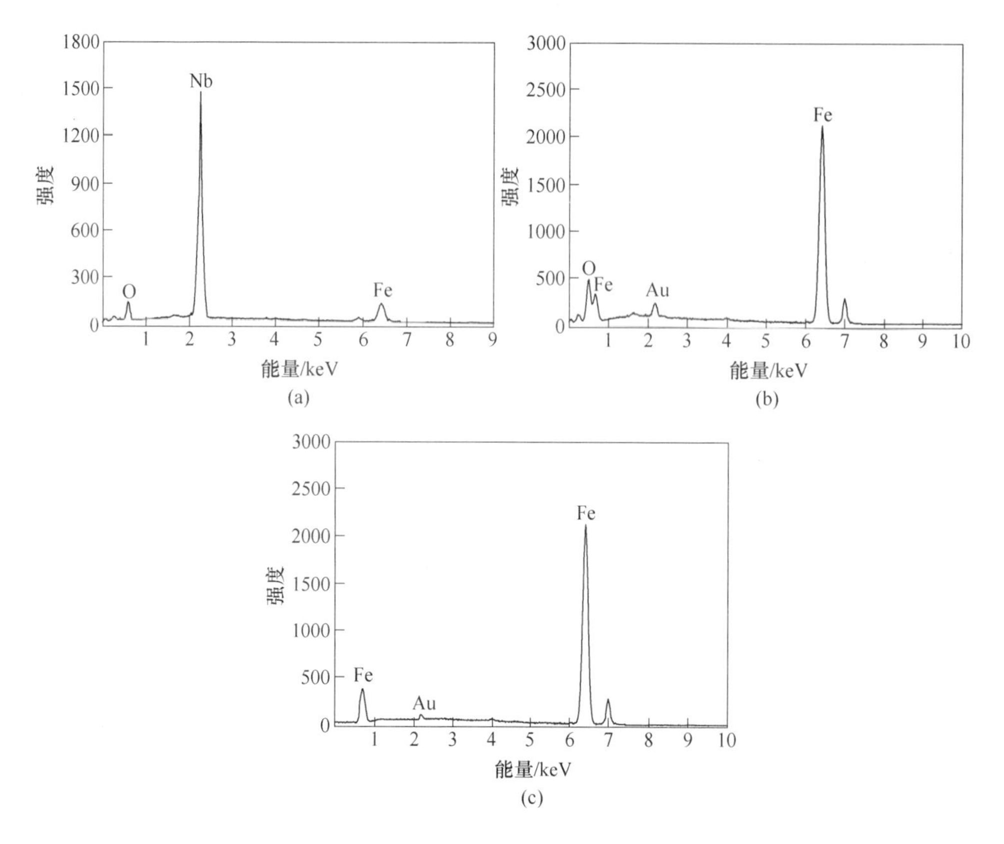

图 6.14 图 6.13（b）中各点 EDS 能谱分析结果
（a）点 A；（b）点 B；（c）点 C

由图 6.13 看到，无论有无磁场，$FeNb_2O_6$ 在还原过程中均以球形结构团聚在一起，不随还原时间的延长而变化，其颗粒尺寸明显大于含铁相。金属铁首先在浮氏体颗粒边缘生长，并逐渐向颗粒中心推进，呈现未反应核模式生长。施加磁场，磁应力促使铁氧化物变得疏松，抑制了高温烧结现象的出现，含铁相（浮氏体、金属铁）颗粒与颗粒之间距离较远，嵌布松散，不易发生粘连，颗粒细小，与 $FeNb_2O_6$ 粒径大小差距较大。这样的形貌特征不仅提高了碳热还原的反应界面，也加快了金属铁的生成，同时为后续的磁选分离创造了条件。

为了探究施加磁场对颗粒粒径的影响，分别对磁场、常规条件下 Nb 相与 Fe 相颗粒的面积 A 和当量直径 d_a 进行统计，结果如图 6.15～图 6.18 所示。

从统计结果来看，无论是常规条件还是磁场条件，含 Nb 相的面积大小变化

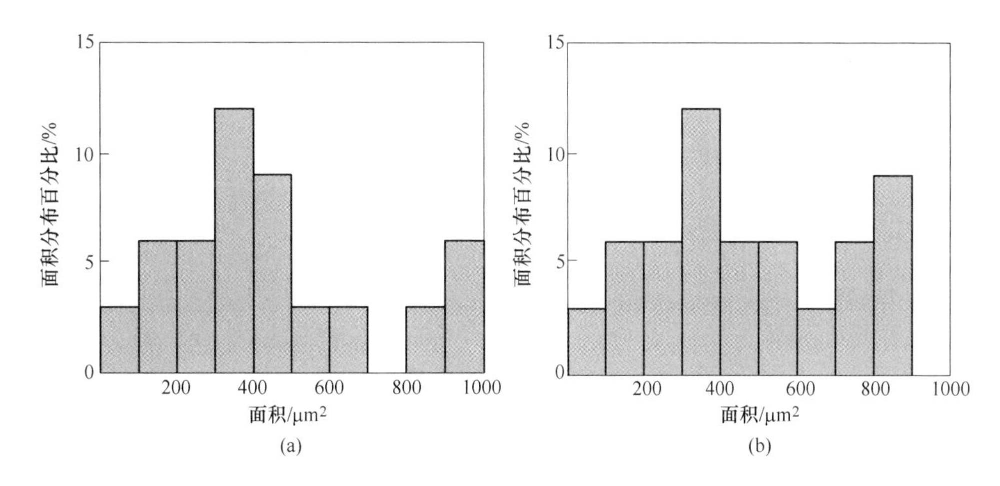

图 6.15 $FeNb_2O_6$ 颗粒面积分布图

(a) B=0T；(b) B=1.02T

不大，$FeNb_2O_6$ 颗粒粒径较大，大于 15μm 的占 85%以上。常规条件下，含 Fe 相的面积大多在 100~500μm^2 范围内，粒径在 20~35μm 范围内均匀分布，与 $FeNb_2O_6$ 颗粒粒径相差不大，不利于后续 Fe、Nb 的磁选分离。而施加磁场，含 Fe 相的面积迅速减小，粒径小于 15μm，其中 5~10μm 的颗粒约占 85%，考虑重力、体积等因素，显然磁场条件下有利于 Nb、Fe 的分离。

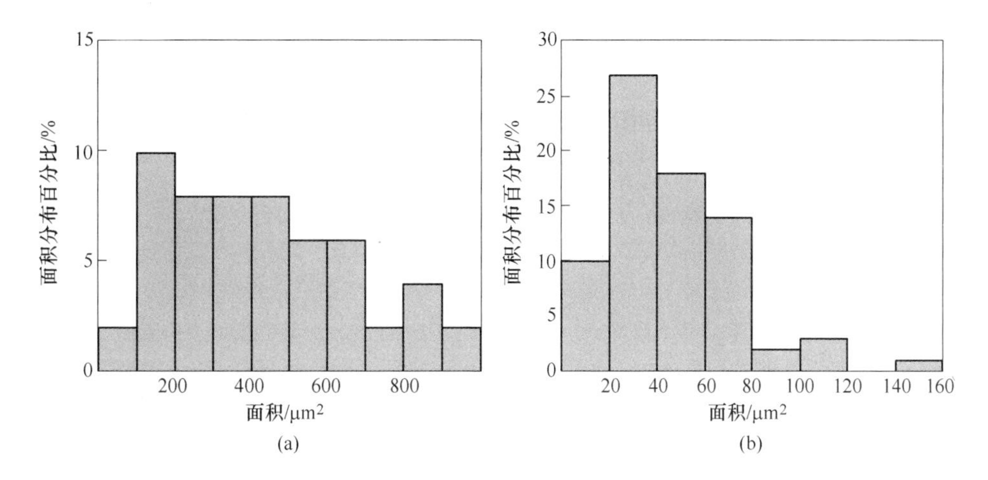

图 6.16 含铁矿物颗粒面积分布图

(a) B=0T；(b) B=1.02T

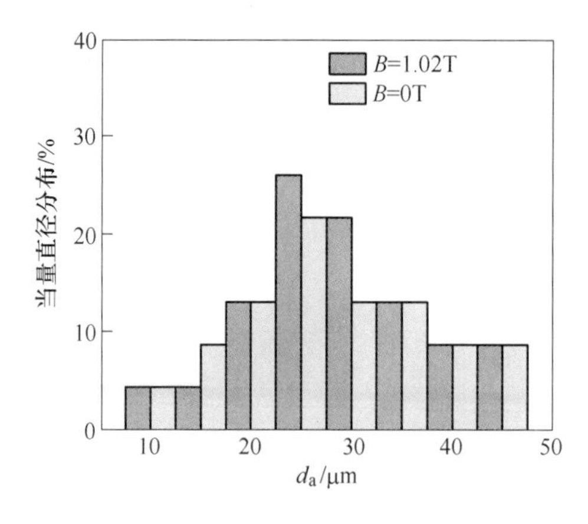

图 6.17 $FeNb_2O_6$ 颗粒当量直径分布图

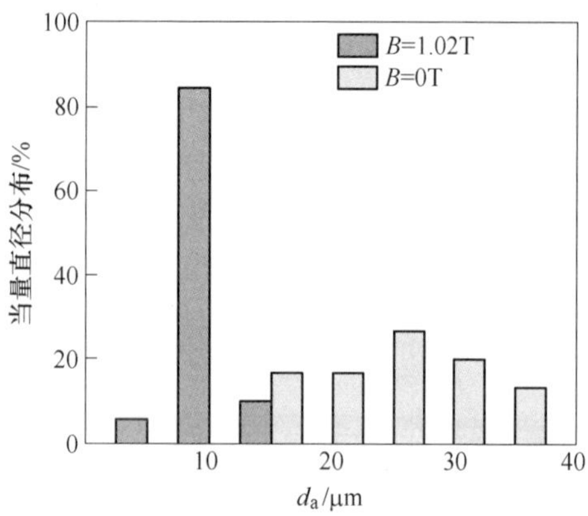

图 6.18 含铁矿物颗粒当量直径分布图

6.4 磁场对 Fe 相和 Nb 相分离的影响

确定还原中磁场对物料形貌产生的影响，将有利于 Fe 相与 Nb 相的分离，选取相同还原时间（t=40min）和相近还原度（R≈71.4%）的还原样品，进行破碎筛分［粒径为 75~48μm（200~300 目）］，采用 RK/CXGϕ50 磁选管进行磁选分离，磁选后的金属相和渣相使用 XRD 进行物相分析，确定 Fe 相和 Nb 相的赋存状态，如图 6.19 所示。

不论是磁场还是常规还原条件，磁选分离后的金属相是由富有磁性的金属铁和微量弱磁性的浮氏体组成，而渣相是由无磁性的铌酸铁和弱磁性浮氏体组成。金属相中浮氏体出现的原因是，浮氏体被金属铁层包裹未还原彻底，磁选时随金属铁进入了金属相。

对分离后的金属相与渣相样品进行酸溶定容，最后利用 ICP 完成元素分析，结果见表 6.4~表 6.6。

表 6.4 40min，B=1.02T，R=71.4%，还原产物磁选结果

样品	产率	TFe		Nb	
	/%	质量分数/%	回收率/%	质量分数/%	回收率/%
渣相	18.49	39.65	9.45	4.51	94.46
金属相	81.51	86.19	90.55	0.06	5.54

表 6.5 40min，B=0T，R=64.53%，还原产物磁选结果

样品	产率	TFe		Nb	
	/%	质量分数/%	回收率/%	质量分数/%	回收率/%
渣相	19.2	43.28	11.12	4.07	93.25
金属相	80.8	82.21	88.88	0.07	6.75

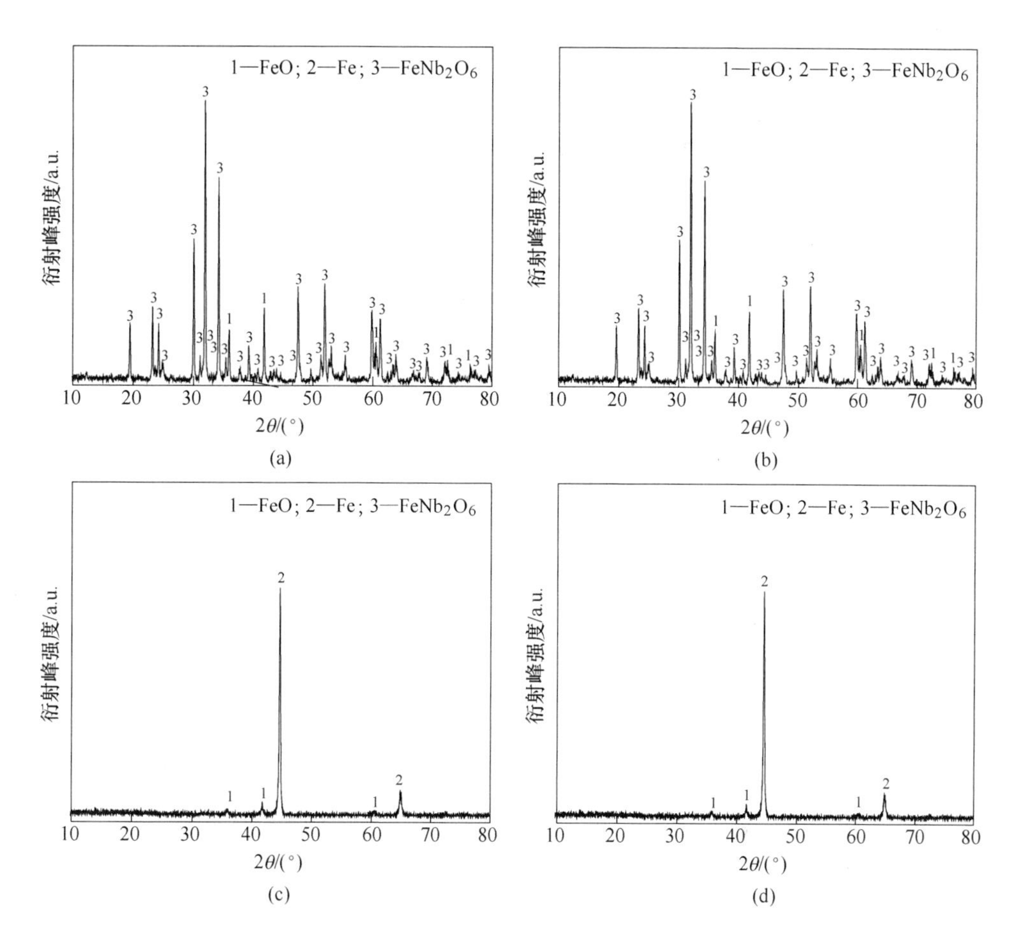

图 6.19　含 Nb 体系金属相、渣相 X 射线衍射图
(a) 常规，渣相；(b) 磁场，渣相；(c) 常规，金属相；(d) 磁场，金属相

表 6.6　60min，$B=0T$，$R=71.49\%$，还原产物磁选结果

样品	产率/%	TFe		Nb	
		质量分数/%	回收率/%	质量分数/%	回收率/%
渣相	18.75	39.49	9.73	4.12	94.06
金属相	81.25	84.56	90.27	0.06	5.94

不同条件下 Fe、Nb 在渣金间的分配情况见表 6.7。在相同还原时间内，施加磁场，Nb 在渣相与金属相的分配比提高了 23.46%，Fe 在金属相和渣相的分配比提高了 19.90%，影响 Nb 与 Fe 分离效果的因素有还原度和显微形貌的影响，显然还原度高的样品，更有利于 Fe 进入金属相中，而 Nb 相由于在还原前后不发

生化学反应，形貌对分离效果的影响更明显。相近还原度案例的比较也说明了还原过程中物相形貌的变化对 Nb、Fe 分离效果的影响，如施加磁场，Nb 在渣相与金属相的分配比提高了 7.64%，Fe 在金属相和渣相的分配比提高了 3.23%。

表 6.7　Fe、Nb 在渣金间的分配（质量分数）　（%）

项目		相同还原时间（40min）			相近还原度（71.4%）		
		$B=0$T	$B=1.02$T	磁场对分配的影响	$B=0$T	$B=1.02$T	磁场对分配的影响
Fe	金属相	88.88	90.55	19.90	90.27	90.55	3.23
	渣相	11.12	9.45		9.73	9.45	
Nb	渣相	93.25	94.46	23.40	94.06	94.46	7.64
	金属相	6.75	5.54		5.94	5.54	

参 考 文 献

[1] 李尚诣．铌资源开发应用技术［M］．北京：冶金工业出版社，1992.

[2] 侯晓志．白云鄂博铌精矿矿物组成特征及铌的分布规律研究［J］．有色金属（选矿部分），2018（2）：4-7.

[3] 董元篪．冶金物理化学［M］．合肥：合肥工业出版社，2010.

[4] 黄希祜．钢铁冶金原理［M］．北京：冶金工业出版社，2013.

[5] 张世远．磁性材料基础［M］．北京：科学出版社，1988.

[6] Rao M J. Behavior of phosphorus during the carbothermic reduction of phosphorus-rich oolitic hematite ore in the presence of Na_2SO_4 [J]. International Journal of Mineral Processing, 2015 (143): 72-79.

[7] Tonsuaadu K. A review on the thermal stability of calcium apatites [J]. Journal of Thermal Analysis and Calorimetry, 2011 (11): 184.

[8] Nie D P. Separation and recycling of rare earth during thermal decomposition of Zhijin phosphorus ore [J]. Journal of Rare Earths, 2018 (1): 28.

[9] 梁英教．无机物热力学数据手册［M］．沈阳：东北大学出版社，1993.

[10] Turkdogan E T. Physical chemistry of high temperature technology [M]. New York: Academic Press, 1980.

[11] Li Y L. Effect of coal levels during direct reduction roasting of high phosphorus oolitic hematite ore in a tunnel kiln [J]. International Journal of Mining Science and Technology, 2012 (3): 323-328.

[12] Xu C Y. Mechanism of phosphorus removal in beneficiation of high phosphorous oolitic hematite by direct reduction roasting with dephosphorization agent [J]. Transactions of Nonferrous Metals Society of China, 2012 (11): 2806-2812.

[13] Cheng C. Phosphorus migration during direct reduction of coal composite high-phosphorus iron ore pellets [J]. Metallurgical and Materials Transactions B, 2016 (1): 154-163.

[14] Li G H. Effects of sodium salts on reduction roasting and Fe-P separation of high-phosphorus oolitic hematite ore [J]. International Journal of Mineral Processing, 2013 (124): 26-34.

[15] Guo Z C. Intensifying gaseous reduction of high phosphorus iron ore fines by microwave pretreatment [J]. Journal of Iron and Steel Research, 2013, 20 (5): 17-23.

[16] 杜亚星．含铌铁精矿含碳球团还原过程中微观结构变化研究 [J]. 武汉科技大学学报, 2017, 40 (5): 380-385.

[17] 王静松．含钛铌铁精矿含碳球团直接还原试验研究 [J]. 烧结球团, 2017, 42 (46): 51-56.

[18] 刘牡丹．添加剂对低品位稀土铌铁粗精矿还原焙烧过程微观分离机制的影响 [J]. 稀有金属与硬质合金, 2018, 46 (2): 6-10.

[19] 刘玉宝．包头含铌铁精矿选择性还原试验 [J]. 钢铁, 2016 (5): 22-27.

[20] 金永丽, 于海, 张捷宇, 等．磁场对含 CaO 铁氧化物还原的影响 [J]. 金属学报, 2019, 3: 410-415.

[21] 金永丽, 韩福铁, 于海, 等．磁场对含 SiO_2 和 CaO 的铁氧化物还原的影响 [J]. 钢铁钒钛, 2018 (6): 103

[22] Pullar C R. The synthesis, properties, and applications of columbite niobates ($M_2+Nb_2O_6$): A critical review [J]. Journal of the American Ceramic Society, 2009, 29 (3): 563-577.

[23] Pushpaka B S. Investigation of Li^+ insertion in columbite structured $FeNb_2O_6$ and rutile structured $CrNb_2O_6$ materials [J]. Electrochimica Acta, 2015 (153): 232-237.

[24] Serena C T. Local structural properties of (Mn, Fe) Nb_2O_6 from Mossbauer and X-ray absorption spectroscopy [J]. Acta Crystallographica Section B-Structural Science, 2005, 61 (3): 250-257.

[25] Daniel L. Powder X-ray diffraction [C]. Reference Module in Chemistry, Encyclopedia of Spectroscopy and Spectrometry (Third Edition), 2017: 723-731.

[26] Mussa K O, Mousa M S, Fischer A. Information extraction from FN plots of tungsten microemitters [J]. Ultramicroscopy, 2013, 132 (3): 48-53.

[27] Jones H G. Investigation of slice thickness and shape milled by a focused ion beam for three-dimensional reconstruction of microstructures [J]. Ultramicroscopy, 2014 (139): 20-28.

[28] Berger M J. Photon cross sections database [M]. NIST Standard Reference Database, NBSIR, 2009.

[29] 孙全宝, 廖扬．渗碳奥氏体不锈钢的组织、性能及其 Image-Pro Plus 计算机软件分析 [J]. 铸造技术, 2016, 37: 445-446.

[30] 韩福铁．Nb、P 在含铁矿物磁化还原-分离过程中的形貌变化特征 [D]. 包头: 内蒙古科技大学, 2019.

7 白云鄂博矿内配碳球团磁场强化还原

7.1 磁场下白云鄂博贫铁矿还原特性

研究磁场作用下白云鄂博矿石的反应特性，实验所用原料为白云鄂博矿石和还原剂半焦，其中矿石取自包钢选矿厂，半焦取自包钢焦化厂，主要成分见表7.1和表7.2。原料经过球磨机，矿粉平均粒径-74μm，半焦粉平均粒度-16μm。

表7.1 白云鄂博矿化学成分（质量分数） （%）

SiO_2	Al_2O_3	MgO	CaO	P_2O_5	S	Fe_2O_3	FeO	TFe
16.30	0.28	0.85	14.22	1.48	0.86	39.58	12.17	37.17
REO	Nb_2O_5	K_2O	Na_2O	F	TiO_2	BaO	ThO_2	
4.59	0.31	0.12	0.35	8.42	1.02	2.90	0.038	

表7.2 半焦粉工业分析（质量分数） （%）

固定碳	灰分	挥发分	硫
84.68	5.51	9.81	0.4

以半焦作还原剂还原铁氧化物时，配碳比（C）依据铁氧化物中的氧含量来确定。在实验中只考虑煤中固定碳及其气化产生的参与还原反应，而挥发分中的甲烷、氢及其他碳氢化合物均不予考虑。配碳比用半焦中碳和铁氧化物中氧的摩尔数之比来表示，C=1.0表示铁矿物中铁氧化物全部被还原成金属铁时所消耗的固定碳量。

还原试样采用冷压块方式制备，将矿粉与焦粉按照一定比例进行配料后，在混料罐中充分混合，添加聚乙烯醇溶液（添加量5%，浓度3%，质量分数）后再混合均匀，在10MPa压力下保压5min压制成圆柱形料柱（直径8mm、高度16~18mm），每个料柱约为2g。将压制好的料柱放入干燥箱内进行烘干，以备还原实验需要。图7.1为白云鄂博矿含碳料柱的矿相形貌。由图7.1可知，白云鄂博矿含碳料柱内的各种矿物与焦炭（黑色）分布比较均匀，彼此充分接触，这样能够保证还原反应顺利进行。

图 7.1 白云鄂博矿含碳料柱的矿相形貌
黑色—焦炭；浅灰色—铁氧化物；深灰色—脉石

当还原温度 950℃、配碳比 C=1.1 时，开展有磁和无磁条件下的等温还原实验。以还原度表征白云鄂博矿含碳球团的反应速率，含碳球团的还原度由式(7.1)计算，结果如图 7.2 所示。

$$R = \frac{m_{O失}}{m_{O总}} \times 100\% = \left[1 - \frac{0.2857w(Fe^{2+}) + 0.4286w(Fe^{3+})}{14.5778}\right] \times 100\% \quad (7.1)$$

式中 $w(Fe^{2+})$，$w(Fe^{3+})$ ——还原后试样中 Fe^{2+} 和 Fe^{3+} 的质量分数，%。

图 7.2 给出了有磁和无磁条件下白云鄂博矿含碳球团还原度随时间的变化规律。由图 7.2 可知，无磁条件下，铁矿物还原缓慢，反应 60min 时还原度仅为 56.03%。显然，对于白云鄂博贫铁矿，950℃不是合适的碳热还原温度。施加磁场，铁矿物还原速率随时间的延长而迅速增加，在 60min 时还原度为 92.42%，是无磁条件下的 1.65 倍。白云鄂博贫铁矿还原曲线的斜率随时间的推移出现了两个转折点，即 $t=10$min 和 $t=40$min，据此将磁场强化还原过程分为还原前期（a）、还原中期（b）和还原后期（c）三个阶段。在本试验条件下，根据热力学分析，还原前期由于球团内没有足够的 CO，还原剂碳与铁矿石直接接触发生反应，在这个过程中，还原反应的速率取决于碳与金属氧化物接触的面积，磁场条件和常规条件下的失氧速率基本相同。随还原产物的生成，还原剂碳与铁氧化物接触减少，且通过扩散到达产物层变得困难，这时 CO 气体取代固体 C 作为还原剂，与 Fe_3O_4、Fe_xO 等铁矿物发生还原反应并生成金属铁。该阶段还原反应的速率取决于还原气体 CO 和产物 CO_2 通过产物层的扩散，同时与反应区域内金属铁晶核形成与长大有关。施加磁场，在 $t=10\sim40$min 的反应阶段，铁氧化物生成金属铁的反应速率远高于常规条件，这可能是磁场加快了 CO、CO_2 气体的扩散，增大了反应界面，加快了反应速率，同时促进了 Fe^{n+} 的扩散，使得

金属铁的形核与长大速率增快。还原后期随着铁氧化物和还原气体的减少，还原减缓。

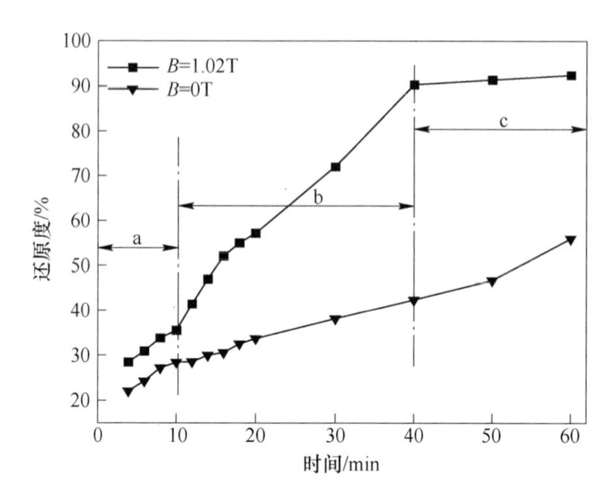

图 7.2 还原度随时间的变化

图 7.3 为不同还原时间下铁氧化物的 X 射线衍射图谱。由图 7.3 可知，在还原初始阶段，还原物料中 Fe_2O_3 衍射峰很快消失，Fe_3O_4 衍射峰逐渐减弱。同时，Fe_xO 和 Fe 衍射峰出现在图谱上，说明此温度下 Fe_2O_3 和 Fe_3O_4 进一步还原成低价氧化物与金属铁。随着还原的进行，Fe_3O_4 衍射峰消失，Fe_xO 衍射峰开始减弱，而金属铁衍射峰逐渐增强。到还原末期，衍射图谱上只存在金属铁的衍射峰。可见，在稳恒磁场作用下，铁氧化物遵循 $Fe_2O_3 \to Fe_3O_4 \to Fe_xO \to Fe$ 的顺序还原生成金属铁，这与常规条件下铁氧化物还原过程相一致。图 7.3（b）显示，

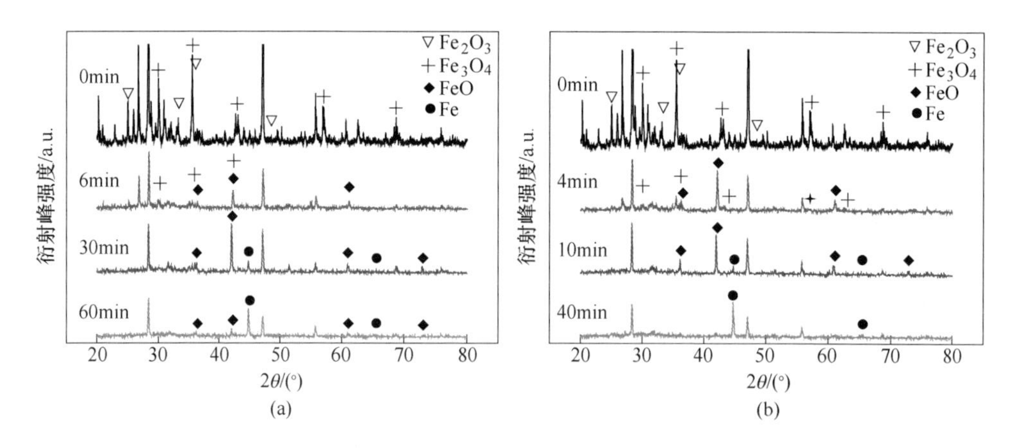

图 7.3 不同还原时间还原物料 XRD 图谱

（a）B = 0T；（b）B = 1.02T

还原4min时，还原物料中Fe_2O_3衍射峰已经消失，Fe_3O_4衍射峰强度减弱，在还原10min时完全消失，Fe_xO衍射峰在还原40min时基本消失。而常规条件下铁氧化物的还原过程非常缓慢［见图7.3（a）］，Fe_2O_3衍射峰在还原6min时基本消失，Fe_3O_4衍射峰大约在30min时消失，还原60min时Fe_xO衍射峰仍然存在。这说明在本实验条件下，白云鄂博矿内配碳球团长时间处于Fe_3O_4、Fe_xO、Fe共存状态区，铁的金属化率较低；施加磁场，加快了$Fe^{3+}\rightarrow Fe^{2+}$、$Fe^{2+}\rightarrow Fe$的转变速度，特别是在铁矿还原最困难的阶段，即$Fe^{2+}\rightarrow Fe$阶段，磁场的强化作用表现得更为明显，如图7.4所示。

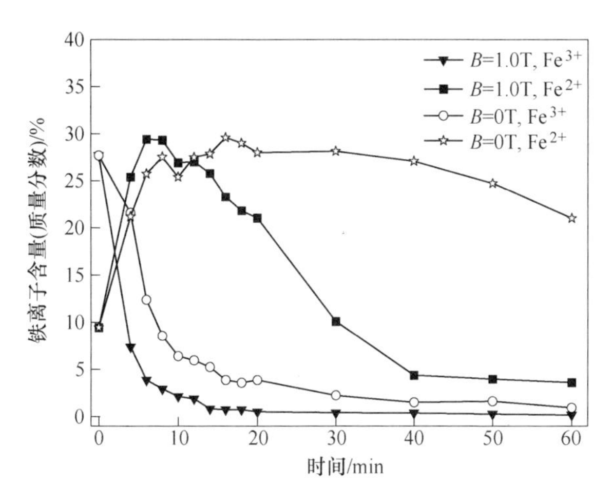

图7.4 还原过程中Fe^{3+}、Fe^{2+}的含量变化

为确定含碳球团还原过程中的矿物组成，将制作好的含碳球团光片进行光学显微镜观察后，再结合扫描电镜做EDS能谱分析，结果如图7.5和表7.3所示。

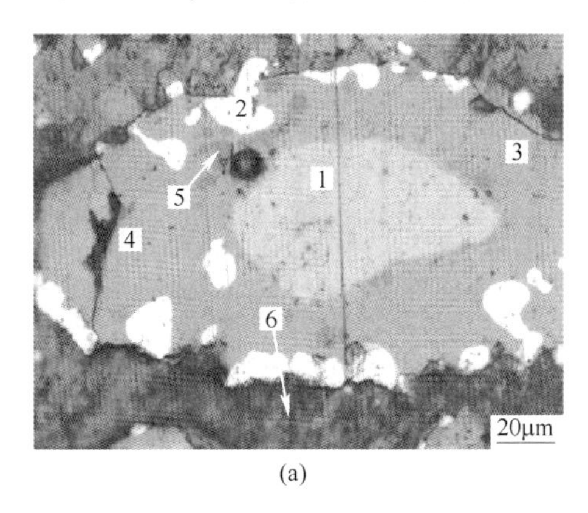

(a)

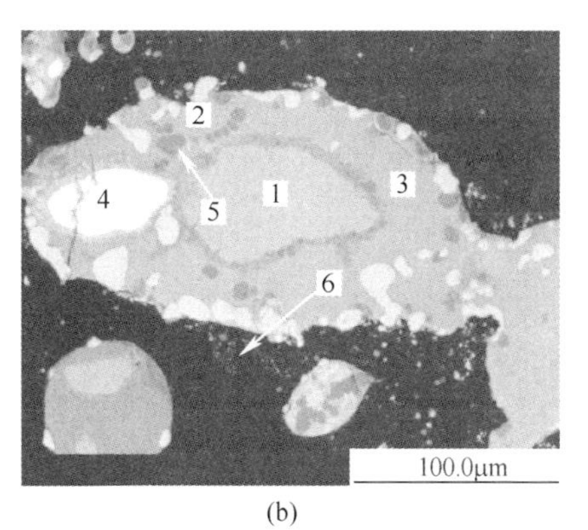

(b)

图7.5 矿物成分对比图

（a）矿相图；（b）SEM图

表 7.3　图 7.5 中各点 EDS 能谱分析（质量分数）　(%)

点	Fe	O	F	Si	Ca	Ce	La	C
1	40.79	59.21	—	—	—	—	—	—
2	100	—	—	—	—	—	—	—
3	18.40	65.09	—	15.66	0.85	—	—	—
4	—	18.61	30.43	—	1.03	13.14	3.29	—
5	0.57	—	69.15	—	30.28	—	—	—
6	—	—	—	—	—	—	—	100

通过 EDS 分析结果可以看出，由光学显微镜所得的含碳球团的矿相图中，点 2 处亮白色为金属铁，点 1 处亮灰色为铁氧化物，点 3 处灰色为渣相，其主要由 Fe、O、Si、Ca 等元素组成。点 5 处深灰色为 CaF_2，呈椭圆形分布在渣相中。在渣相边缘，点 6 处黑色物质为还原剂焦炭。在图 7.5（b）中可以清楚看到，渣相之中分布有稀土矿物（点 4 处），即图 7.5（a）灰色位置处，与渣相颜色接近。

图 7.6 给出了白云鄂博矿含碳球团还原过程中磁/赤铁矿的矿相结构图。稳恒磁场作用下，在铁矿石表面某些质点上，铁氧化物与焦粉中固体碳相互接触发生反应形成少量微细的 Fe；随着还原时间的延长，金属铁晶粒长大形成铁连晶，

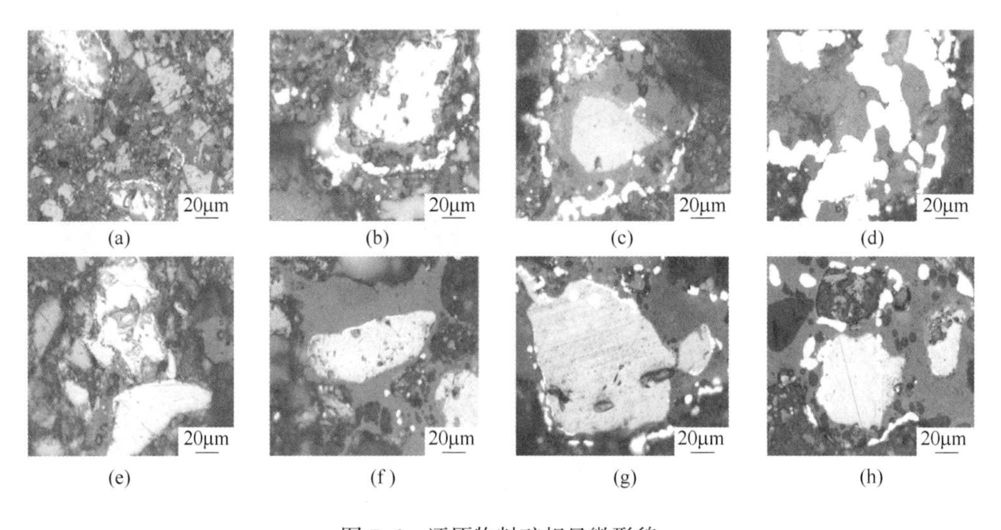

图 7.6　还原物料矿相显微形貌

(a) 磁场，4min；(b) 磁场，20min；(c) 磁场，40min；(d) 磁场，60min；(e) 常规，4min；(f) 常规，20min；(g) 常规，40min；(h) 常规，60min

并不断扩散聚集，最后形成粒度较大的球状铁颗粒，并以其为中心逐渐长大，连接成片。与常规条件相比，金属铁形核与长大规律一致，但所形成的金属铁数量多、尺寸大，这为后续的金属相与渣相的解离提供了很好的条件。同时，从铁氧化物形貌来看，施加磁场铁氧化物变得更加疏松，有明显的裂纹与孔洞，甚至碎裂成小颗粒，直至消失。在显微图片中，看到了一个很有意思的现象，即在稳恒磁场作用下金属铁（白亮色）主要分布在渣相与焦炭粉交界处，铁氧化物（浅灰色）周围则分布较少，而常规条件下产物 Fe 多数分布在 Fe_xO 周围。产生这些变化的主要原因如下。

（1）施加磁场，矿物中磁性各异的物相受到的磁应力大小方向各异，产生晶格畸变，出现折点、角隅、疏松、缩孔、裂纹等各类缺陷［见图 7.6（a）、(b)］，这既增加了反应界面，又为金属铁的形核提供了形核位点，同时改善了反应的动力学条件。

（2）磁场降低了 Fe 的形核势垒，增加了 Fe 的形核速率。

（3）磁场作用下，铁原子的迁移能力迅速增强，能够快速长大，凝聚成大颗粒粒铁。在相同还原时间内，稳恒磁场作用下金属铁聚集长大幅度更明显，如图 7.6（d）所示。

（4）铁晶粒总是朝着远离铁氧化物的方向迁移聚集［见图 7.6（b）、(c)］，未反应的氧化物表面重新暴露在还原气氛中，继续进行失氧反应。

借助电子扫描显微镜对还原物料（还原度 $R=56\%$）的横截面进行观察，金属铁微观形貌见图 7.7，能谱分析见表 7.4。可知，金属铁颗粒呈球形，颜色浅白。

表 7.4 图 7.7 中各点 EDS 能谱分析（质量分数）　　（%）

点	Fe	O	S	C	Ca	Si	Ba	余量
1	98.14	—	—	—	1.86	—	—	—
2	8.58	65.96	—	—	14.04	9.35	—	2.07
3	47.79	30.47	—	—	11.30	3.31	3.29	3.84
4	13.13	61.81	0.39	—	4.67	15.57	1.26	3.17

图 7.7（a）为稳恒磁场作用所得金属铁，通过能谱元素分析可知图中点 1 处铁颗粒中绝大部分是 Fe，较为纯净，杂质元素少；点 2 处为渣相；而图 7.7(b) 中常规条件下所得金属铁除 Fe 含量较高外还含有大量 Si、Ca、O 等杂质元素，对其周围灰色能谱分析，均为 Si、Ca、O、Fe 的硅酸盐脉石相。这说明稳恒磁场作用下，Fe 更容易从脉石中析出；原本常规还原条件下包裹在 Fe_xO 周围的

图 7.7 还原度约 56%时金属铁的生长形貌

(a) B=1.02T, R=57.22%; (b) 图 (a) 局部放大图; (c) B=0T, R=56.03%; (d) 图 (c) 局部放大图

产物 Fe 发生迁移，产物脱离反应物层，这样使得还原气体更加容易扩散到 Fe_xO 表面，与铁氧化物（主要为 Fe_xO）接触反应，进而加速含碳球团还原反应，实现对还原的强化作用。

7.2 磁场下白云鄂博贫铁矿矿相演变规律

7.2.1 铁矿石品位对磁场强化还原的影响

在 B=1.02T 稳恒磁场下，对不同品位的铁矿进行了等温还原实验，还原条件为还原温度 950℃，配碳比 1.1，还原时间 30min，发现磁场对于处理低品位的铁矿效果更好，如图 7.8 所示。这说明利用直接还原技术处理低品位的难选冶铁矿石时，磁场可以作为有效的强化手段。

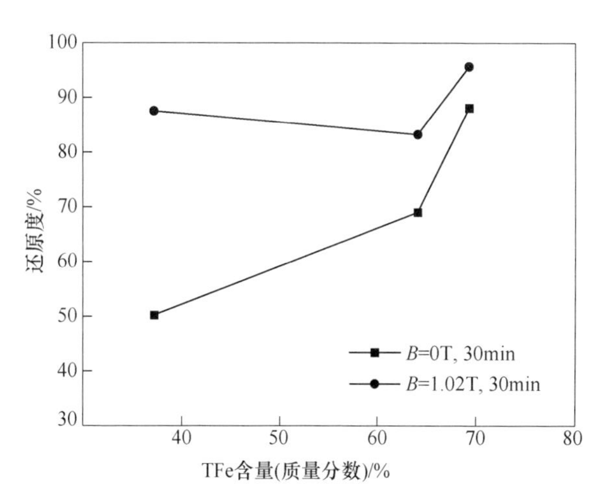

图 7.8 有磁和无磁条件下金属化率随 TFe 含量的变化

为什么对于低品位铁矿，磁场的处理效果更好？以白云鄂博贫铁矿为研究对象，探寻产生这一差异的原因。白云鄂博贫矿 X 射线衍射结果如图 7.9 所示，化学成分和主要矿物组成见表 7.5 和表 7.6。白云鄂博矿品位低，TFe 含量（质量分数）仅为 26.90%，硅、钙、氟、钠、钾等非金属元素含量较高。矿物组成复杂，铁矿物主要为磁铁矿和赤铁矿，仅占矿物的 35.74%，还有少量铁橄榄石；稀土矿物以氟碳铈矿和独居石为主。此外，矿石中含有大量脉石成分，其中石英、萤石、白云石、辉石、长石、闪石等主要脉石矿物占矿物的 41.31%，见表 7.6。铁矿物与脉石矿物紧密共生，其中磁铁矿与硅酸盐矿物的连生度为 3.19%、赤铁矿的连生度为 2.17%。这样的矿物特性，含铁物相不仅以氧化物单体存在，还少量存在于辉石、闪石、云母等硅酸盐矿物中，同时还原过程中产生的低价铁氧化物极易与周围 SiO_2 或者硅酸盐相反应形成新的含铁硅酸盐，如铁橄榄石。

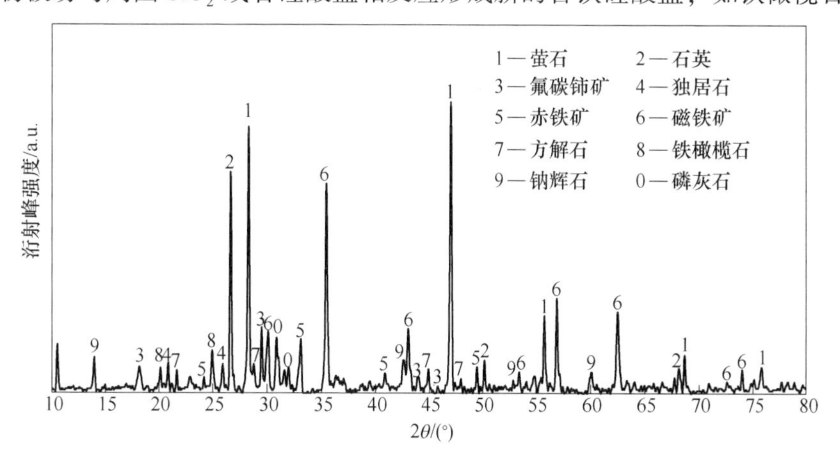

图 7.9 白云鄂博贫矿 X 射线衍射图

表 7.5　白云鄂博贫矿化学成分（质量分数）　　(%)

TFe	FeO	SiO_2	CaO	Na_2O	K_2O	MgO	BaO	Al_2O_3
26.90	9.60	16.07	17.39	1.43	0.19	0.91	2.87	0.26
P	S	F	MnO	Nb_2O_5	TiO_2	REO	ThO_2	
0.95	0.862	9.10	0.13	0.25	0.32	5.52	0.042	

表 7.6　白云鄂博贫矿主要矿物组成（质量分数）　　(%)

矿物名称	磁/赤铁矿	石英	辉石	闪石	云母	方解石	萤石	氟碳铈矿	独居石	磷灰石	重晶石	其他矿物
含量	35.74	4.77	11.39	8.44	4.46	3.16	12.25	5.24	1.22	2.60	2.13	11.2

图 7.10 给出了白云鄂博贫铁矿和氧化铁低温还原时，还原度随时间的变化。由图 7.10 可知，磁场对白云鄂博贫矿低温还原的强化程度远大于氧化铁。这说明铁矿中铁氧化物、其他元素氧化物、脉石矿物等多个同时发生的固态反应既有其自有特性，又相互作用，共同促进了金属铁的生成。因此，笔者认为白云鄂博矿中复杂的矿物组成是产生这种差异的更为主要的原因。

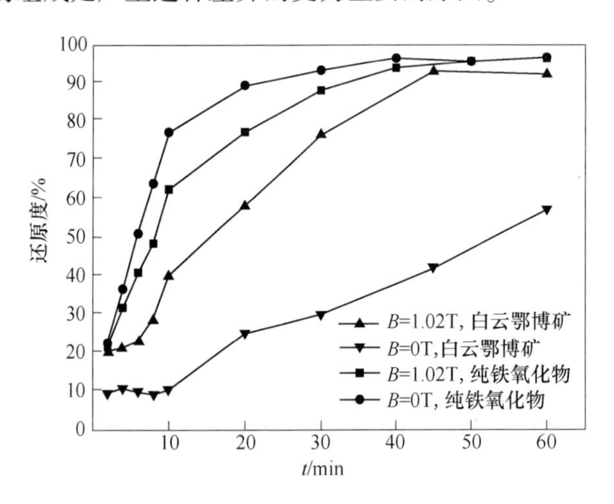

图 7.10　白云鄂博矿与纯铁氧化物还原度对比

同样，采用磁场的作用强度 β 来说明磁场对不同品位含铁矿物低温还原程度的影响，见式（7.2）。

$$\beta = [R_m(t) - R_n(t)]/R_n(t) \tag{7.2}$$

式中　$R_m(t)$，$R_n(t)$ ——分别表示有磁和无磁条件下含铁矿物的还原度。

$\Delta\beta = \beta_1/\beta_2$ 为白云鄂博贫铁矿与纯铁氧化物 β 值的比值，用以表征磁场作用于白云鄂博贫矿与氧化铁低温还原时产生的差异，结果见表 7.7。

表 7.7 不同品位含铁矿物 β 值对比

矿物名称	β 值					
	4min	8min	10min	20min	30min	60min
白云鄂博贫矿	0.98	2.09	2.9	1.33	1.54	0.61
铁氧化物	0.15	0.33	0.23	0.16	0.06	0.001
$\Delta\beta$	6.53	6.33	12.61	8.31	25.67	610

由表 7.7 可知，与纯氧化铁相比，在贫矿低温还原过程中，磁场产生的加速作用非常可观，尤其是在 $Fe_xO \rightarrow Fe$ 反应阶段。造成这一差异的原因如下：

（1）白云鄂博矿品位低（TFe 在 20%~40% 范围内），与纯试剂氧化铁相比，其碳热还原的化学驱动力不足，在常规低温条件下，白云鄂博贫矿还原速率必然很低，而磁场可以通过增加化学反应和新相形核的驱动力来加快贫铁矿的还原；

（2）氧化铁 TFe 含量高，在反应前期就很快形成金属铁层，存在于未反应的铁氧化物外围［见图 7.6（a）~（c）］，施加磁场后，该层氧化铁对磁场起到屏蔽效应，从而降低磁场对氧化铁低温还原的强化效果；

（3）与氧化铁相比，贫矿中含铁矿物与其他矿物天然形成嵌布关系复杂的矿相结构，为物质的传递带来了困难，一般在满足热力学条件的基础上，化学反应的快慢大多受传质环节控制，施加磁场能够大大改善还原过程中的输运条件，进而提高了磁场对白云鄂博矿低温还原的强化效果；

（4）与氧化铁相比较，低品位铁矿石的直接还原不仅包括铁氧化物（$Fe_2O_3 \rightarrow Fe_3O_4 \rightarrow FeO \rightarrow Fe$）的逐级还原相变，同时还存在与其他矿物之间更复杂的固相反应，如含铁硅酸盐相的生成及其他伴生元素发生的化学反应等，这些反应在磁场作用下必然表现出不同的特征，这可能会促使磁场提高贫铁矿低温还原速率，下一小节来探讨这个问题。

7.2.2 磁场下白云鄂博贫铁矿含铁矿相演变规律

将白云鄂博贫铁矿在不同还原时间产生的物料进行 X 射线衍射分析，结果如图 7.11 所示，还原后主要物相与次要物相（主要物相与次要物相依据衍射峰强度来确定）见表 7.8。

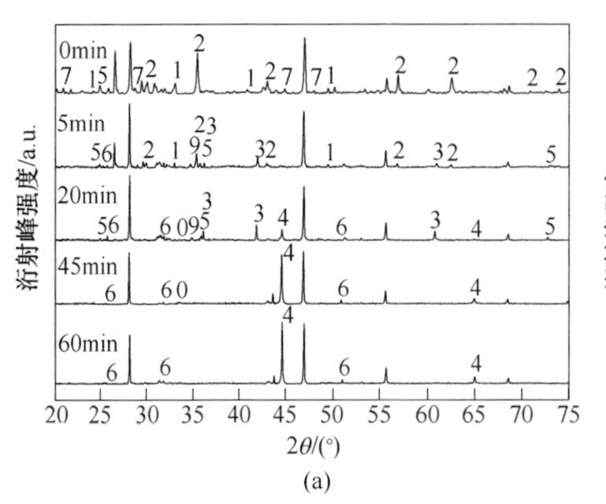

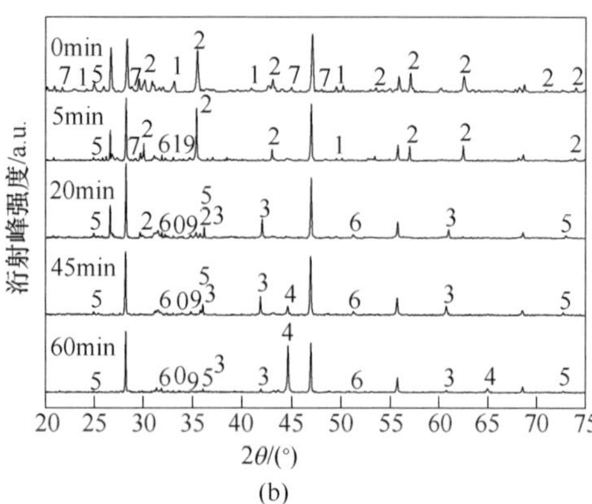

图 7.11　还原后物料 X 射线衍射结果

(a) B=1.02T; (b) B=0T

1—Fe_2O_3; 2—Fe_3O_4; 3—FeO; 4—Fe; 5—Fe_2SiO_4; 6—$CaSiO_3$; 7—$CaCO_3$; 9—$CaFeSi_2O_4$; 0—$Na_2Si_2O_5$

表 7.8　还原后物料中含铁相组成

时间/min	B=1.0T		B=0T	
	主要物相	次要物相	主要物相	次要物相
0	Fe_2O_3、Fe_3O_4、$CaCO_3$	Fe_2SiO_4	Fe_2O_3、Fe_3O_4、$CaCO_3$	Fe_2SiO_4
5	FeO、Fe_3O_4、Fe_2SiO_4	Fe_2O_3、$CaFeSi_2O_4$、$CaSiO_3$	Fe_2O_3、Fe_3O_4、Fe_2SiO_4	$CaCO_3$、$CaFeSi_2O_4$、$CaSiO_3$
20	FeO 、$CaFeSi_2O_4$	Fe、Fe_2SiO_4、$CaSiO_3$、$Na_2Si_2O_4$	FeO、Fe_2SiO_4	Fe_3O_4、$CaSiO_3$、$CaFeSi_2O_4$
45	Fe	$CaSiO_3$、$Na_2Si_2O_4$	FeO、Fe_2SiO_4	Fe、$CaFeSi_2O_4$、$CaSiO_3$、$Na_2Si_2O_4$
60	Fe	$CaSiO_3$	FeO、Fe_2SiO_4	Fe、$CaFeSi_2O_4$、$CaSiO_3$、$Na_2Si_2O_4$

由图 7.11 和表 7.8 可以看出，白云鄂博贫矿主要的含铁矿物是赤铁矿、磁铁矿和铁橄榄石。在磁场作用下，贫矿中铁矿物主要按照 $Fe_2O_3 \rightarrow Fe_3O_4 \rightarrow FeO \rightarrow Fe$ 的还原顺序生成金属铁，相较无磁条件来说，还原速度很快。白云鄂博矿中的铁氧化物除被还原成金属铁外，还有相当数量的低价铁氧化物同硅酸盐矿物发生固相反应，生成铁橄榄石（Fe_2SiO_4）。从图 7.11 看出，在 FeO 大量生成的时候，由于矿中 SiO_2 含量较高，Fe_2SiO_4 的衍射峰强度持续增强，但伴随着钙铁橄

榄石（$CaFeSi_2O_6$）和 $CaSiO_3$、$Na_2Si_2O_5$ 衍射峰的出现，Fe_2SiO_4 衍射峰逐渐消失，在还原中后期，$CaFeSi_2O_6$ 衍射峰也逐渐消失。这是由于贫铁矿中 CaO、Na_2O 等碱性氧化物存在，使得 Fe_2SiO_4 转化为还原性更好的 $CaFeSi_2O_6$，同时形成了由 Ca、Na、Si、O 等元素组成的复杂化合物，使得贫铁矿的还原条件大为改善。从表 7.8 可以看出，磁场加快了 FeO-SiO_2 和 SiO_2 与 Na_2O 和 CaO 之间的固相反应，在还原 45min 后，Fe_2SiO_4、$CaFeSi_2O_6$ 的衍射峰已基本消失，与此同时，Fe 衍射峰的强度明显增强。而无磁条件下，直到反应结束，依然存在 Fe_2SiO_4、$CaFeSi_2O_6$ 的衍射峰。

还原 30min 时，还原产物的扫描电子显微图片如图 7.12 所示，图中各点 EDS 能谱分析结果见表 7.9。

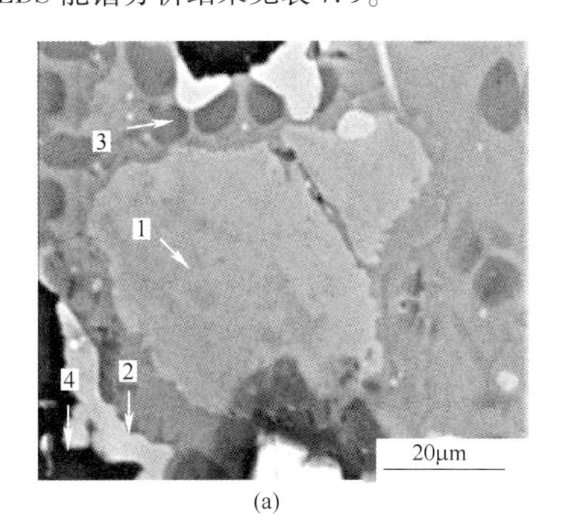

(a)

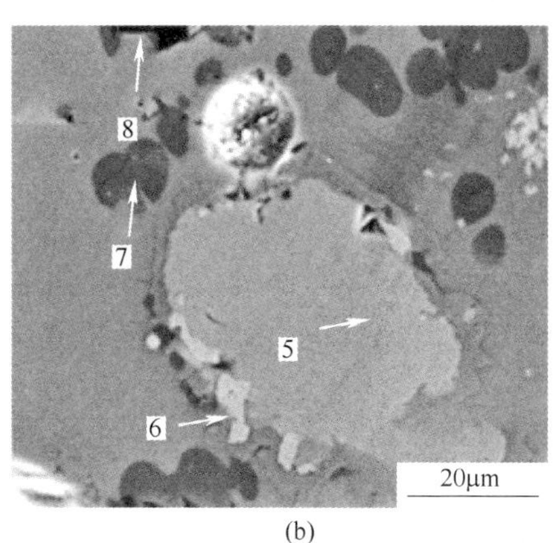

(b)

图 7.12 30min 时还原样品扫描电子显微图片
（a）$B=1.02T$；（b）$B=0T$

表 7.9 图 7.12 中各点能谱分析结果（质量分数） （%）

点 t	Fe	C	O	Ca	Si	F
1	56.60	6.04	33.57	0.17	0.24	0
2	86.48	6.02	2.89	0.46	0.30	0
3	0	0	0	37.47	0	62.53
4	3.34	81.79	10.58	0.53	0	0
5	61.31	0	36.85	0	0	0
6	14.39	30.70	29.10	8.15	11.80	0
7	0	0	0	38.83	0	60.59
8	0	83.12	12.15	3.14	0	0

根据能谱分析结果可知，图 7.12 中点 1、点 5 处为铁化物，其外边缘为铁橄榄石，紧紧包裹在铁氧化物周围；点 2、点 6 处为金属铁；点 3、点 7 处为氟化钙；点 4、点 8 处为还原剂焦炭粉。黄柱成在研究赤泥铁氧化物直接还原时提出，在赤泥还原过程中发生的固相反应（$2FeO + SiO_2 = 2FeO \cdot SiO_2$，$FeO + Al_2O_3 = FeO \cdot Al_2O_3$），导致铁晶粒很难形成和长大，据此他认为 $2FeO \cdot SiO_2$ 和 $FeO \cdot Al_2O_3$ 再还原及为 $2FeO \cdot SiO_2$ 和 $FeO \cdot Al_2O_3$ 再还原提供有利还原环境是提高赤泥直接还原产品金属化率的关键。白云鄂博贫铁矿富含 SiO_2，在直接还原过程中，FeO 和 SiO_2 很容易生成 $2FeO \cdot SiO_2$，且该反应的 ΔG^{Θ} 随温度升高而增大，即高温有利于 $2FeO \cdot SiO_2$ 的还原。显然，低温还原条件增加了铁橄榄石还原难度。另外，包裹在铁氧化物外围的 $2FeO \cdot SiO_2$，不仅切断了铁氧化物与还原剂的直接接触，导致还原停滞，而且在 $2FeO \cdot SiO_2$ 界面上形成的 Fe 层也把还原剂与铁橄榄石隔开，使得 $2FeO \cdot SiO_2$ 的再还原变得困难，如图 7.12（b）所示。施加磁场，改变了金属铁在 $2FeO \cdot SiO_2$ 界面的集聚，Fe 层大部分聚集在渣相与焦炭粉交界处，有利于 $2FeO \cdot SiO_2$ 的再还原；同时还原样品变得疏松，促进了 CO 气体及 CaO、Na_2O 等碱性氧化物的扩散，为铁氧化物和铁橄榄石、钙铁橄榄石等铁的复杂化合物提供有利还原环境，如图 7.12（a）所示。

白云鄂博贫铁矿内配碳球团还原过程的显微形貌如图 7.13 所示。图 7.13 中各点的 Fe、O、Si、Ca 含量随时间的变化见表 7.10 和图 7.14。如图7.13（b）~（d）所示，新生成的铁橄榄石紧紧包裹在铁氧化物周围，在 950℃时，该相很难被还原，在 t=60min 时，铁橄榄石依然包裹在铁氧化物周围，这是导致贫铁矿还原困难的主要原因。但是，也不能忽略脉石矿物中 Ca^{2+}、Na^{+}、K^{+}等碱金属离子对铁矿还原的有利作用，这些阳离子能够进入硅酸盐相中，形成 $[(Na、Ca、K、Fe)O]_x(SiO_2)_y$ 类低熔点物相，将 Fe^{2+}从 Fe_2SiO_4 中置换出来，这样铁橄榄石就被还原了。碱金属离子对铁矿还原的催化作用取决于这些阳离子的迁移能力和置换速度。由于原矿中 Na^{+}、K^{+}的含量远低于 Ca^{2+}含量，检测困难，故以铁氧化物周围渣相中 Fe、O、Si、Ca 含量的变化来分析磁场对低温下含铁硅酸盐还原的影响。从图 7.14（b）来看，铁氧化物周围 Fe、O、Si、Ca 含量随时间基本不变，说明金属铁没有从渣相中析出，依然是富含铁的硅酸盐相。图 7.7 中点 3 为富含 Si、Ca、O、Fe 的硅酸盐相，这进一步验证了图 7.14（b）给出的结论，指出含铁硅酸盐相不仅阻隔了铁氧化物与 CO 气体的接触，抑制了金属铁的生长，同时低温抑制了 Ca^{2+}、Na^{+}等碱金属离子的迁移及与 Fe^{2+}的置换速度，使得含铁硅酸盐相很难被还原。

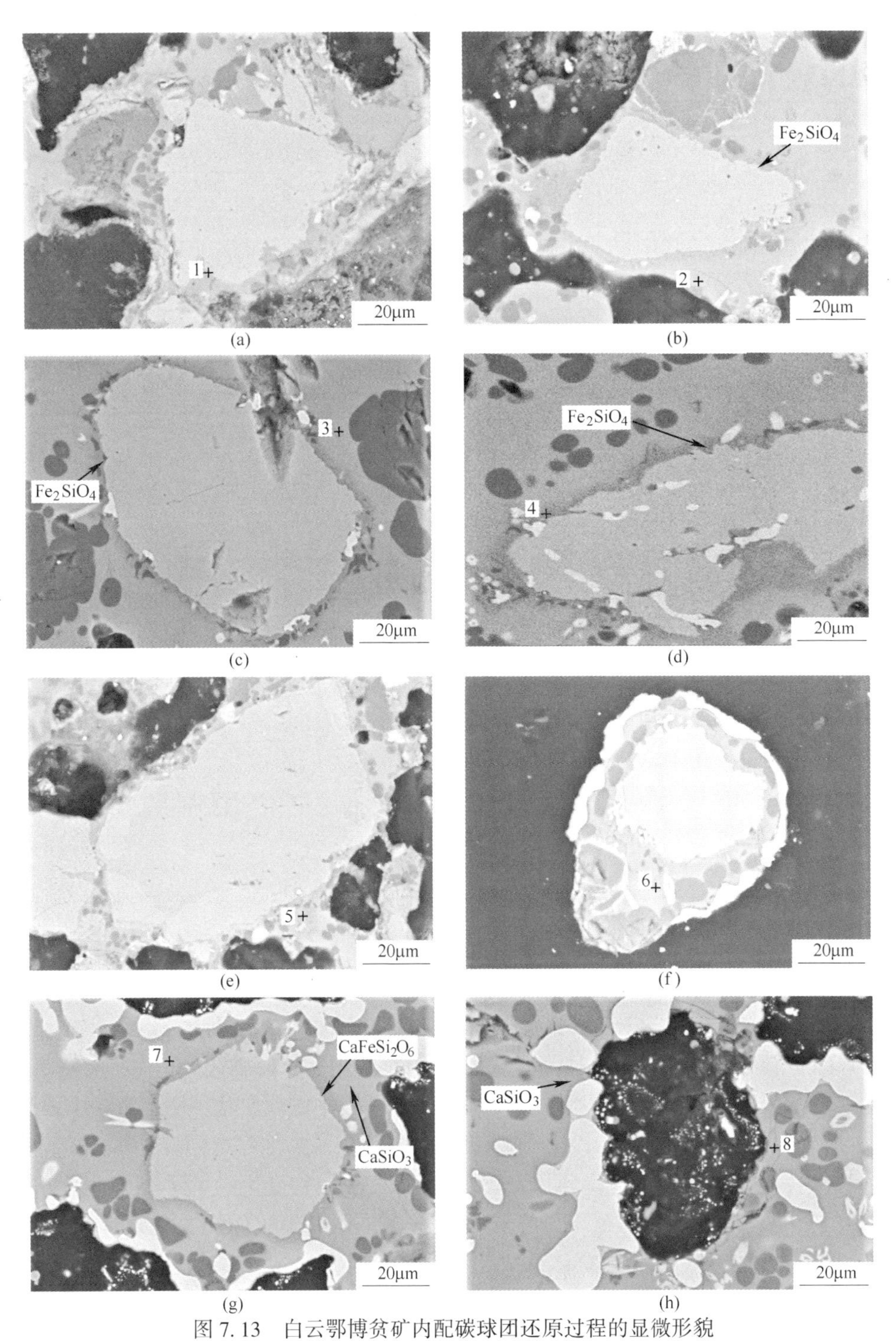

图 7.13 白云鄂博贫矿内配碳球团还原过程的显微形貌

（a）B=0T，5min；（b）B=0T，20min；（c）B=0T，45min，（d）B=0T，60min；
（e）B=1.02T，5min；（f）B=1.02T，20min；（g）B=1.02T，45min；（h）B=1.02T，60min

表 7.10 图 7.13 中各点的 Fe、O、Si、Ca 等含量 EDS 能谱分析结果（质量分数）

（%）

点	Fe	O	Si	Ca
1	24.23	28.69	27.3	11.80
2	25.29	24.14	23.92	9.80
3	25.87	23.87	24.48	8.65
4	28.84	31.68	26.64	11.47
5	22.71	30.72	29.91	11.37
6	25.67	31.11	29.36	10.70
7	23.90	30.87	31.41	9.84
8	10.37	31.08	30.52	17.20

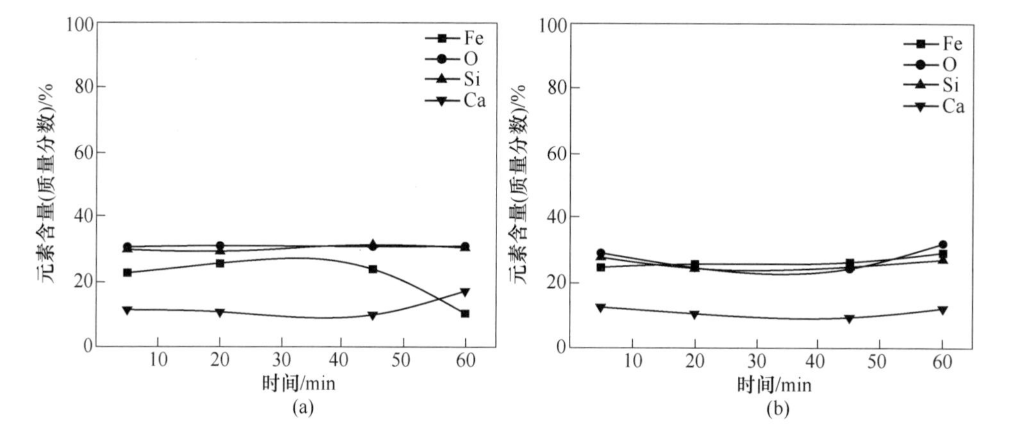

图 7.14 渣相中主要元素含量随时间变化图

（a）B=1.02T；（b）B=0T

磁场作用下，包裹在氧化铁矿外围的铁橄榄石层厚度逐渐减少，发生了 Fe_2SiO_4→（Ca，Na）$FeSi_2O_6$→FeO→Fe 的反应，如图 7.13（g）、（h）所示。从图 7.14（a）看出，当 t>45min 时，铁氧化物周围渣相中的 Fe 被 Ca 取代，而图 7.7（a）、（b）表明，稳恒磁场作用下，Fe 更容易从脉石中以片层状析出，渣相主要为含少量铁 $CaFeSi_2O_6$ 和 $CaSiO_3$ 相。与无磁条件相比较，施加磁场，白云鄂博贫铁矿石中这些难还原的铁矿物也得到了有效的还原，产生这样变化的主要原因是：

（1）磁场使矿物变得疏松，气孔裂纹增多，还原生成的产物从反应阻挡层以片状析出并长大，并且与母体铁氧化物基层脱离，改善了铁氧化物还原的动力学条件；

（2）磁场加快了 Ca^{2+} 等碱金属阳离子迁移速度，这些极性很强的金属阳离子会配位在 Fe 周围，使 Fe—O 键拉长进而断裂，促进了 Ca 与 Fe 的置换。

7.2.3 磁场下白云鄂博贫铁矿稀土矿相演变规律

白云鄂博贫矿的稀土元素主要赋存于氟碳铈矿及独居石中，图 7.15 为稀土物相随时间变化的 XRD 结果，还原过程中稀土物相组成见表 7.11。

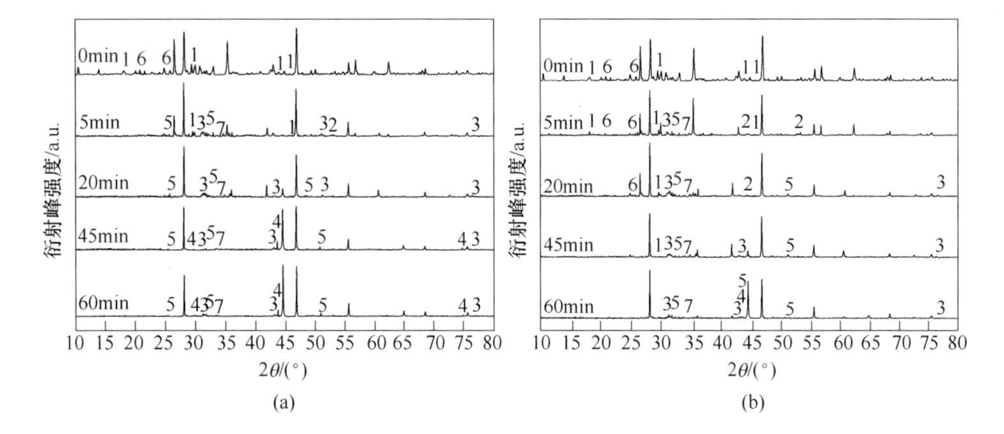

图 7.15 稀土物相随时间变化的 XRD 结果

(a) $B=1.02$T；(b) $B=0$T

1—$RECO_3F$；2—REOF；3—$CaO \cdot 2RE_2O_3 \cdot 3SiO_2$；4—$RE_2O_3 \cdot 2SiO_2$；5—$CaO \cdot SiO_2$；6—$REPO_4$；7—$Ca_3(PO_4)_2$

表 7.11 还原后物料中稀土相的组成

时间/min	常规条件	磁场条件
0	$RECO_3F$、$REPO_4$	$RECO_3F$、$REPO_4$
5	$RECO_3F$、$REPO_4$、REOF、$CaO \cdot 2RE_2O_3 \cdot 3SiO_2$、$Ca_3(PO_4)_2$	$RECO_3F$、$REPO_4$、REOF、$CaO \cdot 2RE_2O_3 \cdot 3SiO_2$、$Ca_3(PO_4)_2$
20	$RECO_3F$、$REPO_4$、REOF、$CaO \cdot 2RE_2O_3 \cdot 3SiO_2$、$Ca_3(PO_4)_2$	$CaO \cdot 2RE_2O_3 \cdot 3SiO_2$、$Ca_3(PO_4)_2$
45	$RECO_3F$、$CaO \cdot 2RE_2O_3 \cdot 3SiO_2$、$Ca_3(PO_4)_2$	$CaO \cdot 2RE_2O_3 \cdot 3SiO_2$、$RE_2O_3 \cdot 2SiO_2$、$Ca_3(PO_4)_2$
60	$CaO \cdot 2RE_2O_3 \cdot 3SiO_2$、$RE_2O_3 \cdot 2SiO_2$、$Ca_3(PO_4)_2$	$CaO \cdot 2RE_2O_3 \cdot 3SiO_2$、$RE_2O_3 \cdot 2SiO_2$、$Ca_3(PO_4)_2$

无论有无磁场，在 1223K 温度下，氟碳铈矿从反应初期就开始分解。从 5min、20min、45min 的 XRD 衍射图谱可知，氟碳铈矿首先会分解为 REOF 中间相和活泼 RE_2O_3 相，随后 REOF 会继续分解为 RE_2O_3。活泼的 RE_2O_3 不能稳定存

在，与 CaO、SiO_2 接触生成稳定的化合物（$CaO \cdot 2RE_2O_3 \cdot 3SiO_2$），其总反应式为：

$$4RECO_3F + 3CaO + 3SiO_2 = 2CaF_2 + CaO \cdot 2RE_2O_3 \cdot 3SiO_2 + 4CO_2 \tag{7.3}$$

施加磁场，加快了氟碳铈矿的分解及与 CaO、SiO_2 的化合反应，还原到 20min 时，产物中已无 $RECO_3F$、REOF 相的存在，说明氟碳铈矿完全分解，活泼的稀土氧化物立刻与 CaO、SiO_2 结合形成新的化合物，此时物相中存在 $CaO \cdot 2RE_2O_3 \cdot 3SiO_2$ 相，同时还发现产物中有 $RE_2O_3 \cdot 2SiO_2$ 相的存在。在常规冶金条件下，还原反应进行到 45min 时，产物中依然有 $RECO_3F$ 和中间相 REOF 的衍射峰，直到 60min 时，还原产物中稀土以 $CaO \cdot 2RE_2O_3 \cdot 3SiO_2$ 和 $RE_2O_3 \cdot 2SiO_2$ 相存在。

独居石是一种十分稳定的磷酸盐，在空气中加热到 1700℃ 也不会发生分解；但是在有 CaO 存在的情况下，可以使 $REPO_4$ 分解为 RE_2O_3 及 $Ca_3(PO_4)_2$，然后与 CaO 、SiO_2 结合生成稀土相（$CaO \cdot 2RE_2O_3 \cdot 3SiO_2$），其总反应式为：

$$4REPO_4 + 7CaO + 3SiO_2 = CaO \cdot 2RE_2O_3 \cdot 3SiO_2 + 2Ca_3(PO_4)_2 \tag{7.4}$$

结合图 7.15 和表 7.11 可以看到，还原 20min 后的产物 X 射线衍射图谱中已经找不到独居石的衍射峰，同时在稀土矿物的分解过程中始终伴随有 $Ca_3(PO_4)_2$ 衍射峰的存在。这说明，在本实验条件下，除了白云鄂博矿物中单独存在的磷酸盐矿物外，独居石也发生了分解反应，生成了 $CaO \cdot 2RE_2O_3 \cdot 3SiO_2$ 和 $Ca_3(PO_4)_2$。

一般情况下，白云鄂博矿中 SiO_2 含量要大于 CaO，在还原过程中生成 $CaO \cdot 2RE_2O_3 \cdot 3SiO_2$ 和 $CaO \cdot SiO_2$ 后，过剩的 SiO_2 与分解后的稀土矿物接触就会生成 $RE_2O_3 \cdot 2SiO_2$。因此，在稳恒磁场和常规冶金条件下，还原末期稀土相为 $CaO \cdot 2RE_2O_3 \cdot 3SiO_2$ 和 $RE_2O_3 \cdot 2SiO_2$ 两相共存。

有磁和无磁条件下，还原后物料中氟碳铈矿 SEM 和 EDS 结果如图 7.16 和图 7.17 所示，还原后物料中独居石 SEM 和 EDS 结果如图 7.18 和图 7.19 所示。

(a)

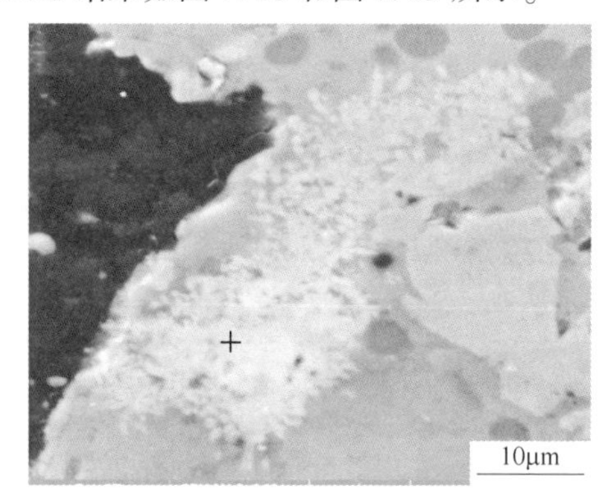

(b)

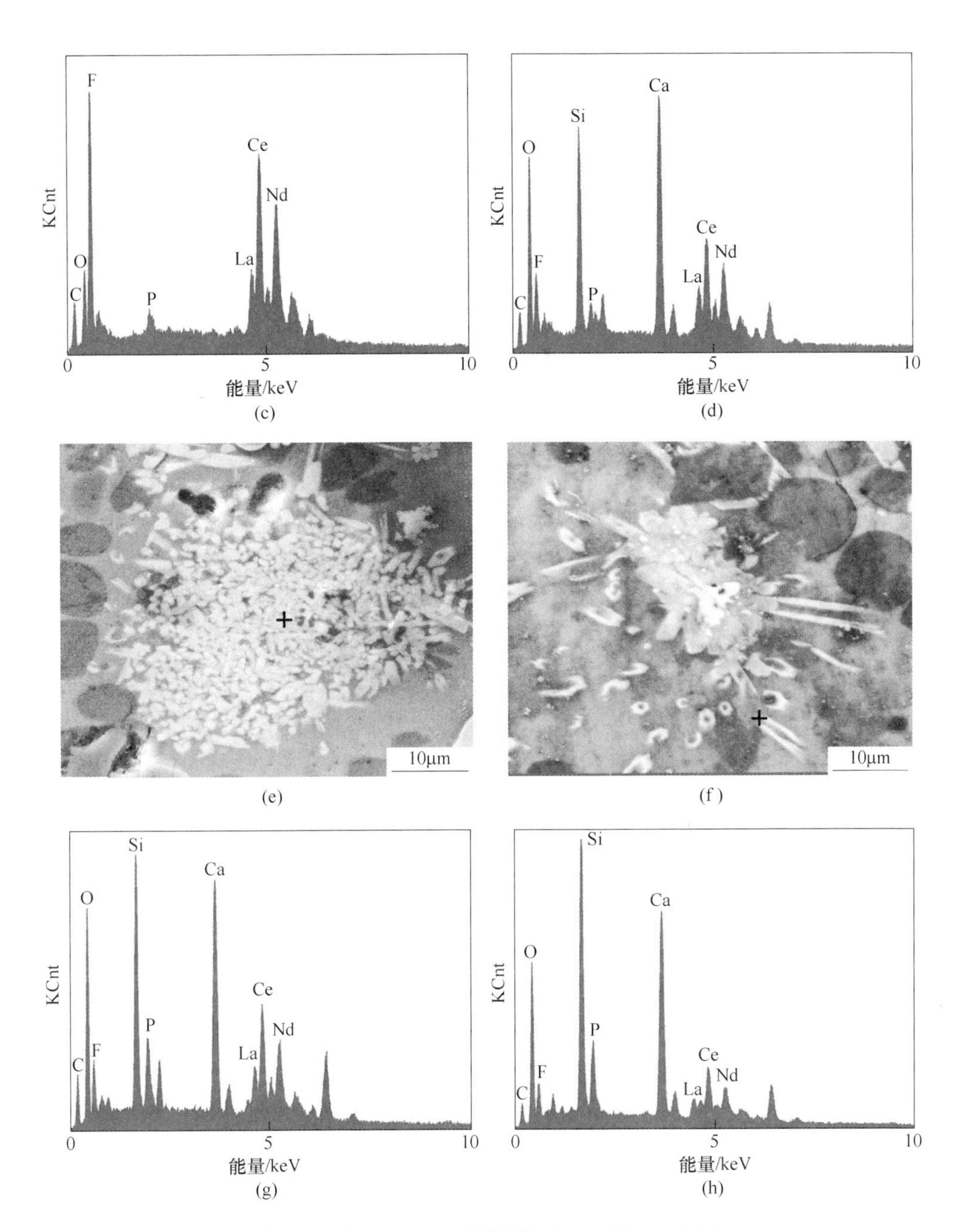

图 7.16 在 $B=1.02\text{T}$ 下氟碳铈矿 SEM 及 EDS 结果

(a)(c)5min;(b)(d)20min;(e)(g)45min;(f)(h)60min

由图 7.16 和图 7.17 可知，5min 时磁场作用下的氟碳铈矿表面出现较大面积的裂纹，而常规条件下矿物表面依然较为致密。此时，矿物中 F 含量较高，矿物

以 $RECO_3F$ 为主。随着反应的进行，氟碳铈矿分解释放出大量 CO_2 气体，同时由于新旧两相晶格结构差异和化学变化产生的化学应力、热应力等的作用，氟碳铈矿变得疏松，形成大量微孔、裂纹、收缩等组织形貌，甚至碎裂为较小颗粒。分解后的稀土氧化物迅速与周边的含 CaO、SiO_2 的脉石矿物反应生成 $CaO \cdot 2RE_2O_3 \cdot 3SiO_2$ 或者 $RE_2O_3 \cdot 2SiO_2$ 相，呈现中空多边形形貌，如图 7.16（d）所示。独居石不会发生直接的分解反应，只有与 CaO 接触处时，才从边缘处逐渐由表及里进行分解，同时生成 $CaO \cdot 2RE_2O_3 \cdot 3SiO_2$ 和 $Ca_3(PO_4)_2$。与氟碳铈矿一样，磁场作用下，独居石分解及化合反应速度明显快于常规条件，如图 7.18 和图 7.19 所示。

磁场作用于还原物料，产生了新的与磁场相关的能量，这部分能量变化加剧了稀土矿物形貌的疏松度和孔隙率。此外，磁场促进了物料中游离 Ca^{2+} 的扩散，在增加稀土矿物的孔隙度方面也做出了贡献。磁场作用下稀土矿物形貌的变化，增加了新的反应界面，有利于 CO_2 气体的排除，从而能加快了稀土相的分解与化合。

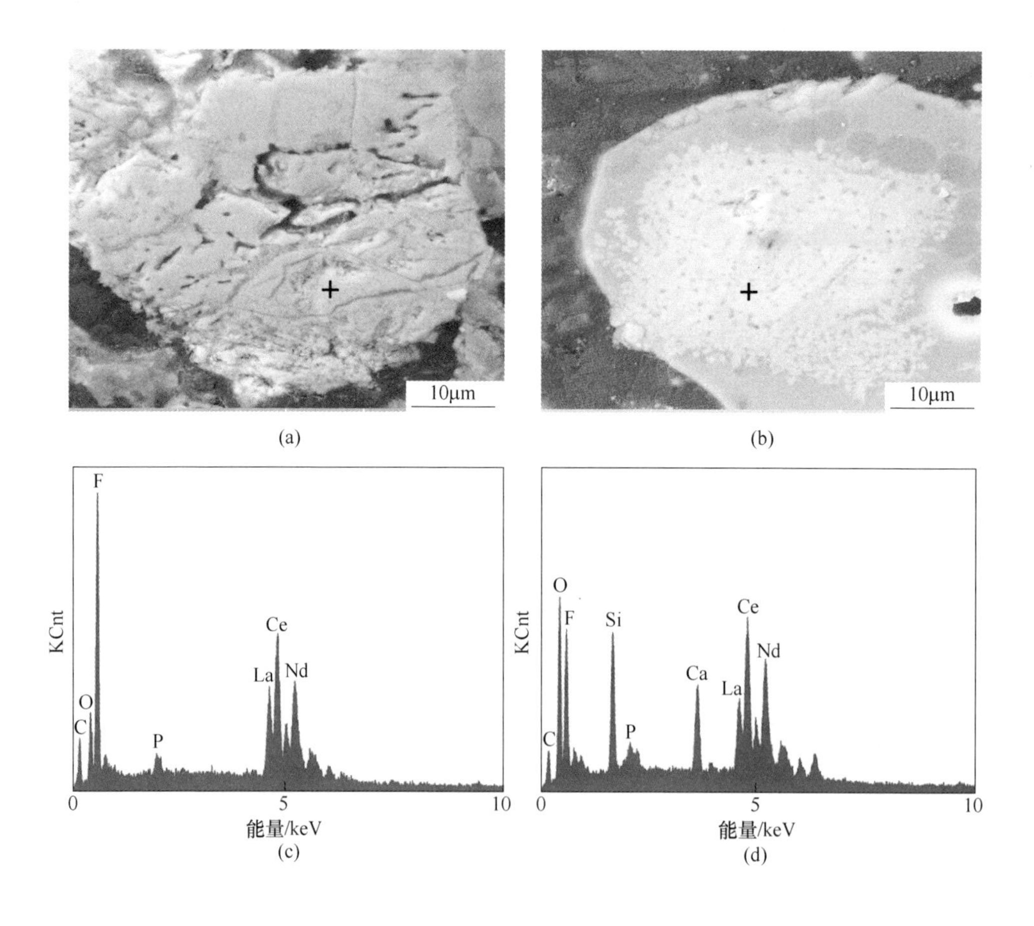

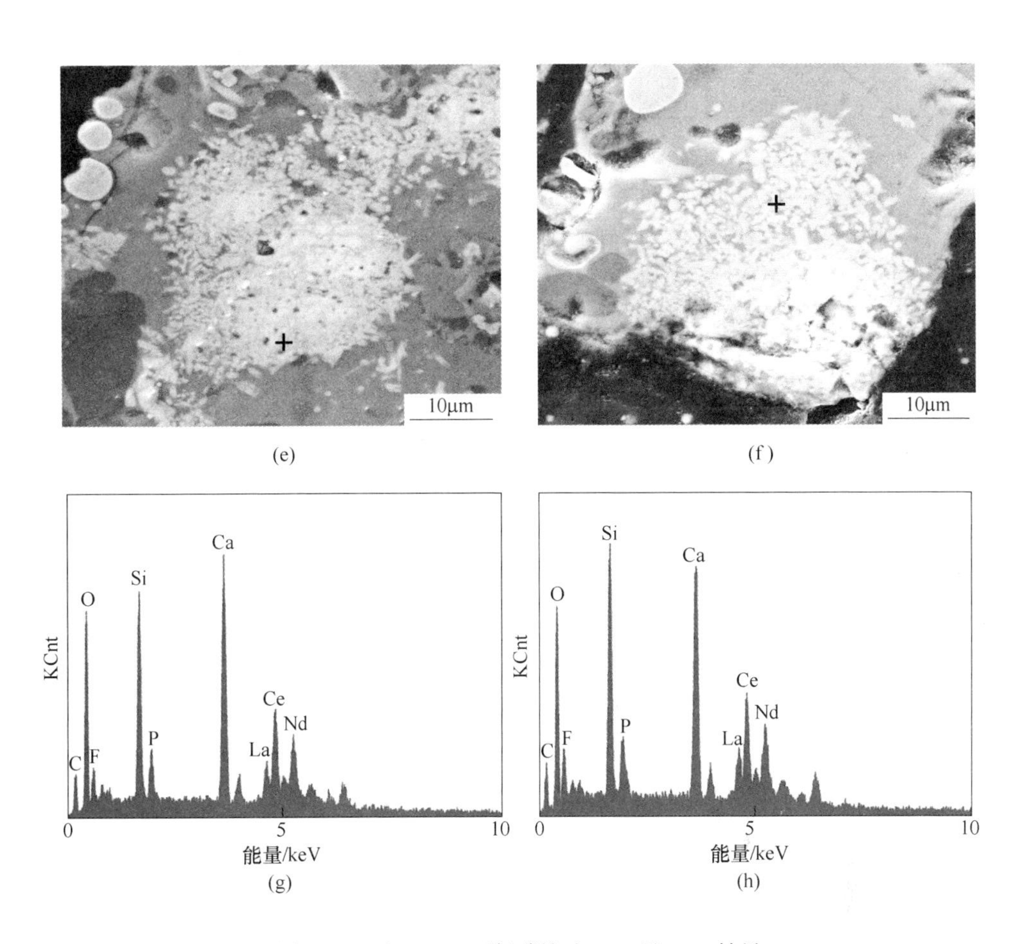

图 7.17 在 B=0T 下氟碳铈矿 SEM 及 EDS 结果

(a)(c)5min;(b)(d)20min;(e)(g)45min;(f)(h)60min

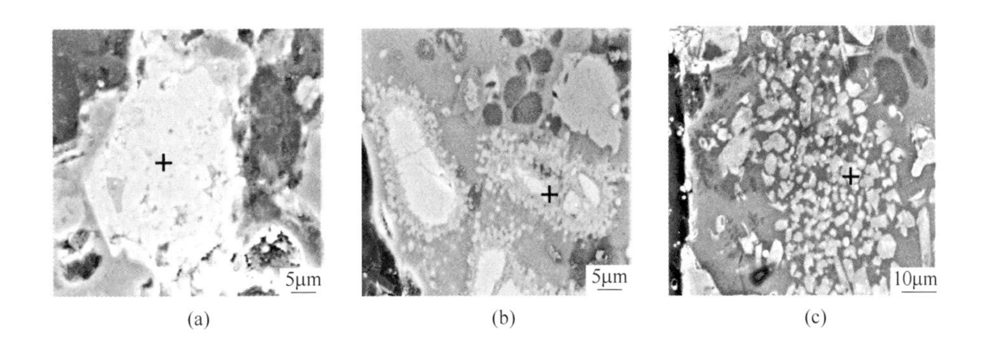

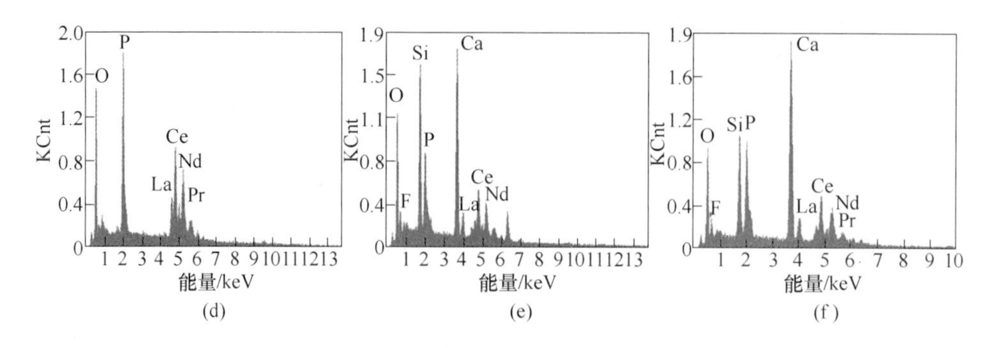

图 7.18　在 $B=1.02T$ 下独居石 SEM 及 EDS 结果

(a)(d) 5min;(b)(e) 10min;(c)(f) 20min

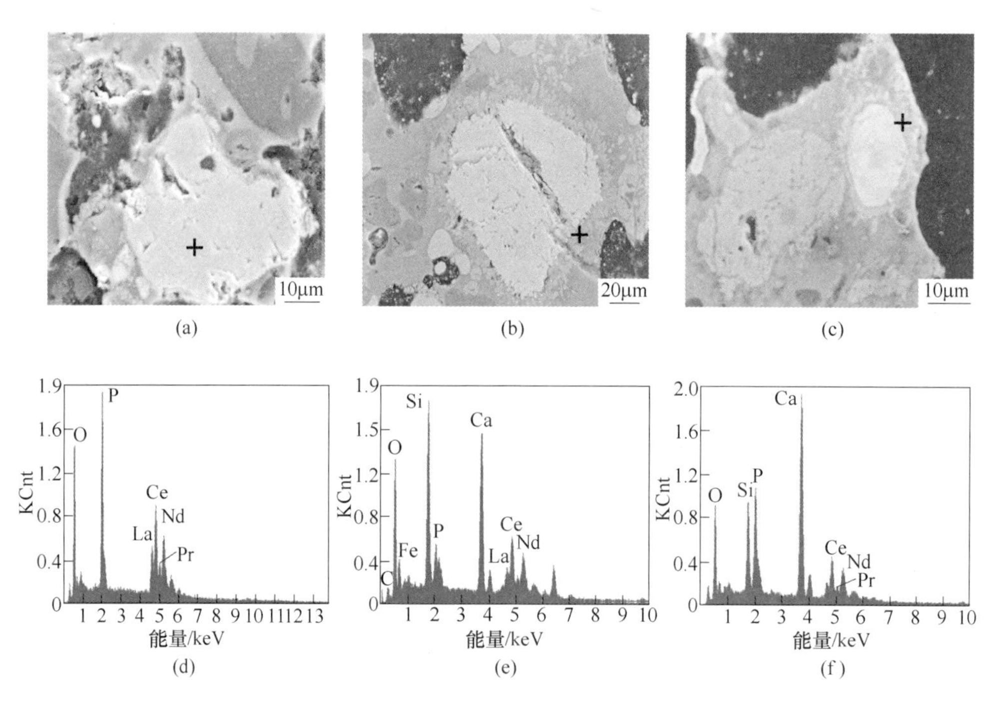

图 7.19　在 $B=0T$ 下独居石 SEM 及 EDS 结果

(a)(d) 5min;(b)(e) 10min;(c)(f) 20min

7.3　磁场下白云鄂博贫矿内配碳球团还原的动力学分析

7.3.1　含碳球团还原反应的限制环节分析

从动力学角度对稳恒磁场和常规条件下,白云鄂博矿含碳球团的还原过程进行分析。目前,对于含碳球团还原过程的动力学分析中普遍认为有三种限制性环节，分别为碳的气化反应、气相内扩散及界面化学反应。

如果认为碳的气化反应是含碳球团还原的限制性环节，碳的气化反应速率只与碳的反应面积及反应温度有关系，则：

$$\ln(1 - mf) = - kt \tag{7.5}$$

式中，m 为接近 1.0 的系数。

若认为含碳团块还原是由气相扩散所控制，且扩散符合 Fick 定律，则含碳团块还原速率可用 Ginstling-Brundshtein 方程表达：

$$1 - \frac{2}{3}f - (1 - f)^{\frac{2}{3}} = kt \tag{7.6}$$

若认为含碳团块还原是由界面或局部反应所控制，则其还原速率可由以下方程表达：

$$1 - (1 - f)^{\frac{1}{3}} = kt \tag{7.7}$$

利用式（7.5）~式（7.7）对还原分数 f 与 t 进行线性拟合，拟合结果如图 7.20 和表 7.12 所示。

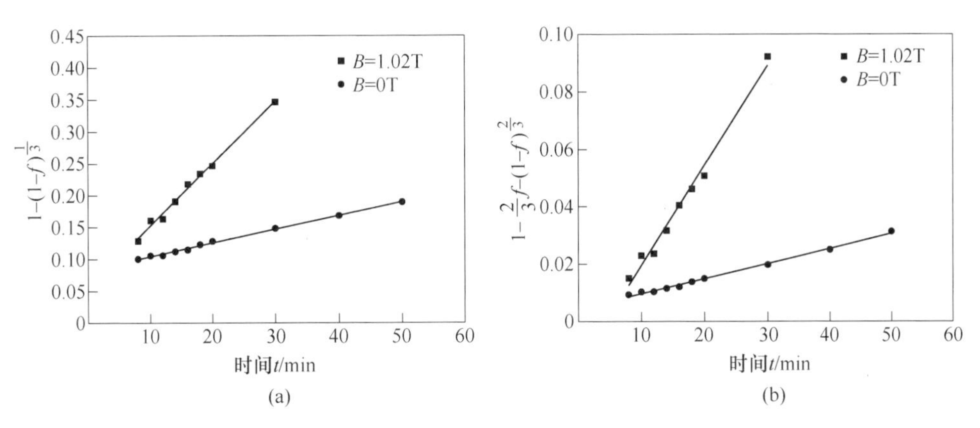

图 7.20 $1 - (1 - f)^{\frac{1}{3}}$ 及 $1 - \frac{2}{3}f - (1 - f)^{\frac{2}{3}}$ 与时间 t 的关系

表 7.12 图 7.20 中的动力学模型线性拟合度

动力学模型及积分方程	实验条件	线性拟合度 R^2
气相扩散：$1 - \frac{2}{3}f - (1 - f)^{\frac{2}{3}} = kt$	$B = 1.02$T	0.9848
	$B = 0$T	0.9944
界面反应：$1 - (1 - f)^{\frac{1}{3}} = kt$	$B = 1.02$T	0.9914
	$B = 0$T	0.9964

从线性拟合度 R^2 来看，稳恒磁场与常规条件下还原过程中界面反应及气相扩散均呈现较好的线性关系，说明在此还原条件下，含碳球团的反应过程动力学符合未反应核模型。在稳恒磁场和常规条件下气相内扩散与界面化学反应两种均是良好的线性关系，即反应过程受气相内扩散和界面化学反应混合控制。

7.3.2 磁场作用下还原过程的阻力分析

在有磁和无磁条件下，白云鄂博矿内配碳球团的反应过程受气相内扩散和界面化学反应混合控制，反应速率方程为：

$$\frac{r_0}{6D_e}\left[1-3(1-f)^{\frac{2}{3}}+2(1-f)\right]+\frac{K}{k(1+K)}\left[1-(1-f)^{\frac{1}{3}}\right]=\frac{C_A^0-C_A^e}{\rho_0 r_0} \tag{7.8}$$

式中 D_e——气体扩散系数，cm^2/s；

f——反应分数，$f=R/100$；

k——反应速率常数，cm^2/s；

K——反应平衡常数；

C_A^0——气体还原剂的初始浓度，mol/cm^3；

C_A^e——反应平衡时还原气体的浓度，mol/cm^3；

ρ_0——单位体积内配碳球团的理论失氧量，mol/cm^3；

r_0——内配碳球团的初始半径。

白云鄂博矿内配碳球团的反应是铁氧化物逐级还原的过程，在铁氧化物还原各阶段中，$Fe_xO \to Fe$ 的转变失氧量最大，最难反应，反应所需时间也最长。因此，以 $Fe_xO \to Fe$ 转变过程中各动力学参数的变化来分析磁场对白云鄂博矿内配碳球团气固反应的影响。

利用式（7.8）对 $Fe_xO \to Fe$ 的转变过程进行求解，其化学反应式为：

$$FeO(s)+CO = Fe(s)+CO_2 \qquad \lg K=\frac{688}{T}-0.9 \tag{7.9}$$

还原温度为950℃（1223K），由式（7.9）可得 $K=0.46$。对于有气体参与的化学反应，其平衡常数可用平衡状态时气体分压表示，则：

$$K_p=\frac{p_{CO_2}^e}{p_{CO}^e}=\frac{101325-p_{CO}^e}{p_{CO}^e}=0.46 \tag{7.10}$$

由式（7.10）可得，$p_{CO}^e=69400Pa$，$p_{CO_2}^e=31924Pa$，又由：

$$C=\frac{n}{V}=\frac{p}{RT} \tag{7.11}$$

得：$C_{CO}^0 = \dfrac{101325 \times 0.75}{8.3143 \times 1223} = 7.461 \times 10^{-6} mol/cm^2$，$C_{CO}^e = \dfrac{64174.425}{8.3143 \times 1223} = 6.825 \times 10^{-6} mol/cm^2$，$C_{CO_2}^e = \dfrac{37150.575}{8.3143 \times 1223} = 3.140 \times 10^{-6} mol/cm^2$，所以，$K_c = \dfrac{C_{CO_2}^e}{C_{CO}^e} = 0.46$，含碳球团单位体积失氧量为：

$$\rho_0 = \frac{0.6635\left[\left(0.3717 - 0.1217 \times \frac{56}{56+16}\right) \times \frac{16 \times 3}{56 \times 2} + 0.1217 \times \frac{16}{56+16}\right]}{16}$$

$$= 6.042 \times 10^{-3} mol/cm^3$$

设 $F = 1 - (1-f)^{\frac{1}{3}}$，则式（7.8）可简化为：

$$t = t_D(3F^2 - 2F^3) + t_C F \tag{7.12}$$

式中 t_D——内扩散控制时完全反应时间，$t_D = \dfrac{\rho_0 r_0^2}{6D_e(C_A^0 - C_A^e)}$；

t_C——界面反应控制时完全反应时间，$t_C = \dfrac{K\rho_0 r_0^2}{k(1+K)(C_A^0 - C_A^e)}$。

将式（7.12）进一步化简为：

$$\frac{t}{F} = t_D(3F - 2F^2) + t_C \tag{7.13}$$

依据式（7.13），以 $\dfrac{t}{F}$ 对 $(3F - 2F^2)$ 作线性拟合，再由直线斜率 t_D、截距 t_C 分别求出有磁和无磁条件下的 D_e 和 k，结果见表 7.13。

表 7.13 还原过程气体扩散系数和化学反应速率常数

条件	$D_e/cm^2 \cdot s^{-1}$	$k/cm \cdot s^{-1}$
B=1.02T，T=1223K	0.1943	1.7040
B=0T，T=1223K	0.0474	0.7149

从表 7.13 可知，与常规条件下的情况相比较，磁场下界面化学反应速率常数增大了 1.38 倍，气体在多孔介质中的扩散系数增加了 3.09 倍。可见，稳恒磁场作用下，还原气体 CO 能够迅速地扩散到反应界面，与铁氧化物充分接触，进而提高还原进程。

在求得有效扩散系数及反应速率常数后，可分析各项阻力。式（7.8）右边第一项为内扩散阻力，令其为 R_D ；式（7.8）右边第二项为界面反应阻力，令其为 R_k ，则：

$$R_D = \frac{r_0}{D_e} \times \frac{r_0 - r_i}{r_i} = \frac{r_0}{D_e} \times \left(\frac{r_0}{r_i} - 1\right) \tag{7.14}$$

$$R_k = \frac{K}{k \times (1 + K)} \times \frac{r_0^2}{r_i^2} \tag{7.15}$$

又 r_i 为未反应核半径，很难直接测定，可以利用反应的还原度进行转换，则：

$$f = \frac{\frac{4\pi}{3}r_0^3 - \frac{4\pi}{3}r_i^3}{\frac{4\pi}{3}r_0^3} = 1 - \left(\frac{r_i}{r_0}\right)^3 \tag{7.16}$$

将式（7.15）转换为：

$$\frac{r_i}{r_0} = (1 - f)^{\frac{1}{3}} \tag{7.17}$$

依据式（7.14）、式（7.15）和式（7.17），可以计算不同还原度时气体内扩散阻力值 R_D 和界面化学反应阻力值 R_k，如图 7.21 所示。

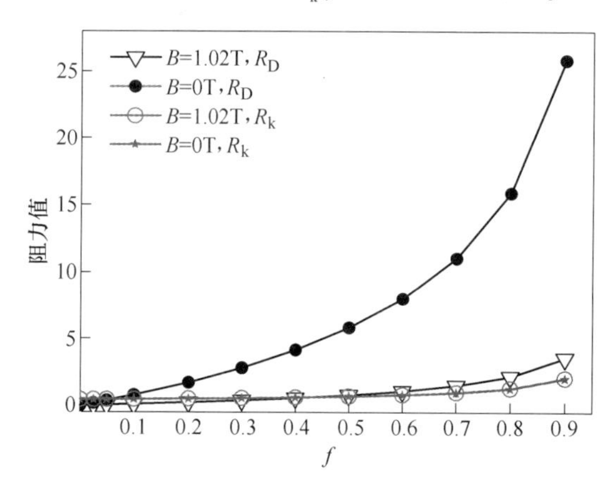

图 7.21 不同条件下还原过程各环节阻力值对比

令 X_D 为内扩散阻力率，X_k 为界面反应阻力率，则：

$$X_D = \frac{R_D}{R_D + R_k} \tag{7.18}$$

$$X_k = \frac{R_k}{R_D + R_k} \tag{7.19}$$

以 X_D、X_k 对 f 作图，白云鄂博矿内配碳球团还原过程中各环节相对阻力如图 7.22 所示。

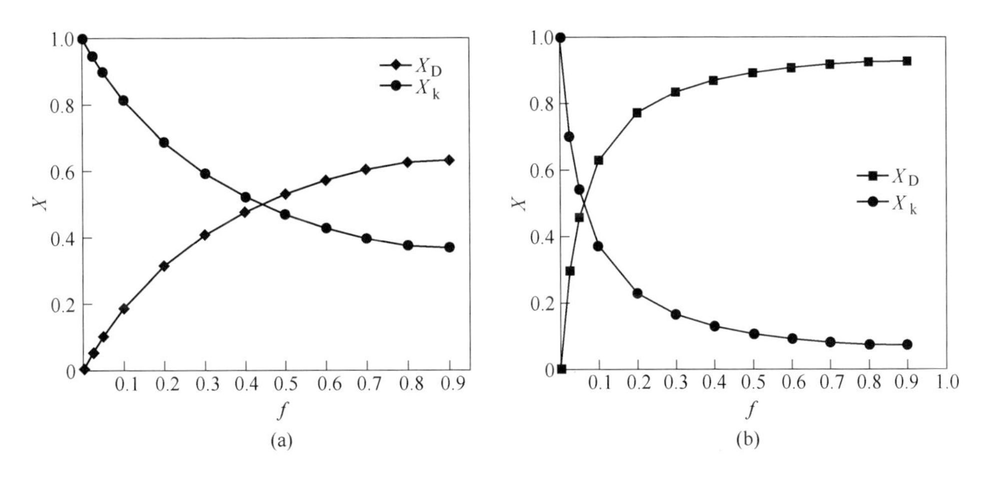

图 7.22 不同条件下还原过程中的相对阻力的变化

(a) $B=1.02$T；(b) $B=0$T

结合图 7.21 和图 7.22 对内配碳还原过程进行分析，无论有无磁场，在反应初始阶段，白云鄂博贫矿碳热还原的界面化学反应阻力大于内扩散阻力；随着反应的进行，产物层逐渐增厚，反应界面的面积逐渐减小，内扩散和化学反应阻力开始增大，内扩散阻力在总阻力中占比大于界面化学反应阻力。无磁条件下，低温、大量脉石矿物的存在，使得贫矿碳热还原过程的内扩散阻力在反应一开始（$f>0.1$）就快速增加，特别是在还原末期（$f>0.6$）增长幅度尤为剧烈；从这一点看，白云鄂博贫矿低温碳热还原过程应该由内扩散控制。从反应过程阻力变化来看，施加磁场，其重要作用就是降低扩散阻力，改善物质输运条件，此为磁场强化还原反应的主要原因。

7.3.3 磁场作用下铁晶粒生长动力学分析

图 7.23 为有磁和无磁条件下，还原样品的金相显微图片。由图 7.23 可知，磁场下反应初始阶段有少量细小的铁晶粒析出；随着反应的进行，铁晶粒数量迅速增加，同时粒径较小的铁晶粒逐渐聚集、连接、长大，逐渐连接成片，形成粒径更大的铁颗粒。而在无磁条件下，相同反应时间，铁晶粒数量少于磁场条件，并且金属铁聚集长大趋势不如磁场条件下明显，粒径较大的铁颗粒数量明显小于磁场条件。

按照图 7.23 的方式，将还原过程中物料水平放置于金相显微镜下，由左至右再由上至下连续拍摄 13 帧图片。利用图像分析软件根据金属铁与其他矿相亮度的不同，首先插入标尺，然后通过软件自动识别所有铁晶粒，对还原过程中生成的金属铁进行粒径统计，结果如图 7.24 和图 7.25 所示。

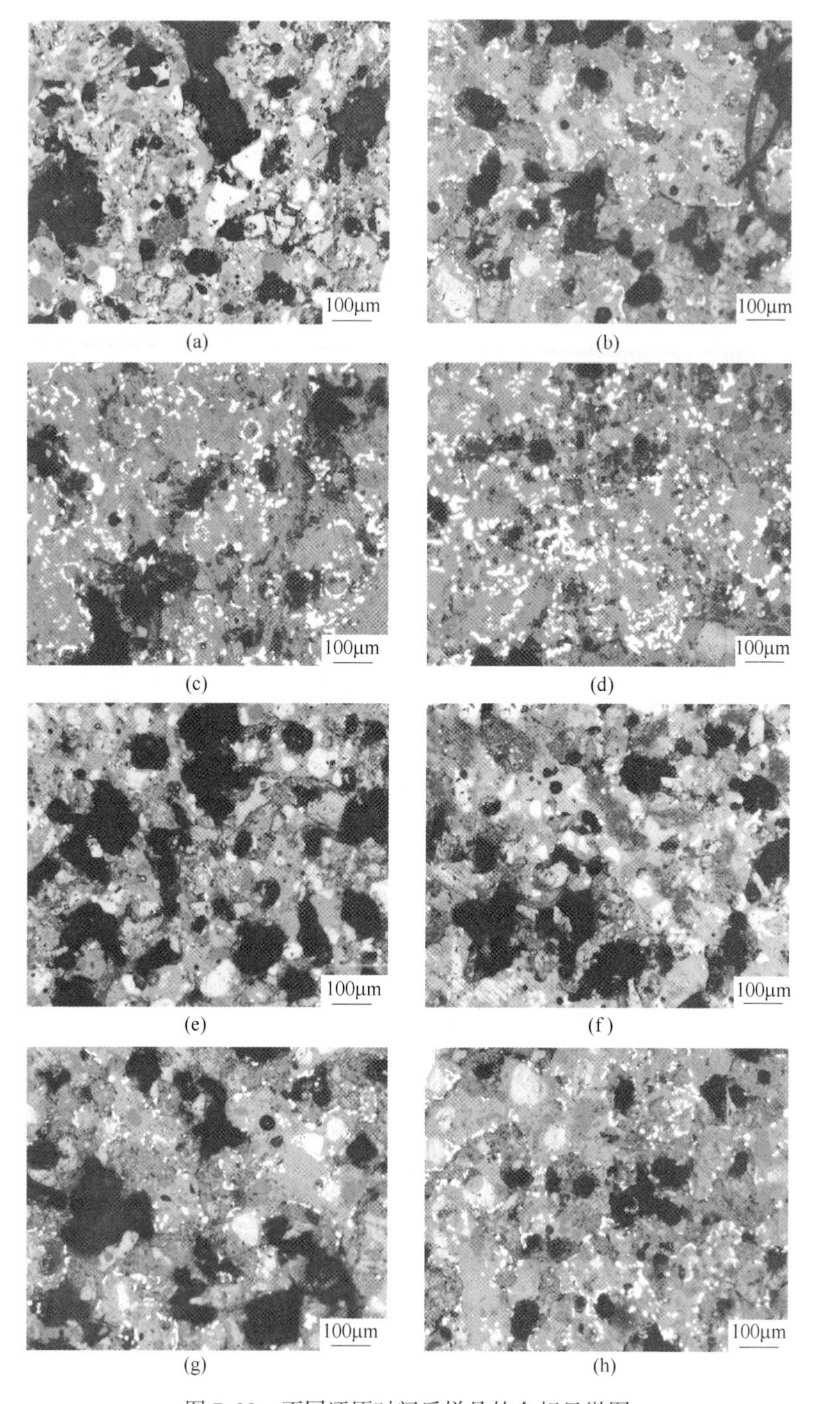

图 7.23 不同还原时间后样品的金相显微图

(a) B=1.02T，5min；(b) B=1.02T，20min；(c) B=1.02T，45min；(d) B=1.02T，60min
(e) B=0T，5min；(f) B=0T，20min；(g) B=0T，45min；(h) B=0T，60min

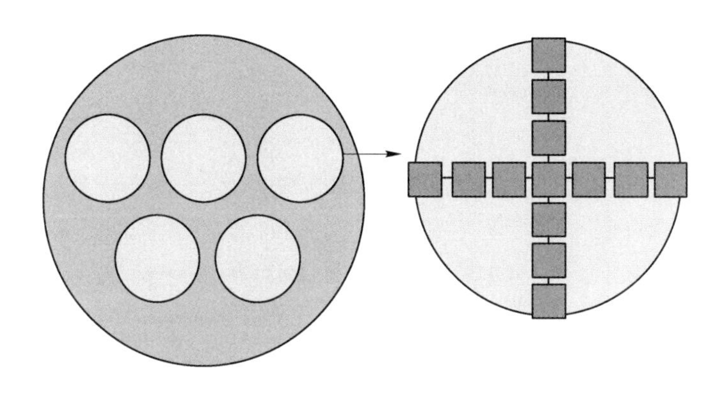

图 7.24 粒径统计取样示意图

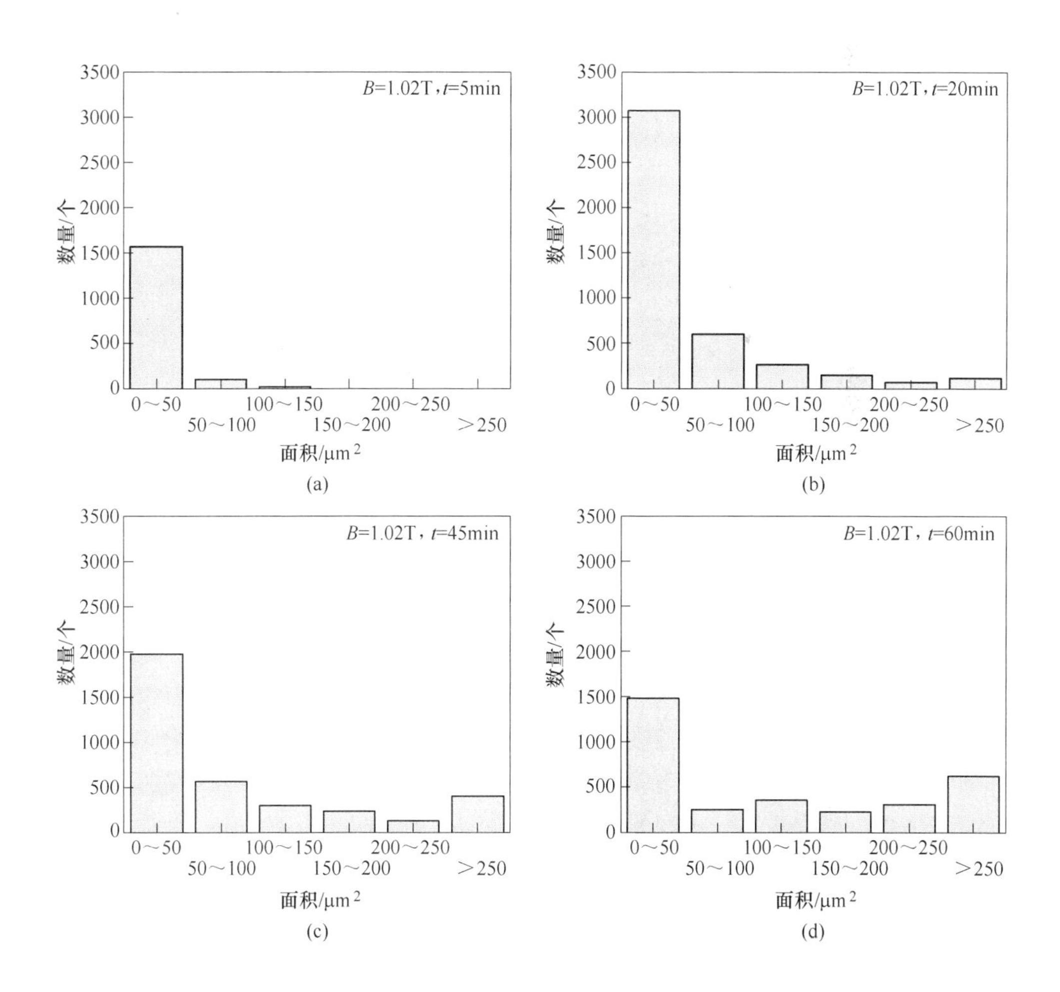

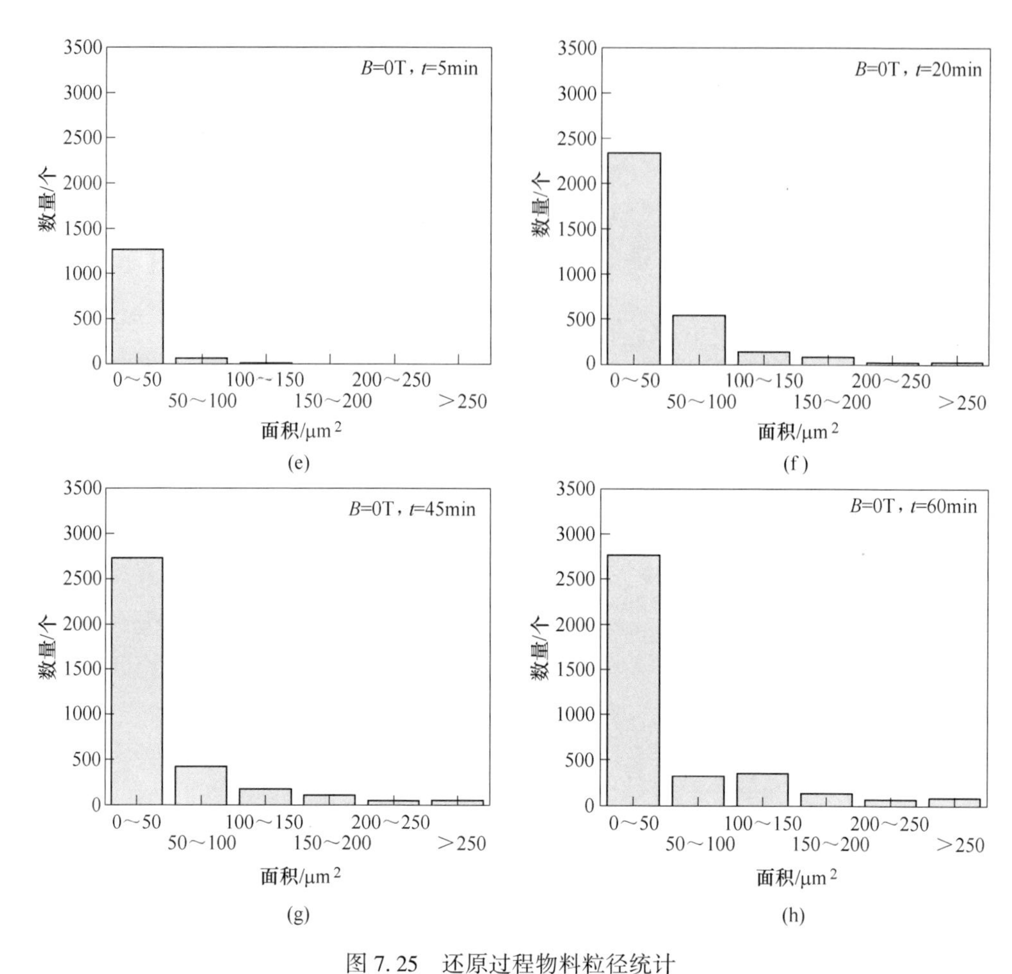

图 7.25 还原过程物料粒径统计

(a) B=1.02T，5min；(b) B=1.02T，20min；(c) B=1.02T，45min；(d) B=1.02T，60min
(e) B=0T，5min；(f) B=0T，20min；(g) B=0T，45min；(h) B=0T，60min

由图 7.25 可以看出，磁场作用下，当还原 5min 时，析出的铁晶粒总数量为 1652 个，铁晶核面积主要集中在 0~50μm²，而无磁条件下铁晶粒总数量为 1345 个，面积在 0~50μm² 范围内的铁晶粒仅有 1269 个；当还原 20min 时，施加磁场析出的铁晶粒总数量为 4252 个，面积依然集中在 0~50μm²，其数量为 3072 个，随后形核数量不再增加，并且略有减少，而无磁条件下铁晶粒总数量为 3341 个，面积也主要集中在 0~50μm²，其数量为 2338 个，随后形核数量继续增加；当还原 45min 时，铁晶粒生长速度开始超过形核速度，面积大于 100μm² 的铁晶粒数量达到了 1079 个，远大于无磁条件下的 383 个；当还原 60min 时，大尺寸颗粒占比进一步增加，面积大于 100μm² 的铁晶粒数量达到了 1503 个，远大于无磁条件下的 620 个。可以看出，与无磁条件相比较，施加磁场，铁晶粒形核数量增多，长大速度加快。

采用 Avrami-Erofeyev 模型研究还原过程中金属铁晶粒成核及长大速度，其动力学方程为：

$$-\ln(1-M)=\frac{4\pi N_{j,0}^{+}u^{3}}{V_{f}K_{n}^{3}}[\exp(-K_{n}t)-1+K_{n}t-(K_{n}t)^{2}/2+(K_{n}^{2}t)^{3}/6] \tag{7.20}$$

在启动反应时期（K_nt 较小），则：

$$M=C+Dt^{4};\ D=\pi N_{j,0}^{+}u^{3}/6V_{f} \tag{7.21}$$

反应主要阶段（K_nt 较大），则：

$$-\ln(1-M)=A+Bt^{3},\ B=K_{e}/2.303=2\pi N_{j,0}^{+}u^{3}/6.909V_{f} \tag{7.22}$$

其中，

$$K_{n}=12D/6.909B \tag{7.23}$$

式中 $N_{j,0}^{+}$——单位体积内金属铁晶粒数目；

V_f——完全还原时新相 Fe 的体积；

u——单位时间新生成相球半径的增长；

K_n——金属铁晶粒形核速率常数；

K_e——铁晶核长大速率常数；

A，C——积分常数；

M——物料的金属化率；

t——还原时间。

根据式（7.21）和式（7.22），对还原过程中 M 与 t^4、$-\lg(1-M)$ 与 t^3 分别进行拟合，结果如图 7.26 和图 7.27 所示。拟合 R^2 结果见表 7.14。

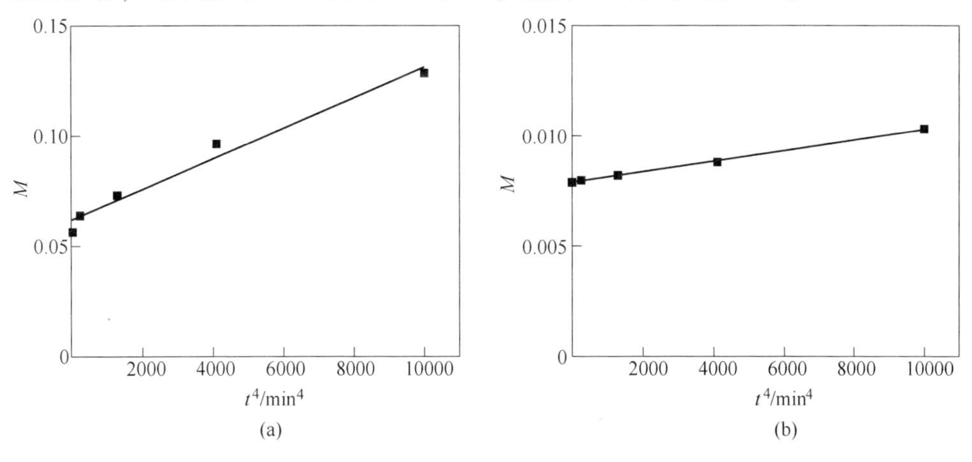

图 7.26 M 与 t^4 拟合结果

（a）$B=1.02$T；（b）$B=0$T

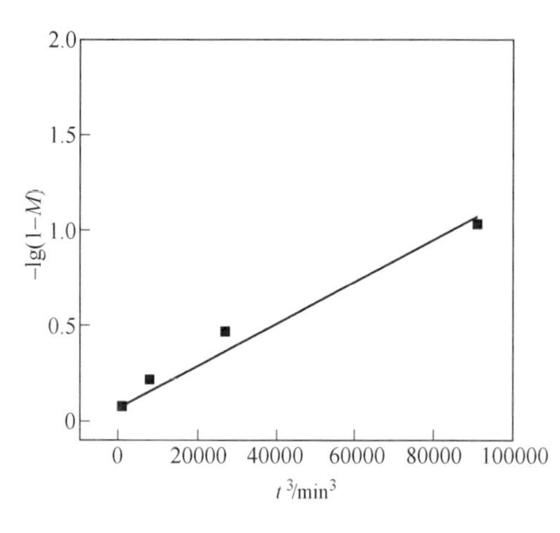

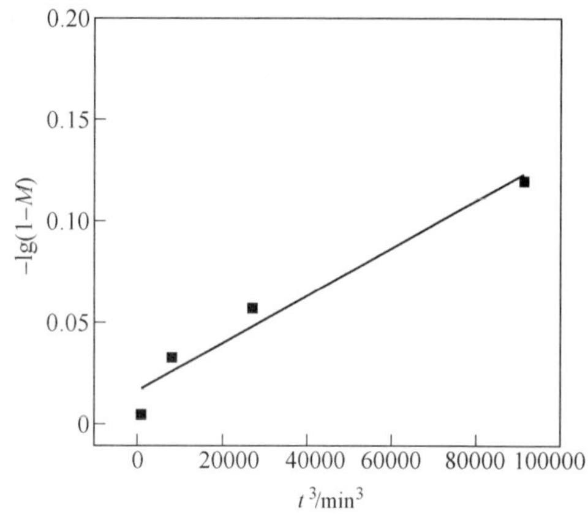

图 7.27 $-\lg(1-M)$ 与 t^3 拟合结果
(a) $B=1.02\mathrm{T}$；(b) $B=0\mathrm{T}$

表 7.14 拟合后 R^2 结果

条件	$B=1.02\mathrm{T}$ (0~10min)	$B=1.02\mathrm{T}$ (10~45min)	$B=0\mathrm{T}$ (0~10min)	$B=0\mathrm{T}$ (10~45min)
R^2	0.99883	0.98784	0.99905	0.97828

由图 7.26 和图 7.27 及表 7.14 可以看出，反应前期铁形核与反应主要阶段铁晶粒长大拟合结果均呈较好的线性关系，所以可采用 Avrami-Erofeyev 模型对还原过程中金属铁晶粒成核及长大动力学进行研究。

通过线性拟合可以分别求得斜率 A、B、C 和 D，再由式（7.22）和式（7.24），计算得出还原过程中铁晶粒形核和长大的速率常数，结果见表 7.15。

表 7.15 铁晶粒形核及长大动力学计算结果

条件	A	B	K_e	C	D	K_n
$B=1.02\mathrm{T}$	0.0236	2.2369×10^{-6}	5.2894×10^{-6}	0.0317	1.5549×10^{-6}	8.968×10^{-1}
$B=0\mathrm{T}$	0.0039	3.0113×10^{-7}	6.8136×10^{-7}	0.0164	7.8136×10^{-9}	4.5067×10^{-2}

根据表 7.15 可以看出，与无磁条件相比，施加磁场铁晶粒形核速率常数增加了近 10 倍，铁晶粒长大速率常数增加了近 20 倍。

参考文献

[1] 黄柱成，蔡凌波，张元波，等. Na_2CO_3 和 CaF_2 强化赤泥铁氧化物还原研究［J］. 中南大学学报（自然科学版），2010，41（3）：838-844.
[2] 王天明，郭培民，庞建明，等. 微细粒贫赤铁矿碳热还原的动力学［J］. 钢铁研究学报，2015，27（3）：5-8.
[3] 梅贤恭，袁明亮，陈荩. 某高铁赤泥煤基直接还原过程中金属铁晶粒长大特性研究［J］. 矿产综合利用，1995（2）：9-15.
[4] 郭培民，赵沛，张殿伟. 低温下碳还原氧化铁的催化机理研究［J］. 钢铁钒钛，2006（4）：1-5.
[5] 范敦城，倪文，李瑾，等. 铁尾矿再选粗精矿深度还原含铁硅酸盐矿物的生成与还原［J］. 中南大学学报（自然科学版），2015，46（6）：1973-1980.
[6] 郭培民，赵沛. 低温快速还原冶金理论及技术［M］. 北京：冶金工业出版社，2020.
[7] 张家芸. 冶金物理化学［M］. 北京：冶金工业出版社，2004.
[8] 廖直友，王海川. 磁场对锰铁氧化物还原特性的影响［J］. 安徽工业大学学报，2008，25（4）：355-358.
[9] 白炳轶，郭艳玲，金永丽，等. 白云鄂博矿磁场作用下的强化还原研究［J］. 上海金属，2016，38（6）：59-64.
[10] 代红星. 在稳恒磁场作用下白云鄂博矿含碳球团的还原特性［D］. 包头：内蒙古科技大学，2015.
[11] 张旭东. 磁场对白云鄂博矿低温还原的影响［D］. 包头：内蒙古科技大学，2021.
[12] 金永丽. 含铁矿物低温还原的磁场强化机制［D］. 上海：上海大学，2019.